부경대학교
수송기계 안전편의 융합부품소재 인재양성 센터

본 교재는 교육과학기술부의 재원으로 한국연구재단의 지원을 받아 수행된 광역경제권 선도산업 인재양성사업[수송기계 안전편의 융합부품소재 인재양성센터(BEST)]의 지원에 의하여 개발되었음.

산업용 공조시스템 실무

금종수 · 김종수 · 정석권 공저

1장은 공조시스템의 개요, 다양한 공조기기와 특히 AHU와 열원기기, 냉각탑 위주로 설명하고, 제2
은 공조부하 및 공조시스템과 열부하 계산법과 공조방식 선정법, 최신 공조방식에 대해, 제3장에서
공조시스템의 자동제어 전반에 대해 설명한다. 자동제어 기초 이론과 더불어 검출기, 조작기, 제어
에 대해 설명하고 조작기에 대해서는 모터 구동용 인버터에 많은 지면을 할애하였다. 또한 제어기에
어서는 최근 시퀀스제어 전용 제어장치로 널리 사용되고 있는 PLC에 대해 상세히 설명하였다.

도서출판 GS인터비전

머리말

온실가스로 인한 지구 온난화 현상과 맞물려 지구 환경 보호와 에너지 절약에 대한 관심이 그 어느 때 보다도 고조되고 있다. 특히 여름철 냉방 부하 및 겨울철 난방 부하 증가로 인한 안정적인 전력 수급 문제는 국가적 현안으로까지 대두되고 있는 실정이다. 일반적으로 각종 건물에서 사용하는 에너지의 50~60%는 송풍기나 냉동기 구동과 관련한 공조 분야에서 소비되는 것으로 알려져 있다.

최근, 우리 주변에서는 초대형 고층 건물의 증가, 지하 공간의 확장, 거주 공간에서의 쾌적성 추구 등과 맞물려 공조 수요는 지속적으로 증가하는 추세에 있다.

점증하는 공조 수요를 충족시키면서도 에너지 절약을 통해 지구 환경을 보호해야 할 책무가 이 분야를 담당하는 엔지니어들에게 주어져 있다. 이 상충하는 두 문제를 어떻게 지혜롭게 풀어갈 것인가에 대한 작은 고뇌의 산물로 여기 「산업용 공조시스템 실무」를 집필하게 되었다.

익히 잘 아는 바와 같이 냉동공조 시스템은 식품의 저장에서부터 가정 및 업무용 빌딩 등의 공조, 특히 자동차, 선박, 항공기와 같은 수송 시스템은 물론이고 반도체 산업 등의 클린룸과 같은 각종 첨단 산업 분야에 이르기까지 다양하게 적용되고 있다. 이 책은 이들 분야에 적용되는 기초적인 요소 기술들을 발췌하여 공조 시스템을 중심으로 편찬한 것이다.

이 책은 총 3장으로 구성되어 있다. 제1장에서는 우선 공조 시스템의 개요에 대해 설명하고 다양한 공조기기에 대해 상세히 설명한다. 특히 AHU와 열원기기 그리고 냉각탑 위주로 상세히 설명한다.

제2장에서는 공조부하 및 공조시스템에 대해 기술한다. 열 부하 계산 방법과 공조방식 선정법 그리고 최신 공조 방식에 대해서도 상세히 언급한다.

제3장에서는 공조시스템의 자동제어 기술에 대해 설명한다. 자동제어 기초 이론과 더불어 자동제어 시스템의 구성 요소인 검출기, 조작기, 제어기에 대해 상세히 언급한다. 특히 조작기에 대해서는 모터 구동과 관련한 인버터에 많은 지면을 할애하였다. 또한

제어기에 있어서는 최근 시퀀스제어 전용 제어장치로 널리 사용되고 있는 PLC에 대해 상세히 설명하였다. 마지막으로 자동제어 기술의 최근 동향에 대해서도 간단히 기술하였다.

이상과 같은 내용으로 의욕적으로 집필하였으나 단기간에 외국 자료들을 수집하여 정리하다 보니 여러 면에서 부족하고 또 보완해야 할 부분들이 많이 있을 것으로 생각된다. 이 점은 독자 여러분들의 양해를 구하면서 차후 지속적으로 오류를 수정해 나가고자 한다.

끝으로 이 책은 부경대학교 「수송기계융합부품인재양성센터, BEST」의 산학현장맞춤형 교재개발 지원으로 발간되었음을 밝히며, 이에 BEST 관계자 여러분들과 또한 물심양면으로 도움을 아끼지 않으신 GS인터비전 출판사 관계자들에게 심심한 사의를 표하는 바이다.

2011년 12월 저자 일동

차 례

Chapter 1 공조시스템의 개요 및 공조기기

Chapter 2 공기조화부하와 공조시스템

Chapter 3 공조시스템의 자동제어

Chapter 1

공조시스템의 개요 및 공조기기

1.1 산업공조의 정의

공기조화는 실내의 온도차, 기류, 분진, 유해 가스 등의 조건을 재실자 또는 물품에 대하여 가장 좋은 조건으로 유지하는 것을 말한다. 이 대상이 주택, 사무실, 점포, 병원 등의 재실자일 경우 보건(또는 일반) 공조라 하고 실내에서 생산, 조립되는 각종 제품 및 운전되는 기계에 대해 가장 적당한 실내조건을 유지하고 부차적으로 실내 인원의 쾌적성 유지 및 그에 따른 작업능률 향상을 목적으로 하는 경우에는 산업(또는 공업) 공조라 한다. 산업공조는 정밀기계공장, 온습도의 영향을 많이 받는 섬유, 제약, 전산실, 실험실, 반도체, 제과, 제지공업을 비롯하여 농작물의 생육, 제품의 보관, 수송 등 많은 분야에서 이용되고 있으며 산업이 다양화될수록 적용범위 역시 확대되고 있다. 또한 산업공조는 생산되는 물품의 품질 및 불량률과 직접적으로 관계되기 때문에 보건공조보다 온습도 등의 조건을 더욱 엄격하게 감시, 수정하는 경우가 많다.

산업공조를 더욱 상세히 분류하면 다음과 같이 산업작업공조와 산업프로세스 공조로 나눌 수 있다.

1.1.1 산업작업공조

[표 1.1] 및 [그림 1.1]에서 알 수 있듯이, 인체는 작업 강도가 높아질수록 몸의 발생열량도 많아져서 발열량을 적절히 발산시킬 수 없으면 더위와 피로를 느끼며 더구나 발한이 증가되어 작업을 계속 하기가 곤란하게 느낄 수 있다. 이러한 일반 실내 노동에 종사하는 사람이나 실내 스포츠를 즐기는 사람의 안전, 건강관리를 대상으로 주로 작업자의 환경 유지와 작업 능률 향상 및 안전 확보를 목적으로 실내 전체 또는 실내 국소 공조를 하는 것을 작업공조라고 부른다.

[표 1.1] 작업별 신진 대사량 　　단위 : [W]

작업정도	작업별	신진대사량
매우 쉬움	▸ 수면 ▸ 정좌 ▸ 사무	73 117 132~161
쉬움	▸ 중정도의 팔과 발운동, 서서하는 작업, 약간 움직이면서 작업대에서 경작업 (수작업) ▸ 심한 팔과 발의 운동	160~190 190~233
중간정도	▸ 서서하는 작업, 작업대에서 경작업 (발을 움직임) ▸ 중정도의 누름작업, 운반작업	219~291 291~407
극심함	▸ 계속적인 중작업 (굴삭) ▸ 심함 지속작업	436~582 582~698

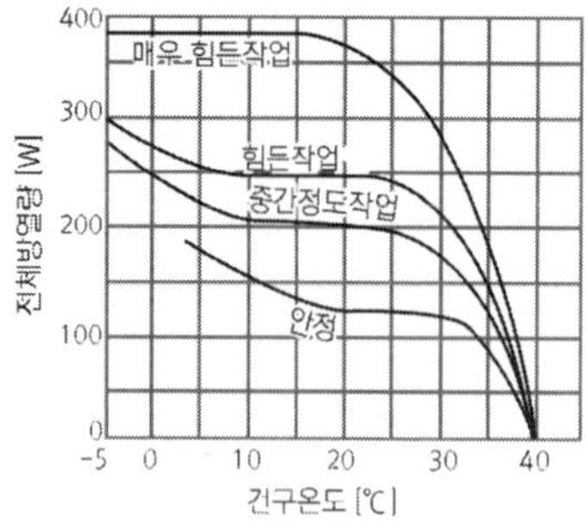

(a) 작용온도와 전체방열량

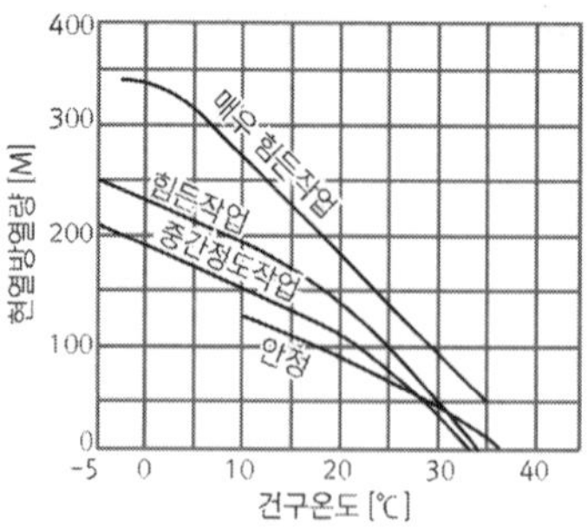

(b) 실온과 현열방열량

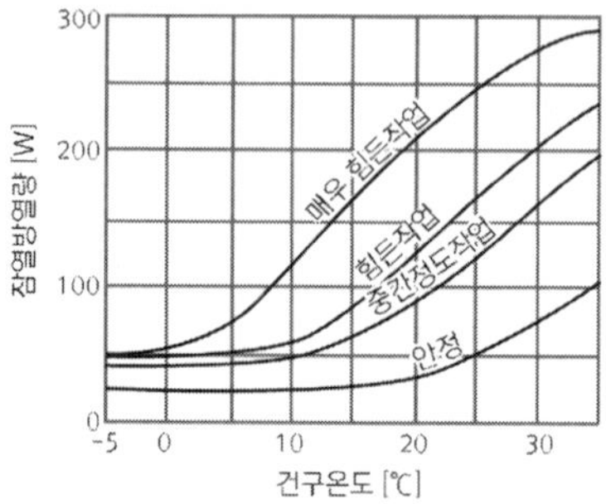

(c) 실온과 잠열방열량

[그림 1.1] 인체의 방열량

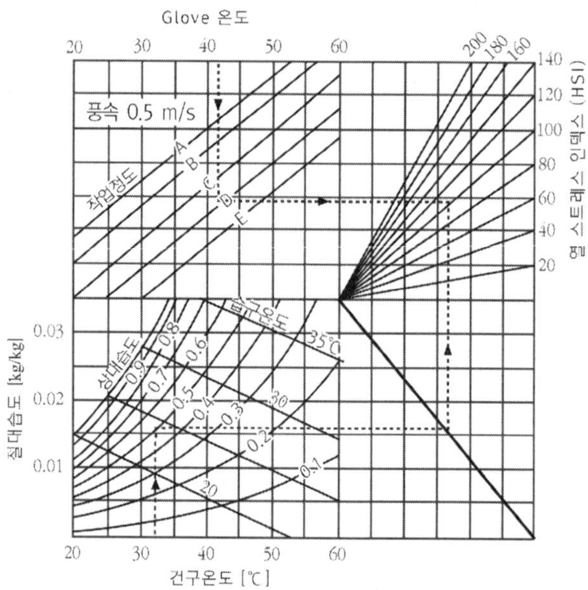

[그림 1.2] 열 스트레스와 스트레인의 관계

[표 1.2] 작업정도와 작업내용

작업정도	작업정도와 작업내용	대사량 (W)
A	격한작업 (햄머작업)	582~698
B	힘든작업(들어올림, 뽑기, 눌림작업)	349~582
C	보행하며 작업	291~407
D	서서작업, 앉아서 심한 수족작업,	475~291
E	선작업	140~175

[표 1.3] 열 스트레스와 작업 한도

열 스트레스 인덱스	8시간 스트레스에 대한 생리학적 스트레인
20~30	고도 두뇌작업의 능률저하 및 노동의 능률저하가 적다
40~60	적응성이 없는 자는 육체적인 장애가 발생한다. 숙련되어 있지 않은 자는 휴식이 필요. 계속적인 두뇌작업에는 부적절하며, 근육작업의 능률이 저하된다.
70~90	이 조건에서 견딜 수 있는 자는 매우 적다. 적당한 환경 개선이 필요
100	잘 훈련된 적응성이 있는 청년이 메일의 작업에 견elf 수 있는 한계.

대량의 복사열을 받는 고온의 환경에서는 [표 1.4]와 같이 냉풍을 직접 인체에 취출하여 쉽게 고열 느낌을 완화할 수 있다.

[표 1.4] 복사열이 있는 경우의 급기의 온도 및 기류속도

	일반적인 복사		계속적인 복사		계속적인 복사		계속적인 복사	
일의 종류	350 W/m²		700 W/m²		1400W /m²		1750~2100 W/m² 단시간의 복사 2,800 W/m²	
	온도[℃]	풍속[m/s]	온도[℃]	풍속[m/s]	온도[℃]	풍속[m/s]	온도[℃]	풍속[m/s]
	동계							
경작업	23~25	1.0~2.0	23~25	2.0~3.0	18~20	2.0~3.0	18~20	3.0~4.0
중간	20~23	2.0~3.0	20~23	3.0~4.0	15~20	3.0~4.0	15~20	4.0~5.0
힘든작업	15~18	2.0~3.0	12~15	2.5~4.0	10~15	3.0~5.0	8~12	3.0~5.0
	하계							
경작업	25~30	1.6~2.6	25~30	2.0~4.0	20~25	2.0~4.0	20~25	3.0~5.0
중간	22~25	2.0~3.0	23~25	3.0~4.0	18~25	3.0~5.0	18~22	4.0~5.0
힘든작업	18~22	2.0~4.0	18~22	3.0~5.0	15~20	4.0~6.0	15~18	5.0~6.0

1.1.2 산업 프로세스 공조

각종 산업 생산 과정에서 원료에서 제품 완성에 이르기까지 각 공정에서 주위 공기의 온도, 습도, 청정도 및 기류 속도에 대해 각 제품별로 조건을 요구하는 경우가 많다. 이러한 여러 조건을 공조 시스템의 채용에 의해 충족시킬 수 있어서 제품의 품질 향상, 공정속도의 증가, 불량품 비율 감소, 원가 절감 등의 여러 목적을 달성하고 궁극적으로 생산의 합리화를 이룰 수 있다.

산업 프로세스 공조는 이러한 산업 제품의 제조 공정뿐만 아니라 더 나아가 원료 및 제품의 저장, 포장, 운송 등 전후 프로세스나 각종 연구 실험 프로세스에 널리 채용되고 있다. [표 1.5]는 각종 산업 공정의 대표적인 설계 온습도 조건을 나타낸 것이다.

[표 1.5] 공업 프로세스 공조의 일반 추천 온습도

종별	공정	온도 [℃]	상대습도 [%]
정밀기계	톱질	24~27	45~55
	정밀부품작업	24	45~55
	정밀조립	20~24	40~50
	정밀검사실	24	45~50
광학	용융실	24	45
	연마실	27	80
사진	필름제조	23~24	24~40
	제품저장	16~27	45~50
	인화	23~24	65~70
	현상	21~24	60
전기・전자	절연제 작업	24	65~70
	반도체 제조	23~26	40~50
	케이블 절연	40	5
	트랜스 코일감기	16~24	15~35
제약	일반제약실	21~27	10~50
	분체건조	54~72	20
	캡슐봉인	24~27	35~40
	분체제품	24~27	5~35
	정제선형	24~27	35~40
인쇄	인쇄실(다색, 일반)	24~27	45~55
	사진인쇄	21~23	40~50
	종이저장	20~23	45~50
양조	곡류저장	16	35~40
	일반제조	16~24	45~65
	숙성실	18~22	50~60
	맥주 발효실	3~4	50~70
	맥주 맥아실	10~15	80~85

종별	공정	온도 [℃]	상대습도 [%]
초콜렛 제조	봉제품	18	45~50
	크림제조	24~29	50
	사탕	18	50
	전분실	24~29	50
	포장	18	50
	제품저장	16~24	40~50
제빵	가루저장	21~27	50~60
	반죽혼합	24~27	45~55
	반죽발효	27	70~80
	빵포장	18~24	50~65

또한, 공업 제품의 제조 부분의 온습도 조건은 종종 JIS Z 8703 "시험 장소의 표준 상태"에 표시된 온도 습도 상태가 도움이 되지만 일반 공조에서는 이 표준 이상으로 온도 습도 허용 변동 폭이 심한 [표 1.6]과 같은 조건을 적용하는 경우가 많다. 이러한 정확성에 대해 온도 제어가 ±0.3℃~1℃ 정도면 전자식 상용계기를, ±0.3℃ 이내 때는 공업계기를 이용하여 PID 동작 등의 자동 제어 설비에 의해 대응 하고 있다.

[표 1.6] 공조설비의 온습도의 허용량

급별	온도 [℃]	상대습도 [%]
A급	± 0.5 이하	± 2이상
B급	± 1.0	± 2~5
C급	± 2.0	± 5~10
급외	± 5.0	± 5~20

1.2 산업용 공기조화기의 종류

1.2.1 에어핸들링유닛

(1) 개요 및 구성

에어핸들링유닛(AHU ; Air Handling Unit)은 주로 전공기방식(단일덕트방식, 2중덕트방식 등)의 중앙공조기로 사용되기도 하고, 유인 유닛방식이나 팬코일 유닛방식 등의 1차 공기 공급용으로 사용되고 있다. 여기에는 종류와 형식 등에 따라 [표 1.7]에 서술된 것 외에도 여러 가지가 있으므로 사용목적에 맞추어 사용해야 한다.

[표 1.7] 에어핸들링유닛(AHU)의 분류

조립방법에 따라	유닛형, 조립형 등
기능에 따라	단일덕트형, 2중덕트형, 멀티조운형 등
설치방법에 따라	수직형, 수평형, 걸이형 등
용도에 따라	사무실용, 전산실용, 클린룸용 등

이 에어핸들링유닛의 구성요소로는 일반적으로 외기와 환기의 혼합챔버를 포함하는 필터부분과 냉각, 가열, 가습 등 공기의 상태변화를 유도하는 코일부분, 그리고 공조된 공기를 덕트로 송풍하기 위한 송풍기 부분으로 구성되어 있다. 여기에는 주로 여과기(air filter), 예냉기(pre-cooler), 냉각기(air cooler), 감습기에는 주로 여과기(air filter), 예냉기(pre-heater), 가열기(air heater), 가습기(humidifier), 엘리미네이트(eliminate), 송풍기(fan) 등이 공기조화의 목적에 따라 선택되어 조립순서가 정해지면

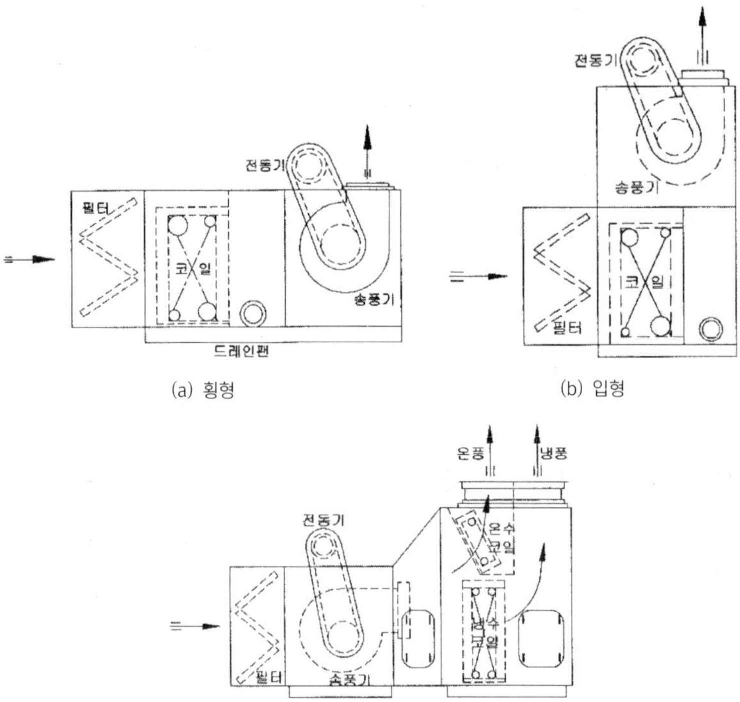

(a) 횡형

(b) 입형

(c) 멀티조운형

[그림 1.3] 에어핸들링유닛(AHU)

공장에서 유닛화 하여 생산하거나 현장에서 조립하는 방법으로 설치되고 있다. 그리고 최근에는 이들 외에도 소음과 진동을 방지하기 위한 방음·방진장치와 에너지절약을 위한 전열교환기 등을 내장하는 등 다양한 형태로 제작되기도 한다. 이들 중 몇 가지에 대해서는 뒤에서 다루고 있으므로 이를 참조하기 바란다.

그 구성을 좀 더 상세하게 살펴보면 [그림 1.3]과 같은 횡형, 입형 등이 있으며, 멀티조운형 등과 같이 복합적인 구성을 가지는 것도 있는데, 이들은 주로 공장에서 일정 용량으로 제작하고 그에 알맞은 카탈로그를 제공함으로써 사용자가 적절한 형태나 용량을 결정할 수 있도록 한다. 그러나 경우에 따라서는 현장에서 각 구성품들을 조립하면서 설치하는 경우도 있고, 더욱 규모가 큰 경우에는 건물의 구조체를 케이싱으로 활용하는 경우도 있다.

(2) 선정

에어핸들링유닛의 일반적인 선정순서는 [그림 1.4]를 참조한다.

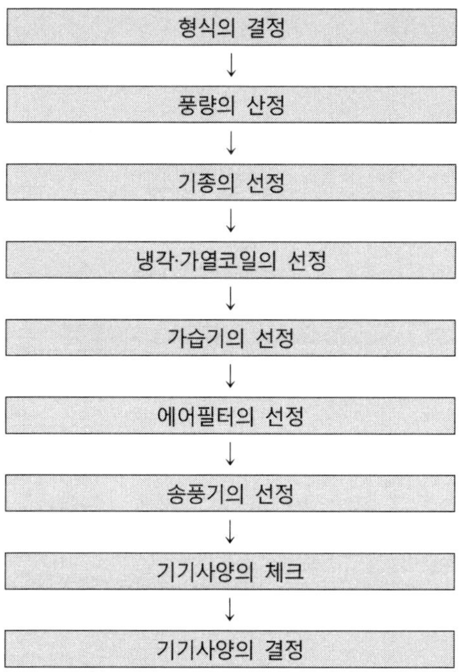

[그림 1.4] 유닛형 공조기의 선정순서

1) 송풍량

냉방시 공기조화기의 송풍량은 그 계통의 각 실 송풍량을 누계하여 계산하고, 각 실의 송풍량 V_s [m³/h]는 실내 현열부하의 최대값과 냉방 취출온도차에 따라 식(1.1)과 같이 계산한다.

$$V_s = \Sigma V_r = \Sigma \frac{q_{rs}}{c_p \gamma (t_r - t_d)} \tag{1.1}$$

여기서, V_r은 각 실 송풍량[m³/h]이고, q_{rs}는 실내 냉방 현열부하의 최대값 [kcal/h]〈W〉, c_p와 γ는 공기의 정압비열(≒0.24 kcal/kg·℃)〈1.006 kJ/kg·K〉 및 비중량(≒1.2 kg/m³)이며, t_r은 실내공기온도[℃], t_d는 취출공기온도[℃]이다.

난방시의 송풍량은 냉방시 결정된 송풍량에 따르지만, 냉방풍량과 난방부하에 따라 난방 취출온도차를 계산하여 20℃를 초과할 때에는 20℃ 이하가 되도록 냉방풍량을 조정한다.

2) 공조기 부하의 산정

코일은 냉온수코일을 기준으로 하지만, 코일이 동결될 우려가 있을 때에는 증기코일의 사용을 고려하고, 공조기부하는 열부하 중 최대값에서 구한다. 공기조화기는

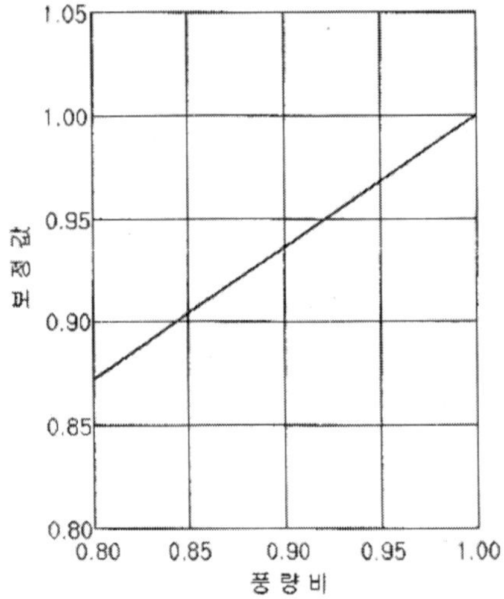

(a) 풍량비에 따른 보정

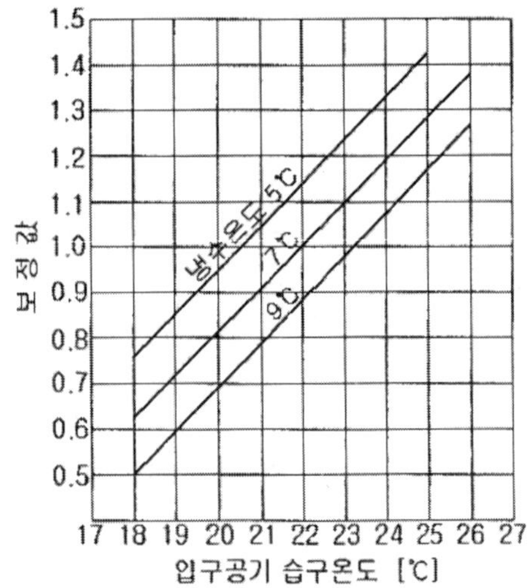

(b) 입구공기 습구온도에 따른 보정

[그림 1.5] 유닛형 공조기에서의 보정선도 예

송풍량에 따라 선정하고, 메이커의 카탈로그에 나타나 있는 능력을 [그림 1.5]와 같이 설계풍량과 선정된 공조기의 풍량비, 입구공기온도, 냉·온수 입구온도에 따라 보정하여 확인한다.

또 외기도입부에 전열교환기를 사용하는 경우에는 전열교환기에 해당하는 외기부하를 절감시킬 수 있지만, 전열교환기를 통과하는 배기풍량과 외기풍량이 같은 용량이 되지 않는 경우가 많기 때문에, 열교환효율의 보정에 대해서는 충분한 주의를 요한다.

3) 가습량의 산정

수분무가습일 경우의 가습량 G_s[kg/h]와 분무량 G_r[kg/h]은 각각 다음 식 (1.2), (1.3)과 같이 계산한다.

$$G_s = V_o\gamma(x_R - x_o) = V_S\gamma(x_o - x_i) \tag{1.2}$$

$$G_r = \frac{G_S}{\eta} \tag{1.3}$$

여기서, V_o는 외기량[m^3/h]이고, γ는 공기의 비중량(≒1.2 kg/m^3)이며, x_R과 x_o는 각각 실내공기 및 설계용 외기의 절대습도[kg/kg]이다. 또 V_S는 각 실로 송풍량 [m^3 /h]이고, x_i와 x_o는 각각 가습기 입구 및 출구공기의 절대습도[kg/kg]이며. η는 가습효율이다.

4) 냉 · 온수량의 산정

공기조화기의 냉온수량 L_{cw}[ℓ/min]는 다음 식 (1.4)와 같이 일반적으로 코일능력에 따라 결정되고, 1펌프 회로방식인 경우에는 공기조화기 및 팬코일유닛의 냉·온수량 집계값과 냉동기의 냉수량을 같은 양으로 한다.

$$L_{cw} = \frac{H_c}{60\Delta t_{wc}} \tag{1.4}$$

여기서, H_c는 코일의 냉각능력[kcal/h]⟨W⟩이고, Δt_{wc}는 냉·온수 출·입구온도차 [℃]이다. 이 때 냉수 출·입구온도차는 5℃를 기준으로 하고, 온수 출·입구온도차는 코일의 가열능력과 냉·온수량에 따라 결정한다. 그리고 냉·온수 공급온도는 일반적으로 냉수 7℃, 온수 55℃를 기준으로 한다.

1.2.2 팬코일유닛

(1) 개요 및 구성

팬코일유닛(FCU ; Fan Coil Unit)은 기계실에 있는 열원기기(냉동기, 보일러 등)로부터 배관을 통하여 냉수(5~7℃)나 온수(40~80℃)를 공급받아 실내공기를 감습 또는 가열시켜 실내로 송풍하는 것이다. 그 구조로는 케이싱 속에 에어필터, 공기열교환기, 송풍기 등이 내장되어 있으며, [그림 1.6]과 같이 설치에 따라 바닥설치형, 바닥설치 매립형, 천장카세트형, 천장매립형 등으로 구분된다.

그리고 공기열교환기의 구조에 따라서는 [그림 1.7]과 같이 냉온수코일로 구성되는 2관식, 공급관은 냉수코일과 온수코일로 나뉘어지고 귀환관은 냉온수코일로 되는 3관식, 그리고 공급관과 귀환관 모두 각각 냉수코일과 온수코일로 나뉘어지는 4관식 등이 있다. 그리고 4관식에도 유닛 내에서는 냉온수코일로 되는 1코일식과 유닛 내에서도 냉수코일과 온수코일로 나뉘어지는 2코일식으로 구분된다. 이들 배관방식에 따른 간단한 비교를 [표 1.8]에 나타내었다.

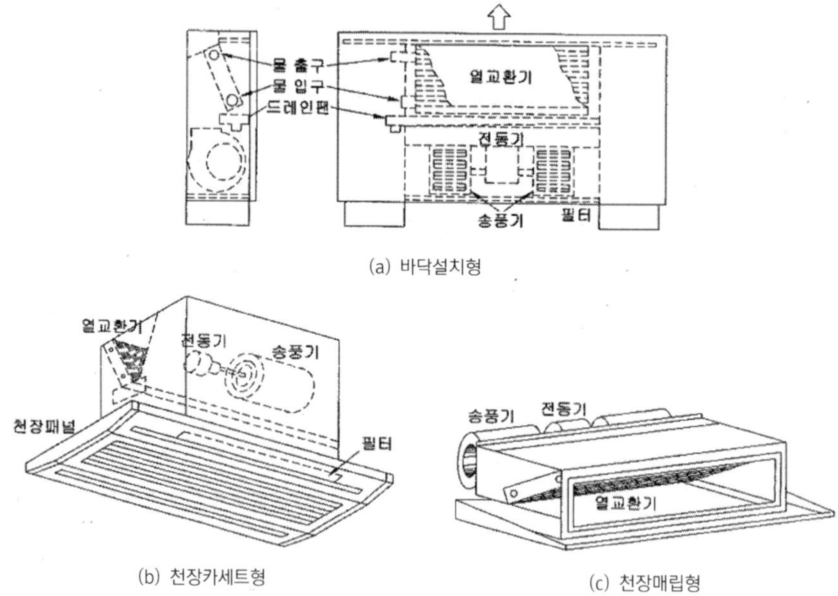

(a) 바닥설치형

(b) 천장카세트형

(c) 천장매립형

[그림 1.6] 팬코일유닛의 설치에 따른 구분

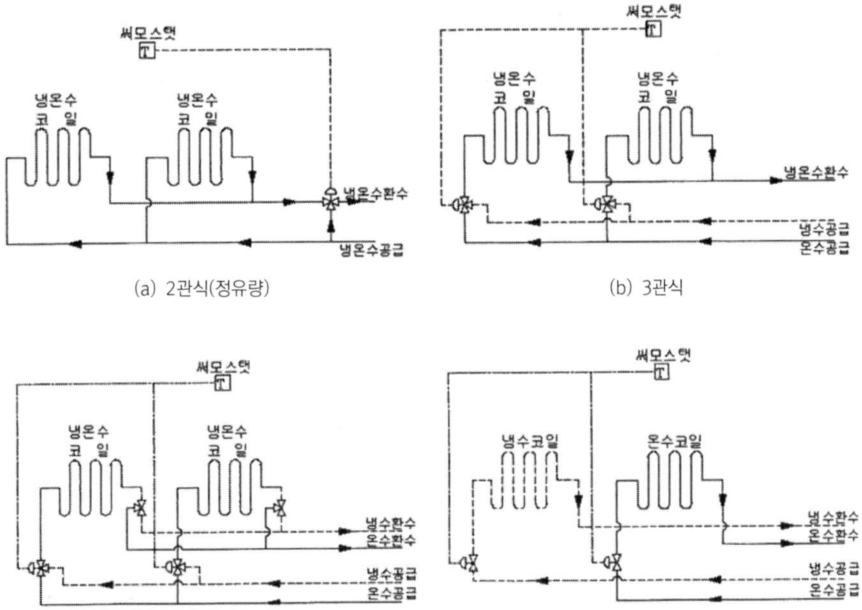

(a) 2관식(정유량) (b) 3관식

(c) 4관식(1코일식) (d) 4관식(2코일식)

[그림 1.7] 팬코일유닛의 열교환기에 따른 분류

[표 1.8] 배관방식에 의한 비교

	2관식	3관식	4관식
설비비	소	중	대
배관스페이스	소	중	대
냉·난방의 동시운전	불능	가능	가능
혼합손실열량	없음	대	소
환경제어성	양호	우수	우수

팬코일유닛의 특징으로는 다음과 같은 것을 들 수 있다.

- 각 유닛별 운전 및 정지가 가능하다.
- 유닛의 증설 등으로 앞으로의 부하증대 등에 대응할 수 있고, 쉽게 위치를 변경할 수 있다.
- 수량과 풍량을 조정함으로써 실온을 제어할 수 있다.
- 냉동기나 보일러 등 열원기기에서의 냉온수관과 접속하고 전원만 연결하면 되므로 설치 및 운전조작이 간단하다.
- 실내에 직접 설치되므로 팬의 운전에 의한 소음에 주의해야 한다.

(2) 선정

팬코일유닛은 일반적으로 [그림 1.8]과 같은 순서로 결정하고, 열원기기에서의 냉·온수를 받아 그 자체만으로 냉·난방하는 경우와 중앙공조기와 연동하는 경우가 있는데, 전자를 물방식이라 하고 이때에는 전체 냉·난방부하를 처리하여야 하므로 [표 1.9]에서와 같이 전체 부하에 따라 선정한다.

형식결정
↓
용량산정
↓
기종의 선정
↓
기기사양의 체크

[그림 1.8] 팬코일유닛의 선정순서

[표 1.9] 배관방식에 의한 비교

부하의 종류				물방식 (전체부하)	공기-물방식 (외부조운 부하)
실내부하	구조체부하		현열	○	○
	유리창부하		현열	○	○
	실내발생부하	조명부하	현열	○	
		인체부하	현열	○	
			잠열		
		기타내부 발열부하	현열	○	
			잠열		
	침입외기부하		현열	○	○
			잠열		
	기타 부하 (FCU와 실내사이)		현열	○	○
			잠열		
외기부하			현열	△	
			잠열		
기타부하 (열원기기와 FCU 사이)			현열	○	
			잠열		

이 때 팬코일유닛으로는 가습을 할 수 없으므로 잠열은 보통 해당되지 않는다. 후자는 공기-물방식이라 하며, 일반적으로는 중앙공조기에서 덕트를 통해 공급되는 공기가 내부(interior)조운 부하를 담당하고, 팬코일유닛은 외부(exterior)조운 부하를 담

당하므로 [표 1.9]에서와 같이 팬코일유닛의 부하로는 주로 실내부하 중 외벽을 통한 부하, 일사에 의한 부하로부터 선정한다. 이 때 실내부하 중 내부 발열부하는 주로 내부조운 부하로 취급되어 중앙공조기에서 처리하고, 이 때 신선외기부하, 잠열부하도 중앙공조기에서 처리하므로 팬코일유닛의 부하로는 취급되지 않는다. 이에 따라 팬코일유닛의 전열능력 q_{fc}[kcal/h]〈W〉를 계산하면 다음 식 (1.5)와 같다.

$$q_{fc} = \frac{q_{ft}}{N} k_1 k_2 \tag{1.5}$$

여기서, q_{ft}는 최대부하값[kcal/h]〈W〉이고, N은 팬코일유닛 설치대수[대]이며, k_1은 감가상각계수(≒1.05), k_2는 능력보상계수(≒1.05)이다.

따라서 팬코일유닛은 냉·온수의 유량, 온도, 입구공기의 온·습도 등에 따라 결정하고, 이 때에는 코일면의 오염 등에 의한 능력저하를 고려하며, 송풍덕트의 접속이나 소음기 내장에 따른 풍량감소를 고려하고, 취출온도차, 환기횟수, 실내공기분포, 온도분포 등에 따라 설치장소 및 방법을 결정한다. 이 때 팬코일유닛의 냉·온수온도는 냉수 7℃, 온수 55℃를 기준으로 하고, 냉수 출·입구온도차는 표준형인 경우 5℃, 에너지절약형인 경우 8~10℃ 정도로 한다.

그리고 냉방부하에 따라 선정한 팬코일유닛의 기종 및 수량이 난방부하에 대응할 수 없을 경우에는 그 기종을 조정한다. 또 메이커의 카탈로그에 있는 능력표시는 일반적으로 최대풍량일 때의 값을 나타내고 있기 때문에, 소음을 체크할 필요가 있고, 경우에 따라서는 한 단계 높은 것을 선정하는 것도 고려한다.

1.2.3 패키지형 공기조화기

(1) 개요 및 구성

패키지형 공기조화기(PAC ; Packaged type air-conditioner)는 일반적으로 케이싱 내에 송풍기, 열교환기, 압축기, 응축기, 에어필터, 자동제어장치 등을 수납하는데, 수냉식인 경우에는 [그림 1.9]와 같이 이러한 기기들이 하나의 케이싱에 수납되어 있다.

그러나 공랭식인 경우에는 실내기와 실외기로 분리하여 실내기에는 실내공기용 열교환기와 송풍기를 수납하고, 실외기에는 압축기와 응축기 등을 수납하여 그 사이를 냉매배관이나 전선 등으로 연결하고 있다.

또한 이것은 공장에서 품질관리에 의해 양산되므로 품질이 균일하고 설치나 취급이 쉽고, 그 능력표시의 기준값은 [표 1.10]의 조건에서의 능력으로 한다. 이들은 주로 사무실 빌딩 등과 같은 업무용 건물의 공조용으로 많이 사용되고 있으며, 최근에는 제품의 신뢰성이 향상되고 기종도 다양화되어 중규모 건물에서의 보건용 공조나 공장에서의 산업용공조, 병원에서의 병실이나 수술실 등에도 사용되고 있다. 여기에는 실내에 공조기를 설치하여 직접 냉·난방하는 방식과 복도나 기계실 등에 공조기를 설치하고 덕트로 송풍하는 방식 등이 있다. 또 이를 기능별로 분류하여 보면 [표 1.11]과 같다.

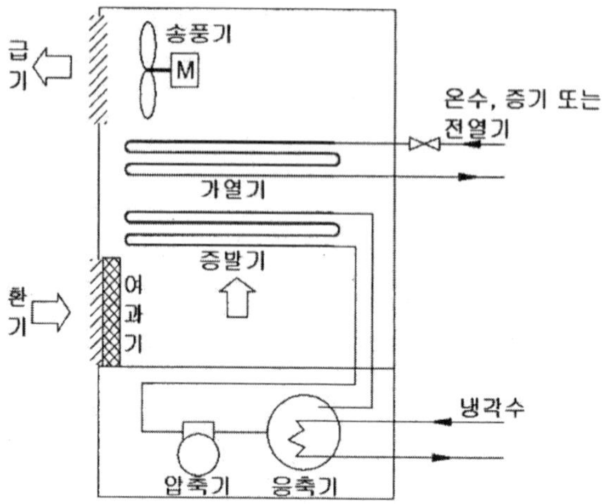

[그림 1.9] 수냉식 패키지형 공조기

[표 1.10] 패키지형 공조기의 표준 온도조건(℃)

	실내측 입구공기상태		실 외 측 상 태					
			공 냉 식		수냉냉방전용식		수냉히트펌프식	
	건구 온도	습구 온도	건구 온도	습구 온도	입구 수온	출구 수온	입구 수온	출구 수온
냉방	27	19.5	35	24	30	35	15	29
난방	21	–	7	6	–	–	15.5	–

[표 1.11] 패키지형 공조기의 기능별 분류

일반용	특수용
바닥설치형	연간냉방용
벽걸이형	전외기용
천장걸이형	전산실용
천장카세트형	클린룸용
덕트형	저풍량용, 대풍량용

1) 송풍기

주로 강판제의 다익형 송풍기가 사용되며, 소용량인 경우에는 편흡입형을 사용하기도 하지만 대부분은 양흡입형을 사용한다. 또 소용량인 경우에는 전동기와 직결하기도 하지만 대부분은 V벨트로 구동한다.

2) 증발기

주로 알루미늄 핀이 부착된 동관으로 구성하고 동관 내로 냉매를 순환시키면서 표면의 공기를 냉각(감습)하는 직접팽창식을 사용한다. 증발기 표면에 결로가 발생하면 열저항으로 작용하여 열교환 능력이 떨어질 수도 있고, 발생한 결로가 공기와 함께 실내로 비산할 수도 있으며, 결로가 생긴채 방치해 두면 곰팡이나 세균이 번식할 수도 있으므로 결로되는 수분은 하부의 드레인 팬에 모아 공조기 밖으로 배출한다. 최근에는 결로 방지나 열교환 효율 향상을 위하여 관 재질을 고려하거나 여러 가지 형상의 핀을 사용한다거나 관 외표면에 특수물질을 도포하는 등 다양한 기술들이 도입되어 개발되고 있다. 관의 열수나 전열면적, 배치 등은 기능별 용도 등에 따라 설계된다.

3) 압축기

압축기로는 주로 밀폐식이나 반밀폐식이 사용되며, 그 종류로는 왕복동형, 로터리형, 스크롤형, 스크류형 등 여러 가지가 있으나 아직은 주로 밀폐식이나 반밀폐식 왕복동형이 많이 사용되고 있다. 그러나 앞으로 기술의 발달에 따라 스크류형이나 스크롤형의 채용도 증가할 것으로 예상된다.

4) 응축기

패키지형 공조기를 수냉식과 공랭식으로 구분하는 것은 이 응축기를 냉각하는 방법에 따른 것이다. 즉, 응축기를 냉각하는 매체로 수랭식은 물을 사용하는 것이고, 공랭식은 공기를 사용하는 것이다. 수랭식으로 소형에서는 이중관형을 채용하지만, 대형에서는 셸앤드튜브(shell and tube)형을 주로 채용한다. 공랭식에서는 주로 증발기와 같이 알루미늄 핀이 부착된 관을 채용하고 있다.

5) 기타

앞의 기기들 외에도 실내공기를 정화하기 위한 에어필터(air filter), 온도 및 용량 등을 조절하기 위한 각종 제어장치, 기기보호장치 등이 사용된다.

에어필터로는 세척하면 다시 사용할 수 있는 것이 일반적이고, 최근에는 항균성이나 냄새 제거기능 등이 첨가된 것들도 많이 개발되고 있다.

제어장치로는 기종에 따라 흡입공기의 온도로 압축기를 온-오프(on-off)하는 것, 인버터(invertor)로 압축기의 회전수를 조절하여 용량제어의 폭을 넓히는 것 등 외에도 최근에는 마이크로 컴퓨터를 내장하여 송풍기 및 주요 밸브의 작동상태, 실내온도와 열교환 온도 등을 검출하여 표시하고 제어하는 기능을 갖추고 있는 것 등 다양하게 개발되고 있다.

또 용도 및 기능의 확대를 위해 냉방전용기인 경우에도 난방 하고자 할 때를 위해 전기히터, 온수나 증기 열교환기 등을 선택하여 부가 설치할 수 있도록 한다거나 가습이 필요할 경우 팬형, 온수나 증기 스프레이형, 초음파형 등 중에서 선택하여 부가할 수 있도록 하는 등 점점 다양화되고 있다.

(2) 선정

패키지형 공기조화기는 일반적으로 [그림 1.10]과 같은 순서에 따라 선정하되 각 온도조건 등의 설계조건에 따라 능력을 보정하여 결정한다. 이 때 송풍량은 가급적 선정된 기종의 표준풍량을 사용하되 표준풍량으로 송풍량이 부족할 때에는 지나치지 않는 범위 내에서 풍량의 할증을 검토한다.

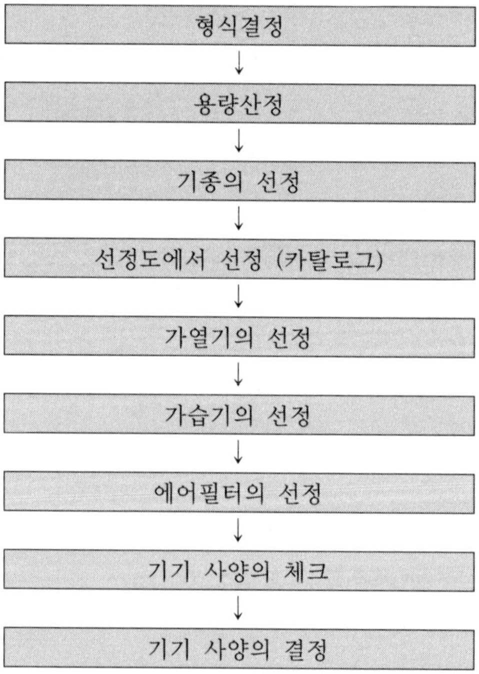

[그림 1.10] 패키지형 공조기의 선정순서

직접취출형은 방의 사용목적, 사용시간대 등이 일반공조계통과 다를 경우에 사용하고, 공기 분포를 감안하여 설치하며, 소음 및 진동을 고려할 필요가 있을 때에는 옥외압축기형으로 하는 것을 고려한다. 덕트형은 가능한 전용기계실에 설치하고, 각 실 송풍량은 패키지형 공조기의 송풍량을 각 실의 시각별 실내 냉방 전열부하 최대값에 따라 나누어 결정한다. 또 덕트형의 기외정압은 덕트 저항계산에 따라 결정하지만, 선정기종의 허용정압 이하가 되는 가를 확인한다. 멀티형인 경우에는 냉매가 실내로 누설될 때 실내용적에 대한 한계농도를 확인하여 그 이하가 되도록 한다.

패키지형 공조기는 소음이 발생되기 때문에, 실내에 설치할 때에는 반드시 소음값을 체크하고, 일반적으로 실내에 설치하는 경우에는 7.5 kW 정도 이하의 용량을 사용하는것이 바람직하다.

습기는 기능이나 내구성 등을 고려하여 증기분사식, 팬형 가습기 중에서 선정하고, 전기 히터 및 팬형 가습기를 사용할 때에는 과열방지의 안전조치로서 송풍기와 인터록하고 과열방지용 써모스탯(thermostat)을 설치한다. 또 그 용량에는 기종에 따라 한계가 있기 때문에 주의를 요한다.

패키지형 공조기에 있는 표준 부속품 이외의 에어필터를 선정할 경우에는 내장된 송풍기의 정압이 부족할 경우가 있기 때문에 잘 점검하고, 냉방전용형의 패키지형 공조기를 설치할 경우에는 공조기와 냉각탑의 총 용량이 가능한 일치되도록 한다.

수랭식 패키지형 공기조화기의 선정은 메이커의 카탈로그에 따른다. 그러나 흡입공기, 냉각수온도가 카탈로그의 조건과 다를 때에는 [그림 1.11]과 같은 보정선도를 이용하여 정격 냉방능력값을 보정한다. 냉각수량은 선정된 기종에 따라 결정하고, 난방용 가열기는 기능, 경제성 등을 고려하여 온수코일, 증기코일 및 전기 히터 중에서 선정한다. 패키지형 공기조화기 여러 대에 대해 냉각탑은 1대로 할 수 있다.

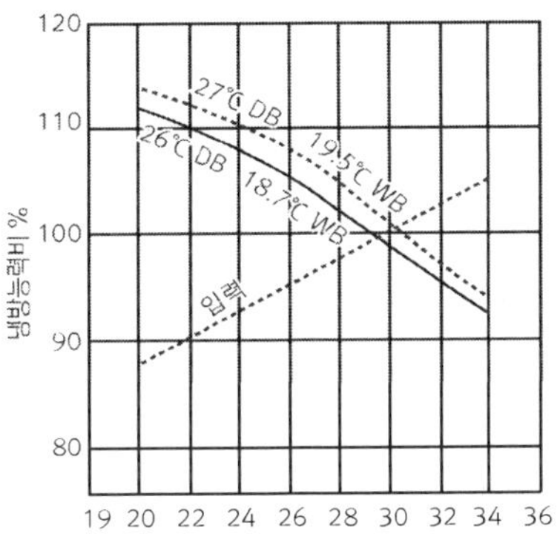

[그림 1.11] 수랭식 패키지형 공조기에서의 능력 보정

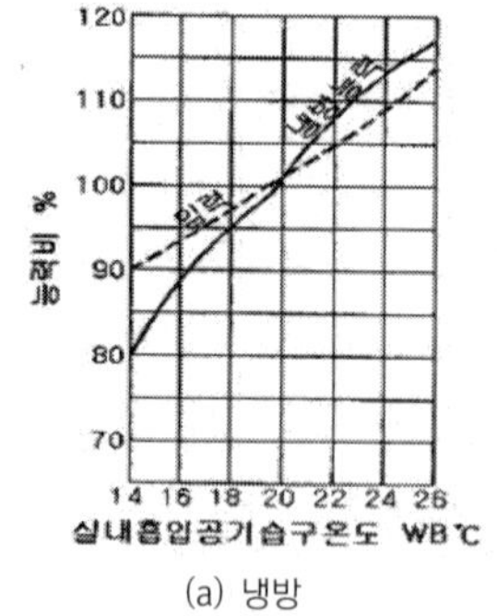

(a) 냉방

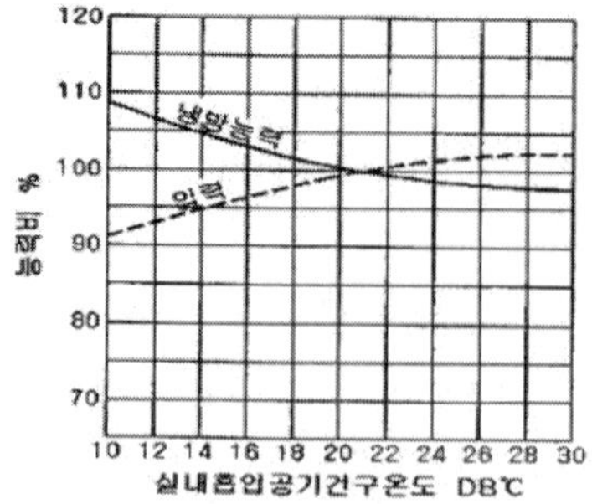

(b) 난방

(1) 실내 흡입공기 온도에 따른 보정

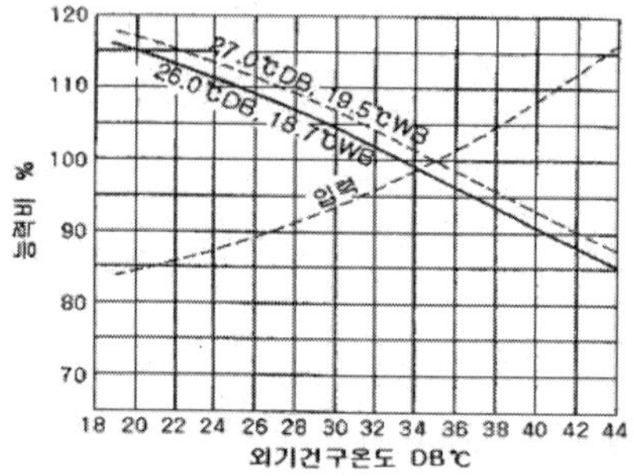

(a) 냉방

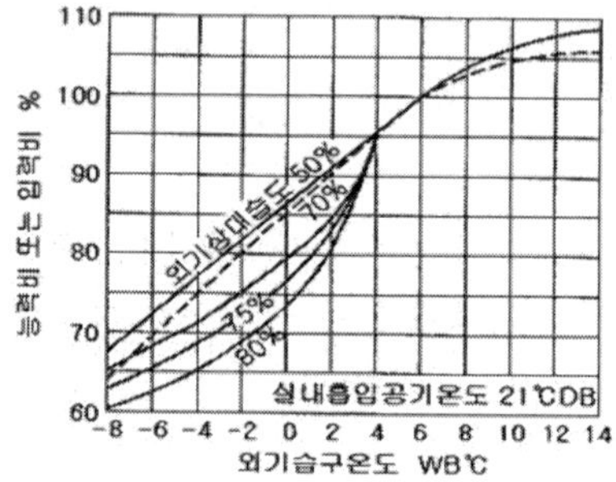

(b) 난방

(2) 외기온도에 따른 보정

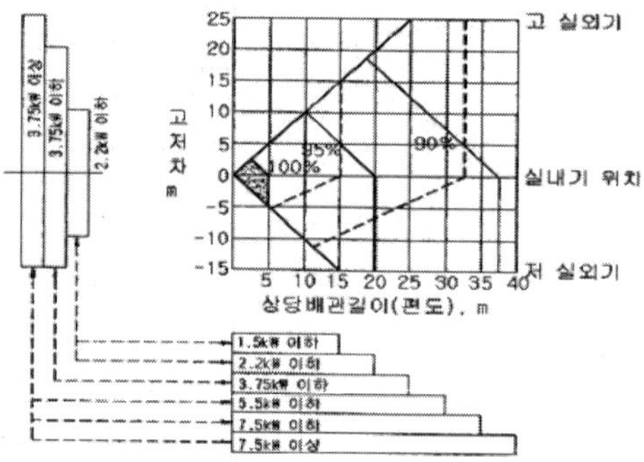

(주) 1) 실내-실외기는 1:1로 한다.
2) 압축기가 실내에 있을 때에는 - - - 냉방 —— 난방으로 하고, 압축기가 실외에 있을 때에는 —— 냉방 - - - 난방으로 한다.
3) 멀티형일 때에는 실외기의 능력으로 선정한다.

(3) 냉매배관의 길이 및 실내·외기의 고저치에 따른 보정

[그림 1.12] 공랭식 및 공기열원 히트펌프 패키지형 공조기에서의 능력 보정

공랭식 및 공기열원 히트펌프 패키지형 공기조화기의 선정은 메이커의 카탈로그에 따른다. 그러나 냉·난방능력은 [그림 1.12] 등을 사용하여 실내온도, 외기온도, 냉매배관길이 및 고저차 등에 따라 보정한다. 실내유닛과 실외유닛 사이의 냉매배관길이 및 고저차는 [그림 1.12(c)]에 주어진 한계 이상인 경우에는 능력의 감수 트러블 발

생 등의 문제가 생길 위험이 있으므로 주의해야 한다. 공랭식 히트펌프 패키지형 공조기인 경우에는 일반적으로 냉방능력보다 난방능력이 작기 때문에, 반드시 설계조건에서의 난방능력 H_h[kcal/h]〈W〉를 식 (1.6)과 같이 검토하고, 난방능력이 부족할 때에는 보조히터로 보충하고, 보조히터의 용량 H_W[kcal/h]〈W〉은 다음 식 (1.7)과 같이 계산한다.

$$H_h = K_1 K_2 q_h \tag{1.6}$$

$$H_w = \frac{H_h - H_{ho}}{860} \tag{1.7}$$

여기서, K_1은 감가상각계수(≒1.05), K_2는 능력보상계수(≒1.05)이고, q_h는 난방부하의 집계값[kcal/h]〈W〉이다. 또 H_h는 필요 난방능력[kcal/h]〈W〉, H_{ho}는 선정한 공랭식 패키지형 공기조화기의 사용조건에서의 난방능력[kcal/h]〈W〉이다.

그리고 실외기를 2대 이상 설치할 때나 주위에 벽 등이 있을 때에는 주위 공간 및 토출덕트의 높이를 고려하고, 실외기의 소음대책이나 적설지역에서의 방설대책도 검토하며, 인버터 제어 패키지형 공기조화기의 전동기입력은 인버터의 효율을 고려하여 결정한다.

1.3 공조시스템의 구성

공기조화기는 기본적으로 공기를 냉각, 가열, 가습, 감습하여 적정한 상태로 조절하여야 하기 때문에 공조기의 종류에 상관없이 기본적으로 갖추어야 할 것이 있는가 하면, 공조기의 종류에 따라 그 특성을 살릴 수 있도록 부가적으로 갖추어야 할 것들도 있다.

본 단원에서는 가급적 공통적인 요소이면서 공기의 상태변화에 필요한 공기냉각기와 공기가열기, 가습기, 감습기 및 공기정화기에 대해 살펴보기로 한다. 이 외에 부가적으로 필요한 요소들 중 일반적으로 많이 사용되는 몇 가지에 대해서도 함께 살펴보기로 한다.

1.3.1 공조기용 코일

(1) 용도에 따른 분류

실내로 공급할 공기를 냉각 또는 냉각·감습하기 위한 공기 냉각코일(cooling coil)과 실내 공급공기를 가열하기 위한 공기 가열코일(heating coil)이 있으며, 이 외에도 주로 외기를 예냉, 예열하여 냉각코일과 가열코일의 부하를 줄여주기 위한 공기 예냉코일(pre-cooling coil)과 공기 예열코일(pre-heating coil) 등도 사용된다.

(2) 관내 열매체에 따른 분류

일반적으로 냉방하고자 할 때에는 냉방부하 및 공조기의 특성 등에 따라 냉수코일, 부동액코일, 직팽코일 중에서 선택하여 사용하고 있으며, 보통 에어핸들링유닛에서는 냉수코일이 사용되고, 패키지형이나 룸 에어컨디셔너의 경우에는 직팽코일이 사용된다. 또 난방하고자 할 때에는 온수코일과 증기코일 중에서 선택하여 사용하고 있지만, 패키지형이나 룸 에어컨디셔너를 난방용으로 사용하고자 할 때에는 냉동기의 냉매회로를 바꾸어 직팽코일을 사용하기도 한다.

냉수코일은 냉동기 등에 의해 냉각된 5~7℃ 정도의 냉수를 공급하여 그 냉수에 의해 관벽이 냉각되고 냉각된 관벽과 공기가 접촉하여 열교환함으로써 공기의 온도를 낮춘다. 이때 관벽의 온도가 코일로 들어오는 공기의 노점온도보다 낮으면 공기는 냉각과 함께 감습도 이루어진다. 또 최근에는 공급되는 냉수의 온도를 2~3℃ 이하로 낮추어 코일의 전열면적을 줄이는 노력도 이루어지고 있다.

온수코일은 보일러 등에 의해 가열된 60~80℃ 정도의 온수를 공급하여 그 온수에 의해 관벽이 가열되고 가열된 관벽과 공기가 접촉하여 열교환함으로써 공기의 온도를 높인다. 이때 코일에서 온수가 분출하지 않는다면 공기의 절대습도는 변하지 않고, 실제 코일에서 온수가 분출하거나 누설하여서도 안된다. 경우에 따라서는 100℃ 이상의 고온수를 공급하는 고온수코일이 사용되기도 하지만, 일반 공기조화에서는 거의 사용하지 않는다.

냉수코일과 온수코일이 일반적으로는 동시에 사용되지 않으므로 공기를 냉각하고자 할 경우에는 냉수코일로 사용하고 공기를 가열하고자 할 경우에는 온수코일로 사용할 수 있도록 하나의 코일로 냉수코일과 온수코일을 겸할 수 있도록 할 수 있도록 한 것을 냉온수코일이라 한다.

증기코일은 관내로는 보일러 등에 의해 생성된 0.35~1 kg/cm^2G〈약 35~100 kPa〉 정도의 저압증기를 공급하여 그 증기에 의해 관벽이 가열되고 가열된 관벽과 공기가 접촉하여 열교환함으로써 공기의 온도를 높인다. 이때 코일에서 증기가 분출하지 않는다면 공기의 절대습도는 변하지 않고, 실제 코일에서 증기가 분출하거나 누설하여서도 안된다. 구조는 냉온수코일과 거의 같지만, 증기가 응축된 뒤의 드레인은 열교환에 오히려 방해가 되기 때문에 빨리 배출하여야 한다.

부동액코일은 관내로는 냉동기 등에 의해 냉각된 브라인(부동액)을 순환시켜 그 브라인에 의해 관벽이 냉각되고 냉각된 관벽과 공기가 접촉하여 열교환함으로써 공기의 온도를 낮춘다. 이 때 관벽의 온도가 코일로 들어오는 공기의 노점온도보다 낮으면 공기는 냉각과 함께 감습도 이루어진다.

직팽창코일은 직팽코일 또는 냉매코일이라고도 하며, 관내로는 냉동기 등에서 직접 공급되는 냉매를 순환(증발기)시켜 그 냉매에 의해 관벽이 냉각되고 냉각된 관벽과 공기가 접촉하여 열교환함으로써 공기의 온도를 낮춘다. 이 때 관벽의 온도가 코일로 들어오는 공기의 노점온도보다 낮으면 공기는 냉각과 함께 감습도 이루어진다.

(3) 열교환 성능에 따른 분류

공조기용 코일의 기술발전은 에너지절약과 쾌적성, 소음억제를 위한 공기측 통풍저항의 감소, 관내 압력손실의 감수 비용절감 및 설치공간의 제약성, 팬의 소비전력 감소 등을 달성하기 위한 노력의 일환으로 이루어져 왔다. 이들 중 공조용 열교환코일의 설계시 가장 중요한 요소는 필요한 열량을 얻기 위해 요구되는 열전달계수(K)와 전열면적(A)의 곱인 KA값을 확보하는 것이다. KA값을 증대시키기 위해서는 코일의 전열면적을 크게하고, 코일의 관지름을 줄여야 한다. 따라서 초기에는 평활관(bare tube)를 사용하였지만, 공기측의 열전달계수가 관내 열매체의 열전달계수보다 훨씬 작기 때문에 공기측의 열전달계수를 향상시키기 위하여 최근에는 [그림 1.13]과 같이 관 표면에 여러 가지 형상의 핀을 부착한 핀-관 열교환코일(finned tube heat exchanger)을 사용한다.

즉, 1980년대까지는 평판 핀(plate fin)과 파형 핀(wavy fin)의 일종인 와플 핀(waffle fin)이 사용되었고, 이들은 핀 표면에 특별히 가공하지 않아도 되기 때문에 가공비용이 저렴하여 그다지 고밀도화가 요구되지 않는 대형 공조시스템에서 많이 채용되었다. 그러나 이들은 핀 사이를 유동하는 공기의 속도가 빠를수록 출구측에서 소음이 발생하여 가정용 공조기 등에서는 거의 사용되지 못하였다. 그러다가 1980년대에는 오프셋 스트립핀(offset strip fin)과 동일한 메카니즘을 가지는 슬릿 핀(slit

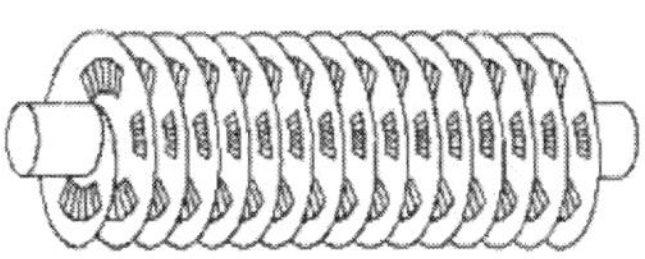

(a) 나선 핀 (aero fin)

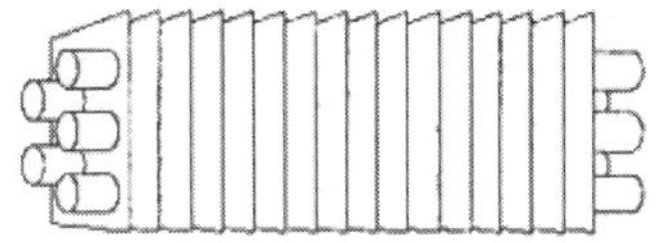

(b) 평판 핀 (plate fin)

(c) 슬릿 핀 (slit fin)

[그림 1.13] 핀-관 열교환기

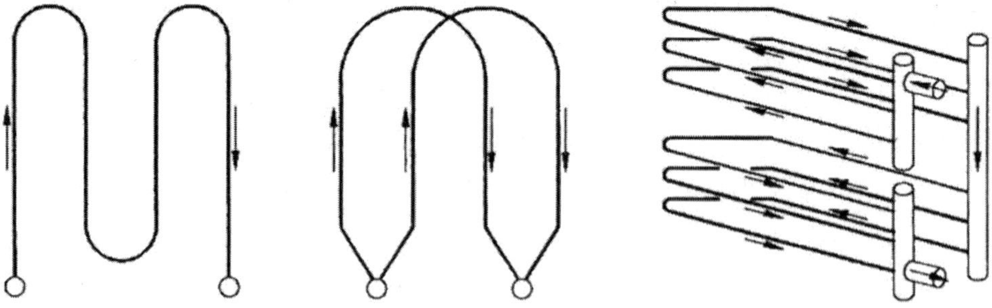

[그림 1.14] 코일의 배열방식

fin)이 개발되었고, 이로 인해 평판 핀보다 전열성능이 약 1.5배 향상되었다. 1990년대에는 루우버 핀(louver fin)이 개발되어 연속적인 표면을 가지는 열교환코일보다 압력손실은 크지만 전열성능이 뛰어남은 물론 대량생산이 가능하며 전열면을 조밀화시켜 열교환코일의 크기를 줄일 수 있었다. 이후에도 이러한 핀-관 열교환기에 대한 개발이 지속됨은 물론 관지름을 줄이거나 핀 피치나 폭을 미세화하는 외에 와류를 발생시키는 촉진체를 사용하는 등 전열성능의 향상을 위한 각종 노력이 이어지고 있다.

(4) 배열방식에 따른 분류

공기냉각기나 공기가열기를 흐르는 냉·온수의 통로수는 관내의 유속에 따라 코일의 배열방식을 구분하는데, 관내의 유속은 1.0~1.5 m/s 정도가 적당하고, 경제적인 유속으로는 1.0 m/s가 적당하다. 만일 관내 유속이 이 범위를 넘을 때에는 회로수를 변화시켜 유속을 조정한다.

즉, [그림 1.14]와 같이 표준유속의 범위일 때에는 풀서킷코일(full circuit coil)을 사용하고, 코일 내의 유량이 많을 때에는 통로수를 2배로 하여 유속을 1/2로 낮추는 더블서킷코일(double circuit coil)을 사용하며, 유량이 적을 때 회로수를 1/2로 하여 유속을 2배로 하는 하프서킷코일(half circuit coil)을 사용한다.

코일의 배열을 열수와 단수로 구분할 수 있는데, 일반적인 코일의 열수는 4~6열이지만, 전외기용 공조기나 송풍온도를 냉수온도에 가까운 노점으로 하고자 할 때에는 8~10열, 45℃ 전후의 온수온도를 얻기 위해 히트펌프 칠러와 조합하여 온수히터를 선정할 때의 온수히터는 3-4열로 하는 경우가 많다.

1.3.2 가습기

(1) 개요

가습기(humidifier)는 공기의 습도를 높이기 위한 장치로, 공기 중에 수증기를 삽입시키는 방법에 따라 물을 분무하고 그 물이 증발하여 수증기로 변하게 하는 물공급식과 직접 수증기를 분사하여 공기 속으로 불어넣는 증기공급식, 공기로 물을 기화시키는 기화식 등으로 구분할 수 있으며, 설치위치에 따라서는 공조기 내장형, 바닥설치형, 벽걸이형 등으로 구분할 수 있다.

1) 물공급식

노즐의 분사력이나 초음파 진동을 이용하여 물을 미세화 시키고 이를 공기 속으로 분출하여 가습하는 방식이다. 이 방식은 운전에 따른 동력비는 적게 들지만, 가습기에서 나오는 미세한 물방울이 공기 속에서 확신 증발하는 동안 공기로부터 증발잠열을 흡수하여 공기의 온도가 낮아질 수 있으며, 가습량의 제어가 곤란하고, 물속에 함유되어 있는 염류나 균, 약재 등이 공기속에 함유될 수 있으므로 주의해야 한다.

① 원심식

[그림 1.15(a)]와 같이 모터를 이용하여 고속으로 회전하면 그 힘으로 물을 끌어올리게 되고 얇은 수막이 형성되면서 공기 중에 안개와 같이 물을 비산하게 된다.

② 초음파식

[그림 1.15(b)]같이 물 속에 잠겨있는 초음파 진동자의 진동에 의해 수면에서 작은 물방울이 발생되고 이를 공기 속으로 방출한다. 주로 규모가 적은 가습으로 패키지에어컨, 에어핸들링유닛, 팬코일유닛에 내장하거나 실내에서 직접 가습하고자 할 때 사용된다.

③ 노즐분무식

[그림 1.15(c)]와 같이 펌프로 물의 압력을 높인 상태에서 노즐의 작은 구멍을 통해 분무하고 분무된 물방울이 공기와 직접 열교환하면서 기화되어 가습된다. 주로 일반

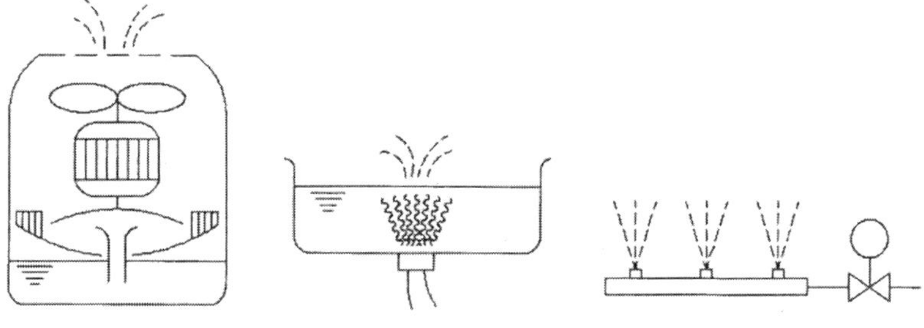

(a) 원심식 (b) 초음파식 (c) 분무식

[그림 1.15] 물 공급식 가습기

적인 공조기에 내장하여 사용되며, 분무되는 물방울 중 기화되어 가습에 소요되는 물은 공기의 상태에 따라 다르지만 대개 20~30% 정도이고, 입자는 다른 방식에 비해 다소 굵은 편이다.

2) 증기공급식

공기 중에 직접 증기를 공급하는 방식으로, 여기에는 전열기나 전극, 적외선 등을 이용하여 직접 물을 가열하여 수증기를 만드는 방식과 보일러 등과 같은 외부의 가열장치증기를 공급받아 공기 속으로 분출시키는 방식이 있다. 이 방식은 가습공기의 오염이 적으며, 가습으로 인한 온도저하가 없고, 가습량도 쉽게 제어할 수 있다.

① 증기 스프레이노즐식

보일러 등에서 공급받은 포화증기를 스프레이노즐을 통하여 공기 속에 직접 분무하는 방식으로, 외부에서 증기를 공급받을 수 있는 경우에 사용할 수 있으며, 저온공기에서도 물공급식에 비해 가습효율이 높다. 또 비교적 고습도를 얻기 쉬우며, 온-오프나 비례제어 어느 것이나 가능하지만, 청관제 등의 약제가 함께 분출되는 경우도 있으므로 주의해야 한다. 그 형태는 [그림 1.15(c)]와 유사하다.

② 과열증기분무가습식

[그림 1.16(a)]와 같이 증기발생장치로부터 과열증기를 공급받거나 교축현상을 이용하여 포화증기를 과열증기로 변경시킬 수도 있다. 증기를 외부에서 공급받을 수 있는 경우에 사용할 수 있으며, 응축수가 생겨도 재증발되므로 가습효율이 높다.

③ 팬형 가습식

[그림 1.16(b)]와 같이 물 속에 설치된 전열기나 증기히터에 의해 가열되면서 증발하는 수증기로 가습한다. 비교적 취급이 간단하고 저렴한편이 지만, 제어성은 그다지 좋지 못하며, 전기를 사용할 경우에는 운전비가 많이 든다.

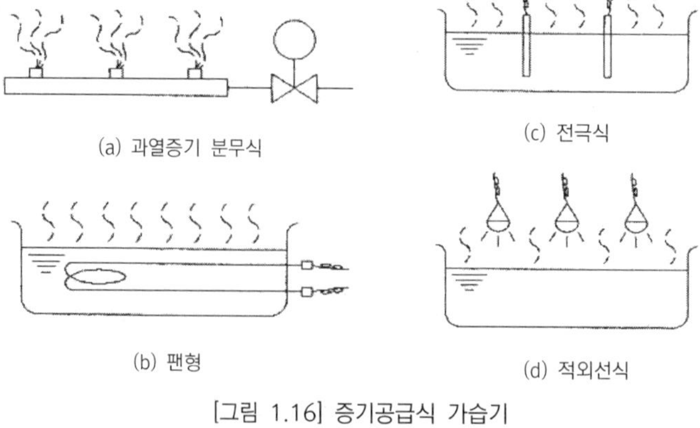

(a) 과열증기 분무식　(c) 전극식

(b) 팬형　(d) 적외선식

[그림 1.16] 증기공급식 가습기

④ 전극식

[그림 1.16(c)]와 같이 물 속에 전극을 설치하고 여기에 전류를 흘리면 전극 사이에서 발생하는 저항에 의해 물이 가열되고 이에 의해 발생되는 증기로 가습한다. 소형, 경량으로 수처리의 필요성이 없으며, 습도조절기를 설치하면 제어가 가능하지만, 고가이면서 전력비가 큰데 비해서는 제어성이 그다지 좋지 못하다.

⑤ 적외선식

[그림 1.16(d)]와 같이 저장되어 있는 물에 적외선을 가하여 그 복사밑로 증기를 발생시컥 가습한다.

3) 기화식

세라믹페이퍼 등과 같이 흡습성 및 건조성이 우수한 재료의 표면에 물을 적신 상태에서 공기를 통과시킴으로써 수분을 증발시켜 가습하는 방식이다. 물에서 불순물이 방출되지도 않으며, 가습된 공기의 상대습도를 100% 가까이까지 유지할 수 있어 주변의 물체에 결로를 일으키지 않는다.

① 회전식

[그림 1.17(a)]와 같이 가습재의 일부를 물에 적시면서 서서히 회전시키고, 그 표면으로 공기가 통과하도록 하여 회전판에서 기화된 수분으로 가습한다.

② 모세관식

[그림 1.17(b)]와 같이 흡수성이 강한 재료를 물에 적신 상태에서 모세관현상으로 흡습재를 적시고 그 사이로 공기를 통과시켜 가습한다.

③ 적하식

[그림 1.17(c)]와 같이 가습재의 상부에서 물을 뿌려 가습재를 적시고 그 사이로 공기를 통과시켜 가습한다.

(2) 선정

가습기의 형식을 선정할 때에는 가습수의 청정도, 가습량, 제어성 및 가습기 출구에서 완전히 가습되는 거리 등을 확인하고, 가습과정의 열수분비를 확인하여 저온의 공기도 가습효과가 큰지 확인한다. 또 가습효율과 함께 드레인의 유무를 확인하여 가습기의 설치위치와 드레인 방법을 검토한다. 특히 분무노즐을 사용할 경우에 압력이 높으면 가습효율은 높아지지만 소음이 증가하므로 소음에 대한 대책도 강구하여야 하구 물을 분무하는 경우에는 물의 비산을 방지하기 위하여 엘리미네이터(eliminator)의 설치를 고려한다. 또한 공기조화기에 설치할 때에는 코일과의 위치를 잘 검토하고, 덕트 내에 삽입할 때에는 주변에서의 결로에 주의해야 한다.

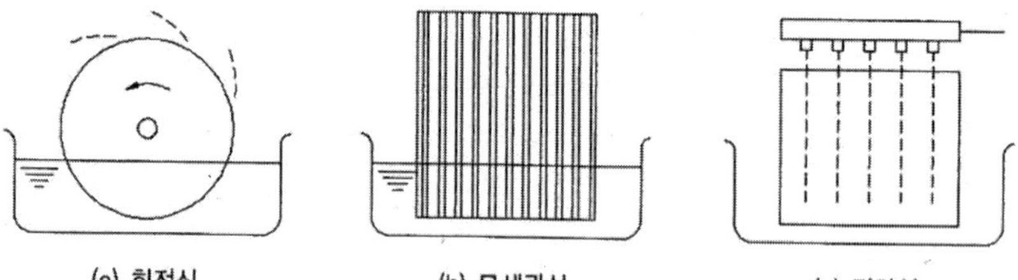

[그림 1.17] 기화식 가습기

가습기를 선정할 때에는 필요한 가습량과 풍량, 형식 등으로부터 메이커의 카탈로그를 참조하여 적당한 것을 선정하는데, 이때 가습량 L[kg/h]은 식 (1.8)~(1.10)과 같이 산출한다.

$$\text{증기분무} \quad L = 1.2Q(x_2 - x_1) \tag{1.8}$$

$$\text{소량의 물을 분무} \quad L = \frac{1.2Q(x_2 - x_1)}{\eta_H} \tag{1.9}$$

$$\text{팬형 가습기} \quad L = (0.0178 + 0.0152v_a)(p_w - p)A_H \tag{1.10}$$

여기서, Q는 송풍량[m^3/h], x_1과 x_2는 각각 가습기 입구공기와 출구공기의 절대습도[kg/kg]이고, η_H는 가습기효율, v_a는 수면에서의 풍속[m/s]이며, p_w와 p는 각각 수온과 동일온도에서의 포화공기와 통과공기의 수증기분압[mmHg]〈kPa〉, A_H는 수면의 표면적[m^2]이다.

1.3.3 감습기

(1) 개요

감습기(dehumidifier)로는 일반적으로 냉수를 관내로 유동시키는 공기냉각코일이나 물을 냉각하여 직접 공기에 분무하는 공기세정기 등을 사용하여 냉각함과 동시에 수증기를 응축시켜 감습하는 방법이 많이 사용된다. 공업용 감습장치로는 흡습성이 강한 고체나 액체에 공기를 접촉시켜 감습하는 방식이 있다. 이 외에도 압축공기가 지닌 특성을 이용하여 제습하는 방법도 있다.

1) 냉각식 감습기

처리공기를 노점온도 이하로 냉각하여 공기 중의 수분을 응축시켜 감습하는 방식으로, 공조분야의 감습에는 이 방식이 널리 이용되고 있으며, 노점온도를 아주 낮게 유지하여 공조 이외의 분야에서도 활용되고 있다. 여기에는 처리공기의 온도를 낮추는 방법에 따라 공기처리 공기세정(air washer)방식(우물물 출구방식, 냉수방식)과 냉각코일방식(직팽코일방식, 냉수코일 또는 브라인코일방식)으로 구분 할 수 있으나, 공기세정방식은 공기 중의 분진을 제거하는 냉각수 입구효과와 비교적 처리공기의 온도가 높은 경우에 사용되지만 습도제어가 곤란하다거나 장치가 커져 수처리가 곤란하다는 점 등 때문에 사용범위가 한정될 수밖에 없다. 또 냉각코일방식을 감습기에 의해 생성되는 건조공기의 노점온도에 따라 구분하면, 일반 공조용(노점온도 12~17℃), 일반 습도용(노점온도 3~12℃), 저습도용(노점온도 -20~3℃) 등으로 구분할 수 있다.

[그림 1.18]은 일반 습도용 냉각식 감습장치의 계통도를 나타낸 것으로, 구조는 일반 공조용 공조기와 냉동기를 일체화한 형태와 유사하다. 냉각기로는 에너지절약과 컴팩트화의 측면에서 건식 팽창식이 많으며, 재열코일의 가열원으로는 압축기의 토출가스를 이용하거나 응축기의 냉각수를 이용하고, 제습된 공기의 출구온도는 이 재열량을 제어함으로써 소정의 온도로 제어할 수 있다. 열회수장치는 냉각코일 전후에 열교환기를 설치하고 처리공기의 출·입구 온도차를 이용하여 열매체를 순환시켜 열을 회수한다.

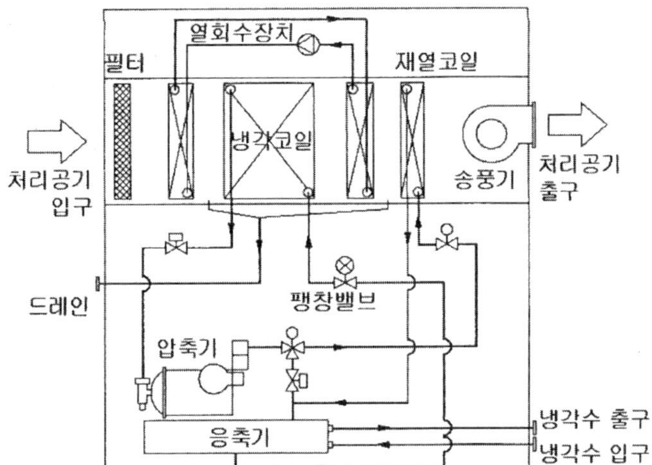

[그림 1.18] 일반 습도용 냉각식 감습장치의 계통도

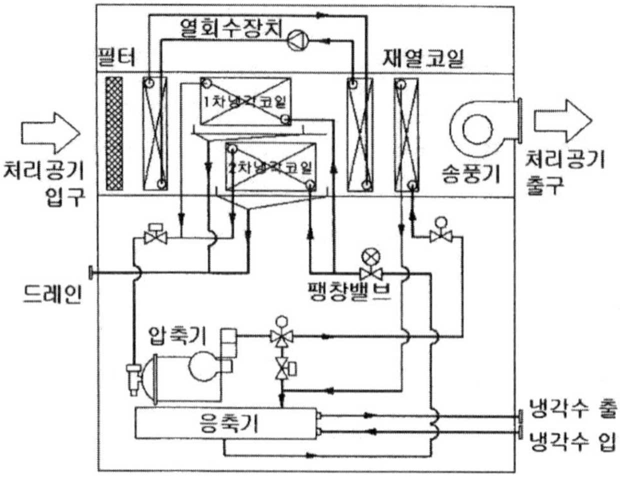

[그림 1.19] 저습도용 냉각식 감습장치의 계통도

냉각식 감습기에서는 일정 노점온도 이하가 되면 냉각코일의 표면에 착상이 일어나 저노점의 공기를 만들 수 없으므로 이 점을 개량하여 연속적으로 저노점의 공기를 만들 수 있도록 한 것이 [그림 1.19]과 같은 저습도용이다. 이는 여러 대의 냉각코일을 가지고 있어 코일에서의 착상량이 증가하면 자동적으로 다음 냉각코일로 운전이 바뀌게 되어 연속적으로 감습운전할 수 있게 되고 그 동안 착상된 냉각코일은 제상운전하여 착상 전의 상태로 돌아간다.

냉각식 감습기의 특징으로는 다음과 같은 점을 들 수 있다.

- 다른 방식에 비해 설비비가 저렴하고 성능이 우수하며, 특히 외기온도가 높은 경우에 유리하다.
- 건조공기의 노점온도를 -20~-10℃ 등 광범위하게 얻을수 있다.
- 재생열원이나 감습 후의 냉각이 불필요하다.
- 필요에 따라 감습 외에 냉각에도 이용할 수 있다.
- 수랭식인 경우에는 냉각수가 필요하지만, 전원의 공급으로 운전할 수 있다.

2) 흡수식 감습기

염화리튬(LiCl), 염화칼슘($CaCl_2$) 등의 흡수제가 수분을 흡수하는 성질을 이용하여 흡수제와 처리공기를 접촉시켜 감습하는 장치이고, 흡수제를 용액으로 사용하는 습식과 다공질 매체에 함침시켜 사용하는 건식으로 구분할 수 있다.

[그림 1.20]은 습식 감습장치의 계통도로서, 흡수기로 들어간 처리공기는 노즐에서

분무되는 흡수용액과 접촉하여 수분이 흡수되어 감습되는데, 이때 발생하는 흡수열은 냉각코일로 처리하고, 감습된 공기는 엘리미네이터를 통해 빠져나간다. 그리고 수분을 흡수하여 농도가 낮아진 흡수용액은 재생기로 보내져 가열코일에 의해 가열되면서 수분을 증발시켜 농도를 높여 흡수기로 되돌아온다. 이 방식의 특징으로는 다음과 같은 것들을 들 수 있다.

- 처리공기의 온도에 관계없이 일정한 습도를 유지할 수 있다.
- 처리공기의 살균, 청정효과가 크다.
- 저습도인 처리공기의 감습에 적합하다.
- 금속류를 부식할 수 있기 때문에 관리에 유의해야 한다.
- 용액이 미립자의 형태로 용액에 함유되어 유출될 우려가 있다.

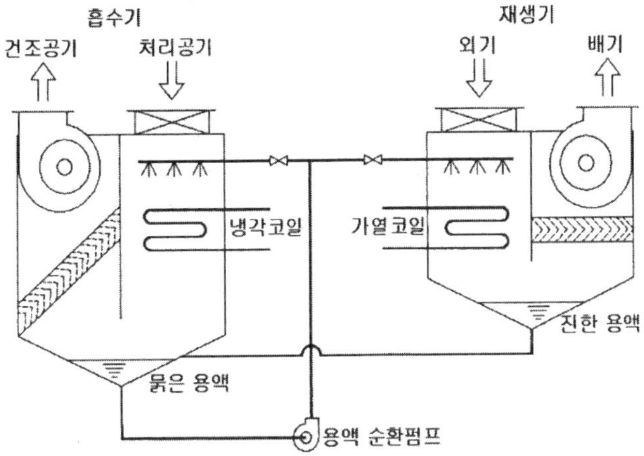

[그림 1.20] 습식 감습장치의 계통도

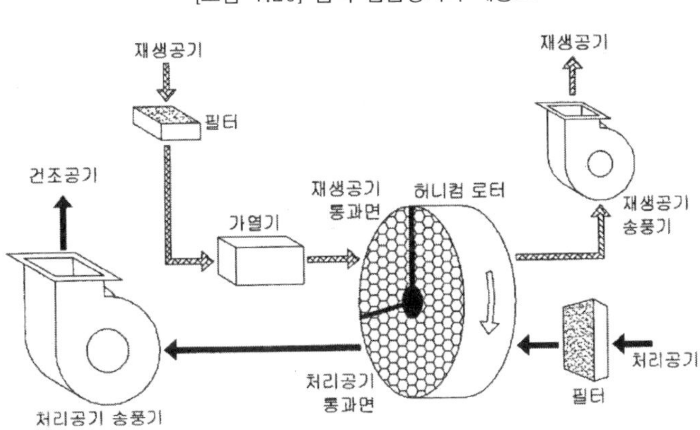

[그림 1.21] 건식 감습장치의 계통도

[그림 1.21]은 건식 감습장치의 계통도로서, 습식 감습장치의 문제점을 어느 정도 해결하고, 감습기능과 재생기능을 하나의 매체로 묶어놓은 것이다. 즉, 흡수용액을 하니컴(honeycomb) 모양과 같은 로터에 침투시키고 흡수부분과 재생부분으로 구분하여 각각 처리공기와 재생공기를 통과시켜 감습과 재생을 연속적으로 하는 장치이다. 이 방식의 특징으로는 다음과 같다.

- 저노점의 공기를 연속적으로 얻을 수 있다.
- 본체의 구조가 간단하여 유지 및 관리가 용이하고, 설치면적이 작다.
- 처리공기의 습도제어는 출구공기의 온도조정으로 가능하다.

3) 흡착식 감습기

수분을 흡착하는 성질을 가진 흡착제와 처리공기를 접촉시켜 감습하는 방법이다. 흡착제로는 실리카겔, 활성 알루미나, 합성 제오라트, 활성탄 등이 사용되지만, 온도, 습도, 입자크기, 흡착시간, 재생성능 등에 따라 그 성질이 달라질 수 있기 때문에 선정할 때 주의해야 한다.

이 방식은 흡착제와 처리공기를 접촉시키기 위하여 흡착제를 충진한 통이 고정되어 있는 고정식과 통이 회전하는 회전식, 그리고 흡착제가 통내에서 이동하는 이동층식 등으로 구분할 수 있으며, 회전식은 흡수식감습기의 건식과 그 기본구조가 유사하곤 특징은 다음과 같다.

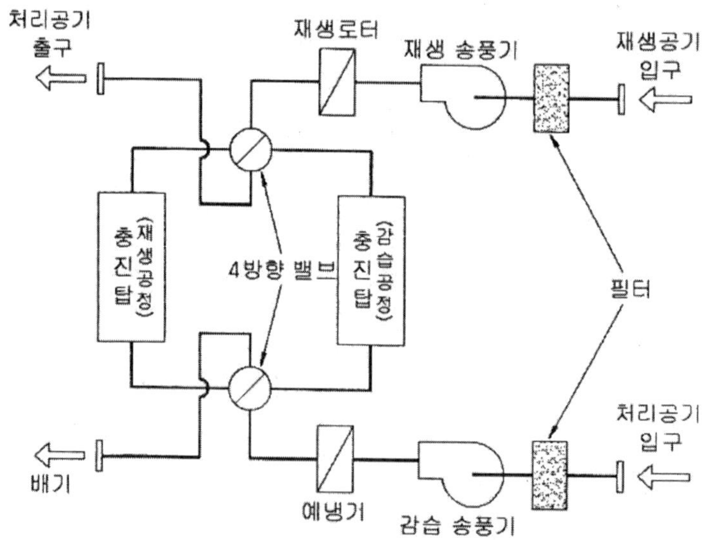

[그림 1.22] 2탑식 감습장치의 계통도

- 처리공기의 감습과 재생이 동시에 이루어지므로 공기의 온·습도가 안정하다.
- 비교적 대용량의 공기처리에 적합하다.
- 구조적으로 로터의 두께와 직경에 제한이 있어 저노점의 공기를 얻기는 곤란하다.

[그림 1.22]는 고정식 감습장치의 계통도를 나타낸 것으로, 통 속의 흡착제가 일정 이상의 수분을 흡착하면 재생공기를 공급하여 흡착제를 건조시키면서도 흡착은 계속 이루어져야 하므로 충진탑을 최소한 2개 이상 설치하여 흡착 도중에 공기의 흐름방향을 바꿈으로써 연속운전할 수 있다. 이 방식의 특징은 다음과 같다.

- 냉동기와 조합하여 극저노점(-70℃)에서 상온까지 광범위하게 저습도의 공기를 얻을 수 있다.
- 흡착제는 기계적인 강도가 커서 교환이 거의 불필요하다.
- 소풍량(3~60 m^3/min정도)의 공기처리에 적합하다.
- 구조가 간단하고, 가동부가 적어 유지 및 관리가 용이하다.
- 처리공기의 압력손실이 커 팬모터의 용량이 커진다.
- 감습·재생의 교체시 감습성능이 변동할 수 있다.

4) 압축식 감습기

공기에 함유된 수분량이 압력에 따라 결정되는 것을 이용한 방법으로, 아래의 관계식 (1.11)과 같이 처리공기를 압축하여 압력을 높이고 그 압력에서 공기의 온도를 낮추어 공기 중의 수분을 응축시켜 사용압력까지 감압·팽창시키면 건조공기가 얻어진다.

$$x = \frac{0.62h}{H - h} \tag{1.11}$$

여기서, x는 포화온도에서의 절대습도[kg/kg]이고, H는 습공기의 전압력[mmHg]〈kPa〉이며, h는 포화온도에서의 포화증기압[mmHg]〈kPa〉이다.

이 방식은 다른 방식에 비해 소요동력이 크기 때문에 압축공기를 필요로 하는 경우 외에는 거의 사용되지 않는다.

(2) 선정

감습기를 선정할 때에는 노점온도와 처리풍량, 처리공기의 온도 사용열원 설비비 및 운전비, 운전 및 보수, 에너지절약 외에도 설치공간 등 공조시스템과의 관계, 기존설비와의 관계, 기후 및 환경 등을 고려하여 종합적으로 판단할 필요가 있다. [그림 1.23]은 각 감습기가 실제로 사용되고 있는 범위를 나타낸 것이다.

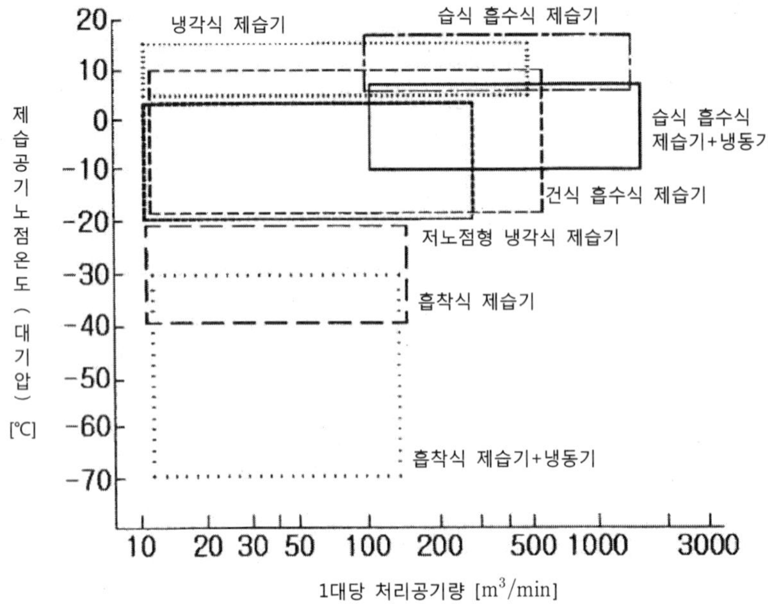

[그림 1.23] 각 감습기의 감습공기 노점온도와 처리공기량

1.3.4 공기여과기

공기 중에 포함되어 있는 매연, 가수 먼지 등은 인체에 해로울 뿐만 아니라 생산공장의 각종 제품에도 악영향을 미치므로 실내로 송풍되는 공기는 불순물을 충분히 제거한 뒤에 송풍되어야 한다. 즉, 공기여과기(air filter)는 실내로 공기를 송풍하기 전에 공기속에 포함되어 있는 불순물을 제거하기 위한 장치이다.

(1) 성능

공기여과기의 성능은 일반적으로 포집효율(집진효율), 공기저항, 분진의 함유능력 등으로 나타낸다.

1) 포집효율(오염제거율)

포집효율 η [%]은 아래 식 (1.12)와 같이 공기여과기의 입구로 들어오는 오염물질의 제거비율을 나타낸다.

$$\eta = \left(1 - \frac{C_o}{C_i}\right) \times 100 \qquad (1.12)$$

여기서, C_o는 출구에서의 분진농도, C_i는 입구에서의 분진농도이다.

공기여과기 입구와 출구에서의 분진농도 측정방법으로는 중량법, 비색법, 계수법 등이 있지만, 이들은 각각의 방법에서 사용하는 분진의 입자크기가 다르기 때문에 동일한 여과기라 하더라도 서로 다른 값을 나타낸다. 따라서 분진의 포집효율로 어떤 방법을 사용할 것인지 하는 문제에 대해 주의해야 한다.

중량법은 비교적 큰 입자를 대상으로 하는 경우에 사용하며, 공기여과기 입구와 출구의 분진중량[/mg/m^3]을 측정하여 구하는 방법이고, 비색법(변색도법)은 비교적 작은 입자를 대상으로 하는 경우에 사용하며, 필터의 상류와 하류에서 흡입한 공기를 각각 여과지에 통과시켜 그 오염도를 광전관으로 측정하는 방법이다. 계수법(DOP법)은 주로 고성능필터의 측정 등에 사용하며, 일정한 크기의 시험입자를 사용하여 먼지의 수를 계측한다.

이 때의 시험용 먼지로 비교적 입자가 큰 것을 대상으로 할 때에는 활석이나 플라이애시(fly ash), 미세한 입자까지 함유할 때에는 대기진이나 카본블랙(carbon black), 고성능필터 등에서는 에어로졸(aerosol)등을 사용한다.

2) 공기저항(압력손실)

공기가 공기여과기를 통과할 때의 저항을 나타내고, 공기여과기 입구측과 출구측에서의 전압차[mmAq]〈kPa〉로 나타낸다. 그러나 일반적으로 공기여과기 입구와 출구의 단면적이 같고 풍속도 같아 운동에너지가 같으므로 정압차로 나타낼 수도 있다.

공기여과기를 통과하는 공기량이 증가하면 압력손실도 커지므로 이들의 관계는 다음 식 (1.13)으로 표시된다.

$$\Delta p = av^n \tag{1.13}$$

여기서, Δp는 압력손실[mmAq]〈kPa〉이고, v는 풍속[m/s]이며, a는 실험정수로 풍속 1 m/s때의 압력손실값, n은 실험정수로 공기여과기의 구조에 따라 정해지는 값(1~2)이다.

공기여과기가 오염물질을 포집할수록 압력손실이 증가하기 때문에 적절한 시기에 세척이나 교환해 주어야 한다.

3) 분진함유용량

공기여과기가 사용한계에 이를 때까지 보유할 수 있는 오염물질의 중량[kg/m^3 또는 kg/개]을 나타내고, 이 값으로 공기여과기의 보수빈도나 교환빈도를 알 수 있다. 공기여과기는 분진을 포집할수록 압력손실이 상승하는데 비해 포집율은 계속 상승하는 것과 상승하였다가 하강하는 것, 처음부터 하강하는 것 등 여러 가지가 있으므로 함유용량은 압력손실과 포집율의 양면에 따라 결정된다. 즉, 결정하는 방법으로는 규격에 따라 약간의 차이는 있지만 일반적으로 압력손실이 초기 값의 2배가 될 때까지나 최고압력손실 값이 될 때까지 또는 포집율이 최고 값의 85%로 낮아질 때까지 공기여과기가 포집하는 분진량으로 결정된다.

(2) 분류

공기여과기는 여과 대상물질, 규모, 여과기능 등에 따라 여러 가지로 분류될 수 있지만, 일반적인 분류방법에 따르면 정화원리에 따라서는 충돌점착식, 정전식, 여과식, 흡착식, 흡수식 등으로 구분된다. 또 취급방법(보수·관리)에 따라서는 여과재가 연속적으로 청소용 기름탱크를 통과하면서 자동적으로 청소되는 자동청소형, 오염된 부분은 자동적으로 감기면서 새로운 부분이 나오는 자동재생형, 분진 제거부분이나 여과재를 정기적으로 청소하는 정기청소형, 오염된 여과재를 정기적으로 교환하는 여과재 교환형, 여과재가 오염되면 유닛을 교환하는 유닛교환형 등으로 구분된다.

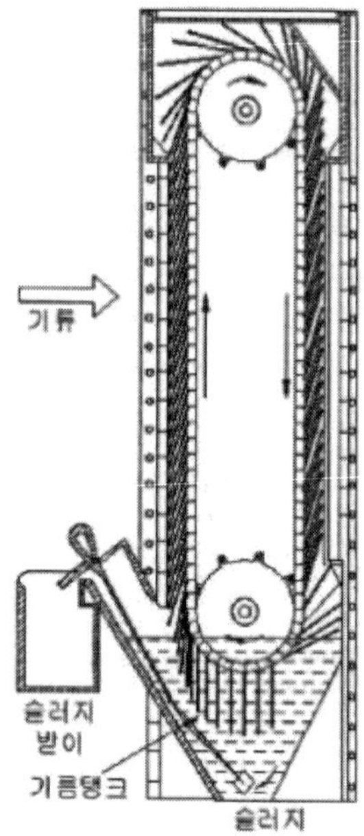

[그림 1.24] 충돌점착식(자동세정형)의 구조

1) 충돌점착식

기름이나 그리스유 같은 점착제를 도포한 금속망이나 금속판 등에 분진을 함유한 공기를 통과시키면 분진은 관성력에 의해 충돌하여 포집된다. 이때 도포된 점착제는 분진이 재비산되는 것을 방지한다.

여기에는 자동세정형과 수동세정형이 있으며, 자동세정형은 [그림 1.24]와 같이 다수의 금속망패널(multi panel) 여과재를 이동하는 체인에 부착시켜 통과하는 공기로부터 분진을 점착한 뒤 이 체인이 기름탱크에 잠겨 일정속도로 회전함으로써 자동으로 세정된다. 수동세정형은 여과재를 여러 겹 겹쳐 금속상자에 수납하고 점착제를 도포한 것으로 분진을 포집하면 압력손실이증가하기 때문에 정기적으로 세정한 다음 다시 점착제를 도포하여 사용하거나 유닛이나 여과재를 교환한다. 이들은 비교적 큰 분진용으로 사용되며, 취급이 편리하지만, 포집효율이 그다지 높지 않고, 기름의 오염이나 비산의 우려가 있다.

2) 여과식

섬유 등에 의한 다공질 공간 속을 분진이 통과할 때 충돌, 차단, 확산 등에 분진을 제거하는 것이다. 여과재로는 천연섬유, 유리섬유(glass wool), 세라믹, 금속이나 플라스틱 등이 있고, 그 모양은 섬유모양의 재료를 사용하는 여과지, 부직포 금속망, 다공질의 스폰지 모양 등 다양하며, 여과재를 그대로사용하는 건식과 점착제를 도포한 습식이 있다. 이처럼 여과재의 재질이나 모양이 다양하기 때문에 분진의 포집범위도 넓어 거친 분진용, 중성능, 고성능, 초고성능 등으로 사용된다. 또 세정방식에 따라서는 자동형과 유닛형으로 구분되며, 자동형에는 자동재생형과 자동이동형이 있는데, 자동이동형은 [그림 1.25]와 같이 두루말이형으로 감긴 글래스화이버 등의 여과재를 조금씩 감아내서 장시간 사용할 수 있게 한 것으로, 이때의 감김은 타이머에 의해 조작되거나 여과재 전후의 압력차에 따라 조작된다. 완전히 감기고 나면 세정하여 재사용하거나 새로운 여과재로 교환한다. 이 형식은 롤의 교환기간이 길고 사용하는 동안에는 거의 보수할 필요가 없으나, 미세한 분진에 대해서는 포집효율이 나쁘기 때문에, 대형의 공조기용으로 많이 사용된다.

유닛형은 금속이나 나무 프레임에 여과재를 끼워 맞춘 모양으로 되어 있으며, [그림 1.26]과 같은 포대형이나 절곡형이 있으며 사용하고 난 뒤에는 새로운 여과재로 교환한다. 일반적으로는 비교적 큰 분진에 대해 유효하고, 가격이 싸고, 소형화할 수 있지만, 미세한 분진에 대한 포집효율이 낮다. 그러나 여과재의 섬유 굵기나 충진밀도에 따라서 성능이 달라지는데, 가느다란 섬유를 사용하고 충진밀도를 크게 하면 포집효율은 좋아지지만 공기저항이 커진다.

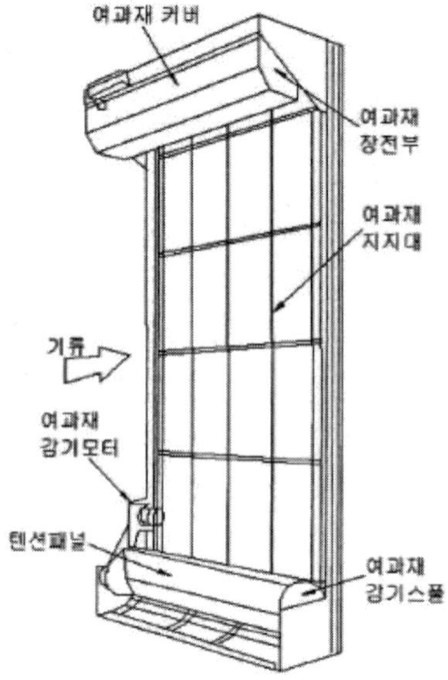

[그림 1.25] 여과식(자동이동형)의 구조

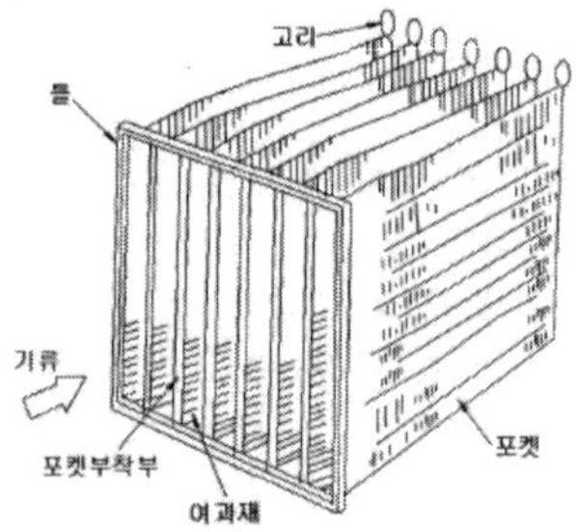

(a) 포대형의 외관

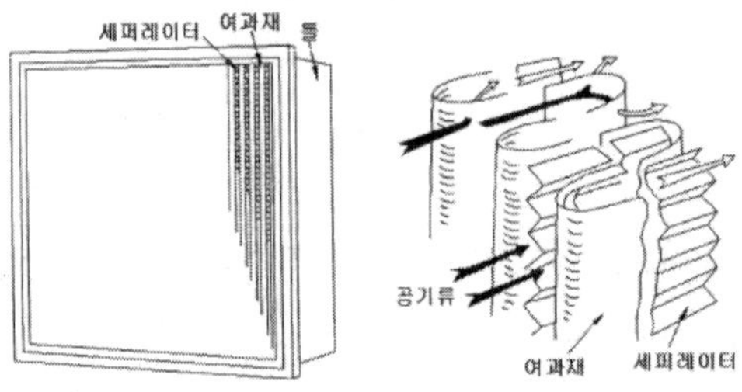

(b) 절곡형

[그림 1.26] 유닛형 여과재

여과식의 일종으로 사용되는 것으로 고성능 필터(HEPA ; high efficiency particulate air filter)가 있는데, 이는 유닛형으로 되어 있으며, 방사성 물질을 취급하는 시설이나 크린룸 등 높은 포집효율이 요구되는 곳에 사용되도록 제작된 것으로 0.3 ㎛의 입자를 99.97% 이상의 효율로서 포집할 수 있는 것으로 정의된다. 이 필터는 세균이나 황산화물(SO_2), 질소산화물(NO_2) 등의 제거에도 유효하여 병원의 수술실 등에도 많이 사용된다. 그러나 다량의 먼지를 고성능 필터로 제거하면 그 수명이 짧아질 수 있으므로 일반적으로는 저성능필터를 거친 후 고성능필터를 통과하도록 하고 있다.

3) 정전식(전기집진식)

고전압계에 의한 하전 및 흡인 부착력에 의해 분진을 전리부의 전장 내로 통과 대전시켜 집진부의 전극에 흡인·부착시켜서 제거 하는 것으로, 공업용에서는 음극방전이 사용되지만, 공기정화에서는 오존의 발생량이 적은 양극방전이 사용된다. 포집효율이 높고, 미세한 먼지나 세균도 제거할 수 있으므로 정밀기계실, 병원, 고급빌딩이나 백화점 등에서 많이 사용한다.

원리에 따라 구분하면 2단 하전식과 1단 하전식이 있는데, 2단 하전식 [그림 1.27]와 같이 하전부(이온화부)와 집진부로 구성되며, 하전부의 방전선에 +전압을 걸면 그 표면에서 발생하는 코로나방전(corona discharge)에 의해 유입하는 분진입자는 +에 하전된다. 이 입자가 하류측에 배열되어 있는 +와 -의 양극판 집진부로 유입되면 +로 방전된 입자는 -극판에 부착되어 포집된다.

1단 하전식에는 유전형과 여과재 유전형이 있는데, 유전형은 2단 하전식의 집진부에 고압전원을 접속하지 않고 하전부의 방전선에 의한 유전을 이용하는 것이며, 여과재 유전형은 집진극판을 이용하지 않고 여과재로 사용되는 부직포 등에 하전하는 것이다. 이 때 하전부에서의 전압으로는 10~12 kV, 집진부에서는 5~6 kV인 것이 많다. 이를 구조에 따라 구분하면 2단 하전식에는 자동 세정형과 정기 세정형, 여과재 병용형이

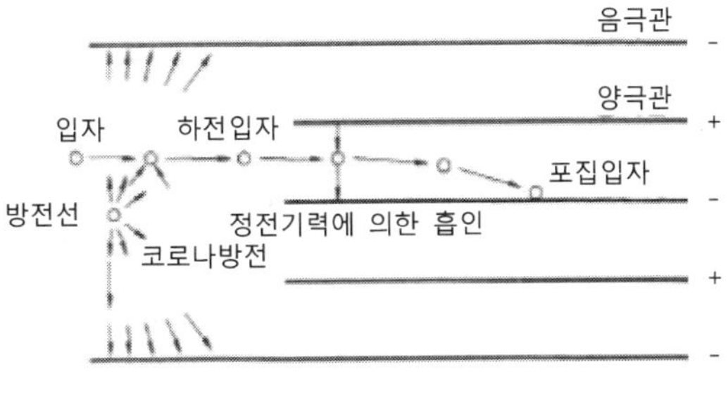

[그림 1.27] 2단 하전형 정전식의 원리

있고, 1단 하전식에는 여과재 병용형과 여과재 유전형이 있다. 자동 세정형과 정기 세정형은 포집된 분진이 점점 커져 재비산하기 전에 세정하는 것이고 자동 세정형은 하전부와 집진부의 +극판은 고정되어 있지만, 집진부의 -극판에는 체인이 부착되어 있어 구동되면서 장치의 하부에 있는 기름탱크에서 세정하고, +극판은 -극판과 함께 이동하는 와이퍼에 의해 세정한다. 정기 세정형은 집진부에 부착된 분진을 정기적으로 물로 세정하는 것이다. 여과재 병용형은 집진부 하류측에 여과재를 설치하여 포집된 분진의 입자가 점점 커져 박리되는 것을 포집하는 것이다.

(3) 선정

도입외기 중의 오염물질은 지역, 계절, 시간에 따라 다르고 순환공기 중의 오염물질은 시설의 종류나 재실자의 활동 등에 따라 달라지므로 공기여과기는 오염물질의 종류 및 농도 등에 알맞은 것을 선정하는 것이 중요하다. 따라서 공기여과기의 선정은 실내에서의 분진량, 외기에 포함된 분진농도, 송풍량 등으로부터 필요한 포집효율을 계산하곤 그 효율을 기준으로 하여 여과기의 종류를 결정한다. 만약 필요한 만큼의 충분한 포집효율이 얻어지지 않을 때에는 여과기를 2단 이상으로 설치하는 것도 고려하고, 특히 고성능 필터에서는 프리필터(pre filter)를 설치할 필요가 있다.

1.3.5 공기세정기

공기세정기(air washer)는 아주 작은 물방울을 공기 속에 뿌려 물방울과 공기가 직접 접촉하도록 함으로써 공기의 상태를 변화(냉각, 가열, 가습, 감습)시키는 장치이다. 그러나 현재는 일반 건축에서 가습기로서 일부 사용되고 있고, 공장에서 습도조절을 주

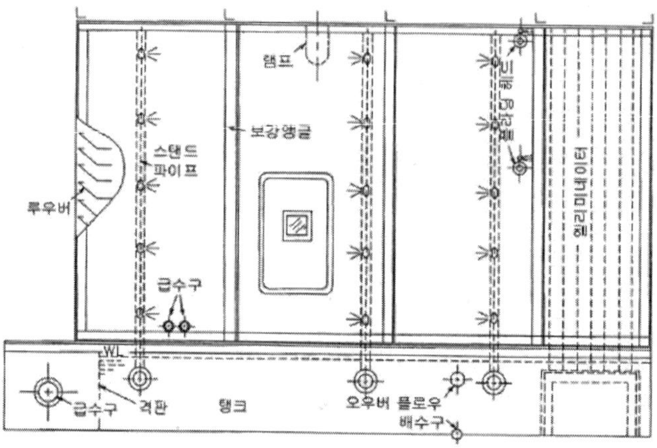

[그림 1.28] 공기세정기의 구조

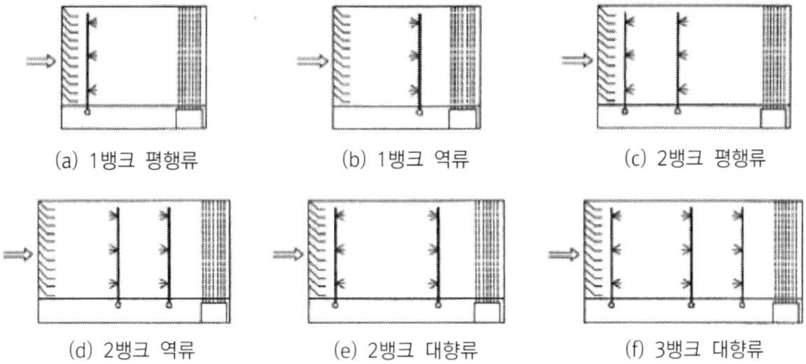

[그림 1.29] 공기세정기의 여러 형식

목적으로 하는 방적공장 등에서 냉각·감습기로 사용되고 있다. 그 구조는 [그림 1.28]과 같이 공기가 통과하는 부분과 탱크로 구성되며, 공기통과부에는 입구에 공기의 흐름을 균일하게 하기 위한 루우버(louver)와 공기와 접촉하기 위한 물방울을 분무하는 세정실(spray chamber), 분무된 물방울이 공기와 함께 공기세정기에서 빠져나가는 것을 방지하기 위한 엘리미네이터(eliminator)로 되어 있다.

그리고 [그림 1.29]와 같이 세정실 내 분무노즐이 설치되는 스탠드 파이프(stand pipe)의 열수를 뱅크(bank)라 하며, 공기 및 분무수의 방향에 따라 동일한 방향이면 평행류, 서로 마주 보면 역류, 분무수가 서로 마주 보면 대향류라 한다. 이 때 분무노즐에서의 압력은 보통 1.4~2.5 kg/cm^2 〈약 140~250 kPa〉 정도이지만 노즐 1개의 분무압력으로는 0.5 kg/cm^2〈약 50 kPa〉 정도이면 충분하고 세정실 내를 통과하는 공기의 풍속으로는 2.5~3.5 m/s 정도이다.

또 세정실에서는 분무수와 공기가 직접 접촉하면서 공기 속의 먼지를 제거하는 외에 분무수의 상태(온수, 수량 등) 및 공기의 상태(공기량, 온도 종에 따라 냉각, 가열, 가습, 감습의 상태변화를 하기도 한다. 그 상태변화를 물과 공기의 온도에 따라 비교하면 [표 1.12]와 같다. 여기서 공급수가 순환수인 경우에는 단열과정이므로 출구수온(t_{w2})은 출구공기의 습구온도(t_2')와 같은 값이다. 그러나 공급수의 출구수온(t_{w2})이 출구공기의 노점온도(t_2'')보다 높으면 물방울의 표면에서 증발이 일어나 가습되지만, 공급수의 출구수온(t_{w2})이 출구공기의 노점온도(t_{w2}'')보다 낮으면 공기 중의 수증기가 물방울의 표면에 응축되기 때문에 감습된다. 또 출구수온(t_{w2})이 출구공기의 습구온도(t_2')보다 높은 온수를 공급하면 출구공기의 엔탈피는 증가하지만 건구온도는 감소하고 출구수온(t_{w2})이 입구공기의 건구온도(t_1)보다 높으면 출구공기의 건구온도(t_2)도 증가되며 가습된다.

[표 1.12] 공기세정기에서 공기의 상태변화 조건

상태변화	분무수	온도조건
단열가습	순환수	$t_{w2} = t_1''$
냉각가습	냉수	$t_1'' < t_{w2} < t_1'$
냉각가습	온수	$t_1' < t_{w2}$
냉각감습	냉수	$t_{w2} < t_1''$
가열감습	온수	$t_1' < t_{w2}$

그리고 세정실 내에서 공기와 물방울이 접촉하여 포화상태에 이르는 정도를 공기세정기의 포화효율 η_s[%]라 하여 다음 식 (1.14)와 같이 나타내며, 이는 공기세정기의 형식과 풍속, 분무수의 입자크기 및 분무수량 등에 따라 달라진다.

$$\eta_s = \frac{t_1 - t_2}{t_1 - t_s} \times 100 = \frac{x_1 - x_2}{x_1 - x_s} \times 100 = \frac{h_1 - h_2}{h_1 - h_s} \times 100 \tag{1.14}$$

여기서 t, x, h는 각각 공기의 건구온도[℃], 절대습도[kg/kg], 엔탈피[kcal/kg]를 나타내며, 아래첨자 1, 2, s는 각각 입구공기, 출구공기, 포화공기의 상태를 나타낸다.

1.3.6 배열 회수장치

(1) 개요

배열회수는 중요한 에너지 절약대책 중 하나이다. 즉, 배열이란 공장 등에서 가열이나 증기발생의 1차적인 목적에 사용한 뒤 버리는 열로서, 배출되는 것 중 이용될 수 있는 것으로는 고온의 열 외에도 상온 이하의 냉열도 있으며, 대기압 이상의 압력을 가진 것도 있고, 때로는 부수적으로 발생하는 가스 등도 있다. 이들은 1차적인 목적에서 그 역할을 다한 후에도 아직 사용할 수 있는 열이나 압력이 남아있으며 이를 새로운 열원으로 활용하는 것이 배열회수 이용이다.

이러한 배열로는 그 형태나 질에 따라 여러 가지가 있으며, 이러한 배열을 효과적으로 회수하기 위해서는 다음과 같은 조건이 만족되면 좋다.

- 어떤 좁은 범위에 밀집된 양이 존재할 것
- 정상적으로 발생하고 있을 것
- 큰 온도차가 있을 것
- 회수된 열의 이용 장소가 가까이 있거나 시간적으로 일정하게 존재할 것
- 회수설비가 쉽게 설치될 수 있을 것

- 배열매체가 오염이나 부식성이 적을 것

이러한 배열을 공기조화용으로 사용할 때에는 주로 냉수나 온수, 증기 등으로 회수하는데 일반적으로 많이 이용되고 있거나 이용 가능성이 있는 배열을 정리하면 [표 1.13]과 같다.

(2) 열 회수방식

배열 회수장치로는 일반적으로 열교환기를 이용하는 방식, 드레인 회수장치를 이용하는 방식, 동력 회수장치를 이용하는 방식, 히트펌프를 이용하는 방식 등이 있다.

[표 1.13] 공기조화에서 이용 가능한 배열의 종류

	열에너지 발생원	온도범위 [℃]	형태	비고
자연 열원	해수, 하천수, 우물물	5~20	온수	여름 : 냉방용, 겨울 : 난방용
	지열	105~150	수증기	
	토양	-10~10	온수, 냉 브라인	여름 : 온수, 겨울 : 냉각
	온천	20~60	온수	
	대기	-10~30	공기	
	태양열	20~80	공기, 온수	집열기 이용
중·소 규모 열원	일반주택	10~30	온수	생활배수
	대형 점포	5~40	공기	환기
	지하도	5~40	공기	환기
	온수풀, 목욕탕	5~35	온수	
	스케이트장	15~30	공기	냉동기배열
	대형 계산기	10~35	공기	냉각배열
대규모 열원	변전소	20~55	온수, 공기	냉각배열
	지하철	10~30	공기	
	지하 송전선	10~30	온수	
	하수처리장	10~25	온수	
	쓰레기 소각장	15~40	온수	
		105~150	수증기	증기보일러
	화력발전소	10~150	온수	냉각수
		105~150	수증기	발전용 증기
	공장배열	10~150	온수	
		105~150	수증기	
		105~300	배가스	
저온 열원	LNG	-160~-100	공기, 냉매	LNG 축냉열

그러나 공기조화에서는 최근 특히 대규모 건물인 경우 실내조도의 상승과 내부발열의 증가로 인해 겨울철에도 내부조운에는 냉방이 필요하기도 한다. 따라서 열원으로 실내환기를 이용하는 방법을 적극적으로 채용하고, 열회수로 소비에너지의 절감과 열원전환으로 대기오염 방지효과 등을 고려하여 가장 적극적으로 이용되고 있는 것은 히트펌프방식과 전열교환기방식을 들 수 있다.

1) 히트펌프방식

각종 배열을 히트펌프로 열회수하여 열원으로 사용하는 방식으로 열회수 히트펌프는 압축기와 채열기(증발기), 방열기(응축기)로 구성되며, 냉·난방부하를 동시에 처리하고, 필요에 따라 보조열원이나 축열조 등이 사용되기도 한다. [그림 1.30]은 터보냉동기를 사용한 경우의 계통도로서 겨울철 내부조운에서 사용하는 공기조화기 냉각코일에서 실내발열을 회수하는 방식인데, 냉동기의 증발기에서 흡열하고 응축기에서 온수로 만들어 외부조운에 사용되는 공기조화기의 가열코일에 보내 난방한다.

2) 전열교환기

공조공간에서의 배기와 급기 사이에서 열교환하여 여름철에는 급기를 냉각·감습 하고, 겨울철에는 급기를 가열·가습한다. 여기에는 [그림 1.31]와 같이 여러 가지 방식이 사

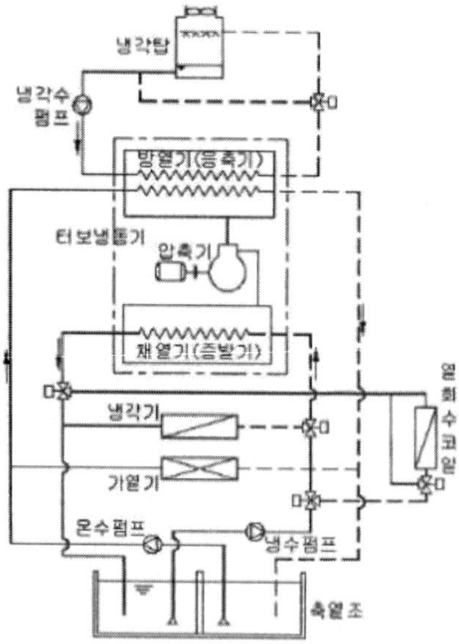

[그림 1.30] 히트펌프 열회수방식의 예

용되며, 그 중 회전식은 (a)와 같이 공기가 배기측과 급기측으로 구분되어 가로지르고 열교환기는 저속으로 회전하면서 현열과 잠열을 회수한다. (b)와 같은 판형에서는 배기와 급기의 흐름을 칸막이판으로 구분하고 이 판에 의해 열을 회수하며, (c)와 (d)의 경우에는 물을 순환시켜 급기와 배기의 열을 회수하고, (e)에서는 관내에서 구동장치 없이 순환되는 매체에 의해 그 열을 회수한다.

이러한 열회수장치의 열회수율 η[%]는 [그림 1.32]와 같이 배기측과 급기측의 풍량이 같은 경우 급기측 열회수장치의 입구와 출구의 상태변화를 열회수장치 입구에서의 상태값차로 나눈 것으로 다음 식 (1.15)와 같이 정의한다.

$$\eta = \frac{X_1 - X_2}{X_1 - X_3} \tag{1.15}$$

여기서, X는 각 지점에서의 공기상태로서 필요에 따라 건구온도가 되기도 하고, 습구온도, 엔탈피 등이 되기도 한다.

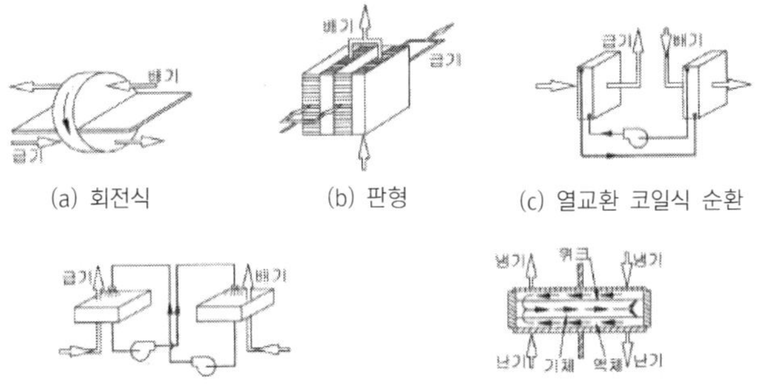

(a) 회전식 (b) 판형 (c) 열교환 코일식 순환

(d) 분무식 순환 (e) 히트파이프식

[그림 1.31] 여러 가지 형식의 열교환기

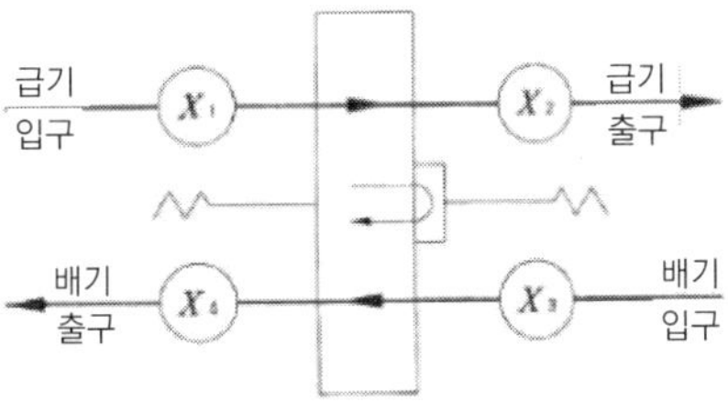

[그림 1.32] 열회수율의 개념

1.3.7 수축열조

수축열조는 부하변동이 커서 오랜 시간 운전을 필요로 하는 건물(호텔의 공공공간, 백화점, 점포 등)에 많이 사용되어 왔으나 최근에는 공기열원이나 열회수 히트펌프장치 및 태양열 이용의 장치 등에도 많이 사용되고 있다.

탱크의 종류로는 여름철에는 냉수, 겨울철에는 온수를 담는 단조식과 냉수와 온수를 함께 담아두는 복조식으로 구분되며, 형식에 따라서는 밀폐식과 개방식이 있다. 밀폐식은 펌프의 수두를 절감할 수 있으나, 일반적으로는 [그림 1.33]과 같이 건물의 최하층 기초 부분을 이용하는 개방식 축열조가 많이 사용되고 있으며 몇 개의 조를 연통관으로 연결하기도 한다. 또 축열조에는 연통관 외에도 통기관, 배수관, 오버플로우(over-flow)관 및 맨홀 등을 설치한다.

축열조 위의 바닥슬래브는 단열시공하며, 주위 토양에 수분이 많거나 온수일 경우에는 측면과 벽면도 단열시공한다. 그러나 축열조 내면의 바닥, 벽, 천장은 전면을 단열방수하여 결로 및 열손실을 방지한다.

일반적으로 수축열조의 최대수심은 2 m로 하고, 연통관방식으로 하며, 관지름 d[m]는 다음 식 (1.16)으로 계산한다. 축열조 내의 각 벽에 설치하는 연통관은 [그림 1.33]과 같이 교대로 상하, 좌우로 배치하여 유로를 가능한 길게 하되, 적정한 유로가 형성되지 않을 우려가 있을 때에는 칸막이판이나 정류판을 설치한다.

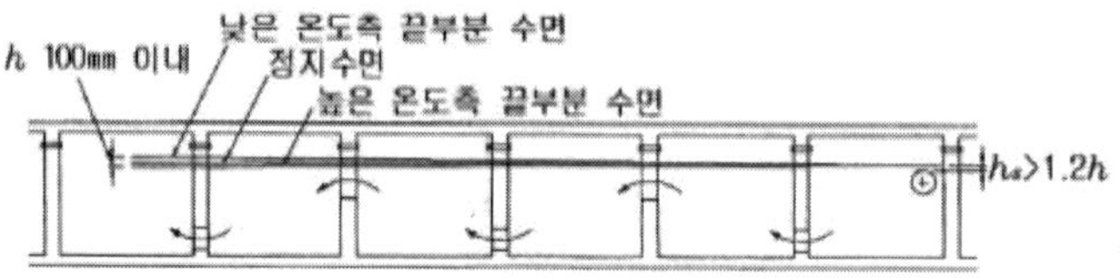

h가 최대로 되는 것을 축열운동의 종반기 뿐이고, 운전을 정지하면 $h = 0$이 된다.

(a) 단면도

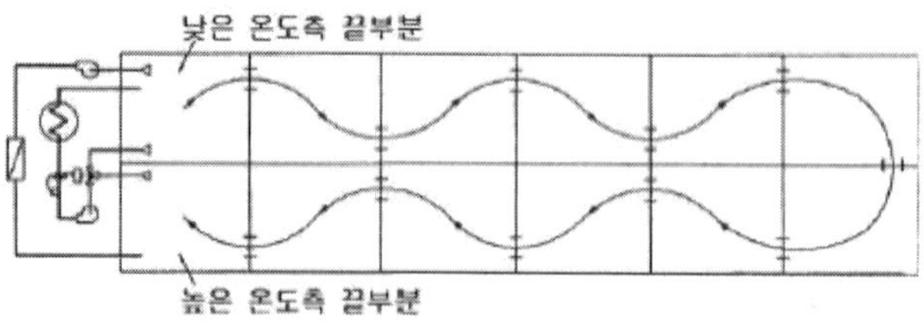

(b) 평면도

[그림 1.33] 축열조

$$0.3 \geq \frac{4Q_m}{\pi d^2} \geq 0.2 \tag{1.16}$$

여기서, Q_m은 축열조의 평균 순환수량[m^3/s]이다.

그리고 축열수량 V_S[m^3]은 축열열량 및 온도 등에 따라 다음 식 (1.17)과 같이 결정한다.

$$V_s = \frac{q_s}{1000(t_2 - t_{sm})\eta_s} \tag{1.17}$$

여기서, q_s는 축열해야 할 열량[kcal]〈W〉이고 t_2는 코일에서 돌아오는 수온[℃], t_{sm}은 축열수온[℃]으로 증발기 입·출구 수온의 평균값이며, η_s는 축열효율(보통 50~60%)이다.

1.4 열원기기

1.4.1 개요

공기조화에서 사용되는 열원기기는 공기조화기가 공기의 상태를 변화시킬 수 있도록 하기 위하여 열을 발생시켜 냉수나 온수 등의 열매체를 만들고 이를 공기조화기로 공급하는 것이다. 이러한 열원기기로는 많은 방식들이 있고, 그 조합에 따라서도 다양하게 구분될 수 있지만, 크게 냉열원기기와 온열원기기로 나눌 수 있다. 주로 공기조화에서 사용되고 있는 각종 열원방식의 조합을 살펴보면 [표 1.14]과 같고 냉수나 온수 등의 열매체를 만드는 메카니즘은 [그림 1.34]과 같다.

[표 1.14] 온열원과 에너지의 조합

에너지	냉열원		온열원
전기	전동식 냉동기	●——● (전기보일러, 전열기, 보일러와 연결)	전기보일러
		●	전열기
	히트펌프	●——●	히트펌프
석유 가스	흡수식 냉동기	●——●	보일러
	증기터빈 구동 냉동기	● (보일러와 연결)	
	내연기관 구동 히트펌프	●——●	내연기관 구동 히트펌프
	직화식 냉온수 발생기	●——●	직화식 냉온수 발생기
태양열	흡수식 냉동기	●——●	흡수식 냉동기
	랭킨사이클 냉동기	●——●	랭킨사이클 냉동기
	건조제 장치	●——●	건조제 장치

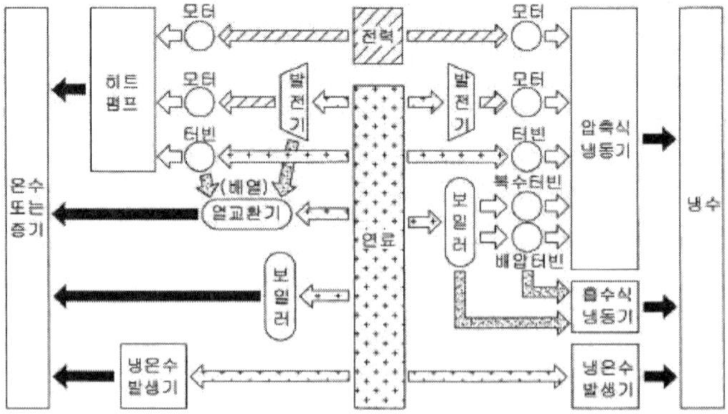

[그림 1.34] 열발생 메카니즘

[표 1.14] 및 [그림 1.34]에서와 같이 공조설비에 사용되는 열에너지는 주로 석탄, 석유와 같은 화석연료나 도시가스, 전기 등이 사용되어 왔지만, 최근에는 환경보호, 배열의 유효이용, 에너지절약 등의 관점에서 도시폐기물의 소각열이나 건물의 배열뿐만 아니라 자연으로부터의 에너지를 활용하고자 하는 노력이 증가하고 있다.

따라서 지금까지 가장 일반적인 열원과 에너지의 조합으로 사용된 것은 냉열원의 경우 전기에너지를 이용한 전동식냉동기, 온열원의 경우 석유 등과 같은 화석연료를 이용한 보일러에 의존하는 경우가 많았다. 그러나 가스직화식 냉온수발생기가 출현하면서 화석연료를 에너지원으로 하는 냉방용 열원이 보급되기 시작하여 최근에는 공조용으로 전동식 냉동기에 비해 흡수식 냉동기의 비중이 매우 높아지고 있다. 이 외에도 건물에서의 배열을 이용하는 열회수시스템(heat recovery system)이나 심야전력을 이용하는 축열시스템(thermal storage system), 증기터빈이나 가스엔진, 가스터빈 등에 의한 냉동기 및 히트펌프(heat pump), 그리고 태양열 등 자연에너지를 이용한 시스템 등 다양한 형태로 활용되고 있다.

1.4.2 냉동기

(1) 개요

공조용 냉열원으로는 주로 냉수가 사용되고, 냉수를 생산하는 기기로는 주로 냉동기가 사용되며, 냉동기로 일반적으로 사용되고 있는 종류와 용량범위는 [표 1.15]과 같다. 일반적으로 증기압축식 냉동기는 전기모터나 엔진 등에 의한 압축기 구동으로 냉매를 압축하는 과정, 압축된 냉매를 응축기에서 방열하면서 액화하는 과정, 액화된 냉매를 팽창장치에서 저압화하는 과정, 저압화된 냉매를 증발기에서 흡열하면서 기화하는 과정을 거쳐 다시 압축기로 되돌아오는 사이클을 통해 방출되거나 흡수되는 열의 이동을 이용하는 것이다. 이러한 증기압축식 냉동기는 기체를 압축하는 압축기의 형식에 따라 크게 체적식과 원심식으로 구분되는데, 체적식 냉동기는 체적식 압축기인 왕복동식(reciprocating type) 압축기, 회전식(rotary type) 압축기, 스크류식(screw type) 압축기 등을 사용한다. 반면 원심식 냉동기는 원심펌프와 같이 회전하는 날개에 의해 발생하는 원심력을 이용하여 가스를 압축하는 원심식(turbo type) 압축기를 사용하는 냉동기로, [그림 1.35]과 같고, 이는 사무용 빌딩, 호텔, 극장 등의 중앙식 공기조화설비의 중심이 되는 냉수냉각 설비나 지역냉난방 플랜트의 냉수 냉각설비 등에 많이 사용되고 있다.

[표 1.15] 공조용 냉동기의 종류와 용량·적용범위

<table>
<tr><th>냉동
사이클</th><th colspan="2">형식</th><th colspan="2">종류</th><th>용량범위,
USRT</th><th>적용</th></tr>
<tr><td rowspan="10">증기
압축
사이클</td><td rowspan="8">체
적
압
축
형</td><td rowspan="3">왕
복
동
식</td><td colspan="2">소형 전밀폐냉동기</td><td>0.2~20</td><td>소용량인 것은 룸 에어컨용, 3HP 이상인 것은 패키지용</td></tr>
<tr><td colspan="2">중형 전밀폐냉동기</td><td>1.5~75</td><td>패키지·칠러용</td></tr>
<tr><td colspan="2">대형 개방냉동기
(고속다기통)</td><td>0.5~250</td><td>콘덴싱유닛·압축기닛으로서 산업용으로 사용</td></tr>
<tr><td rowspan="5">회
전
식</td><td rowspan="3">로
타
리</td><td>소형 회전피스톤형 냉동기</td><td>0.5~2</td><td>(전밀폐) 룸 에어컨용</td></tr>
<tr><td>대형 회전피스톤형 냉동기</td><td>20~300</td><td>(개방)(로타스코) 선박냉동용</td></tr>
<tr><td>소형 가동날개형 냉동기</td><td>1~2</td><td>(개방) 카에어컨용</td></tr>
<tr><td colspan="2">스크롤냉동기</td><td>3~5</td><td>소형 패키지용</td></tr>
<tr><td colspan="2">스크류냉동기</td><td>10~1,000</td><td>냉동용·공조 히트펌프용</td></tr>
<tr><td colspan="2" rowspan="2">원심식</td><td colspan="2">밀폐식원심냉동기</td><td>80~1,600</td><td>중·대규모 건물의 공조용</td></tr>
<tr><td colspan="2">개방식원심냉동기</td><td>600~10,000</td><td>산업냉각용·지역냉방용</td></tr>
<tr><td rowspan="4">흡수
냉동
사이클</td><td colspan="2" rowspan="4">흡수식</td><td colspan="2">소형 흡수냉온수기</td><td>3~10</td><td>주택 및 소규모 건물용</td></tr>
<tr><td colspan="2">단효용 흡수식냉동기</td><td>50~2,000</td><td>배압터빈구동 원심식 냉동기와의 조합용, 배열용</td></tr>
<tr><td colspan="2">2중효용 흡수식냉동기</td><td>75~1,500</td><td>중압증기인 경우의 일반공조용</td></tr>
<tr><td colspan="2">직화식흡수냉온수기</td><td>10~1,500</td><td>일반 건물의 냉·난방겸용 (가스, 등유)</td></tr>
<tr><td>기타</td><td colspan="2">이젝터식</td><td colspan="2">증기분사냉동기</td><td>20~100</td><td>10~30℃ 냉수제조용 선박공조용·화학공장용·방직공장용</td></tr>
</table>

[그림 1.35] 원심식 냉동기

[그림 1.36] 흡수식 냉동기

흡수식 냉동기는 압축기를 사용하지 않고 냉동작용을 얻는 것으로 1777년에 그 이론이 발표되어 1810년에 스코틀랜드(Scotland)의 레슬리(Leslie, John)가 세계 최초로 간헐식 냉동기를 제작하였지만 한때 압축식 냉동기에 밀려 사용되지 않다가 최근에 에너지사정이 나빠짐에 따라 매우 주목받고 있는 냉동기이다. 특히 소음이나 진동이 작고, 취급이 쉬우며, 태양열이나 폐열을 이용하는 등 응용범위가 넓으며, 보수관리가 쉽다는 등의 잇점으로 인하여 공기조화용으로 많이 사용되고 있다. 현재는 그 종류도 다종 다양하게 생산되고 있으나, [그림 1.36]에는 그 일예를 나타내었다.

이러한 냉동기는 냉방하고자 하는 실내나 공기조화기 내에 설치된 코일로 증발기에서의 냉매를 직접 공급하여 공기를 냉각(직접팽창식)시키거나 증발기에서의 흡열작용을 이용하여 냉수나 브라인 등을 제조한 뒤 이 냉수나 브라인 등을 공기냉각용으로 공급(냉수식 또는 브라인식)하는 것이 일반적이다. 그러나 사이클을 반대로 하여 실내나 공기조화기 내에 설치된 코일로 응축기에서의 냉매를 직접 공급하거나 응축열로부터 온수나 증기 등을 제조하여 공급할 수도 있는데, 이러한 경우를 히트펌프라고 한다.

(2) 증기압축식 냉동기

1) 사이클

증발하여 냉동작용을 하는 액은 열을 저온의 냉각물에서 획득하여 다른 고온의 장소로 옮기는 중개자의 역할을 하는데, 이것을 냉매(refrigerant)라 한다. 실제 냉동기에 있어서는 냉매를 무제한으로 증발시켜 소비한다면, 액체질소 등을 이용하는 방법과 조금도 다를 바 없기 때문에 계속하여 재사용하도록 하고 있다. 그러므로 증발한 가스를 압축하여 상온에서 액화시킬 필요가 있다. 가스를 압축하는 방법으로는 여러 가지가 있으나, 그 중 하나가 [그림 1.37]과 같은 증기압축식 냉동사이클(vapor compression refrigeration cycle)로서, 이는 압축기를 사용하여 기계적으로 압축하여 증발 기화된 가스를 다시 액화시켜 증발과 응축을 반복하여 연속적으로 냉각작용을 하는 것이다.

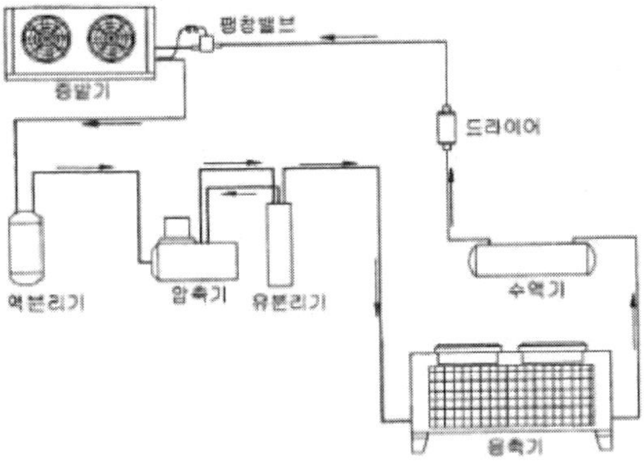

[그림 1.37] 증기압축식 냉동사이클

따라서 증기압축식 냉동사이클에서 액화가스가 증발할 때의 압력은 거의 대기압에 가까운 압력이며, 응축할 때의 압력은 자연계의 온도로 냉각시켜 액화시킬 수 있는 압력으로서, 가능한 한 낮은 압력이 좋다. 또 [그림 1.37]에서 보는 바와 같이, 냉동기에 꼭 필요한 부분은 증발장치인 팽창장치(expansion device)와 증발기(evaporator), 회수장치인 압축기(compressor)와 응축기(condenser)인데, 이것을 증기압축식 냉동기의 4요소라고도 한다. 이들을 순서대로 배관으로 연결하면 냉매를 버리지 않는 회로가 형성되는데, 이것을 냉동사이클(refrigeration cycle)이라 한다. 이 장치의 작동유체인 냉매(refrigerant)로는 암모니아(NH_3)와 프레온(freon)이 가장 많이 이용되고 있다. 그러나 최근에는 지구환경보호(오존층보호 및 온실효과방지 등)를 위하여 대부분의 프레온을 규제하고 있으며, 대신 탄화수소계열의 자연냉매인 탄산가스(CO_2), 프로판, 부탄 등을 사용하려는 시도가 활발히 이루어지고 있다.

증기압축식 냉동기는 위의 4가지 주요기기 사이를 냉매가 순환하는데, 냉매는 압축기에서 압축되어 고압·고온의 가스가 되고, 응축기에서 냉각되어 액화한다. 이 액은 팽창장치에서 감압되어 증발기로 들어가 주위의 열을 빼앗아 증발한다. 증발한 저압의 냉매는 다시 압축기로 흡입된다. 이와 같이 냉동기는 증발기에서 열을 빼앗아 냉동작용을 하는 한편 응축기에서 열을 외부로 방출한다.

이 사이클을 수치적으로 나타낸 것으로는 냉매의 압력을 종축으로 하고 엔탈피를 횡축으로 한 압력-엔탈피 선도가 많이 사용되고 있다. 이 선도에 냉동사이클을 나타내면, [그림 1.38]의 ABCD와 같이 된다. 여기서, A는 증발기를 나와 압축기로 들어가는 상태이고, 이 냉매가스를 압축할 때 단열압축하는 것으로 하면 A→B와 같이 변화한다. 압축된 냉매가스를 응축기에서 냉각하면 압력은 일정하고 엔탈피만 감소되어 C로 이동

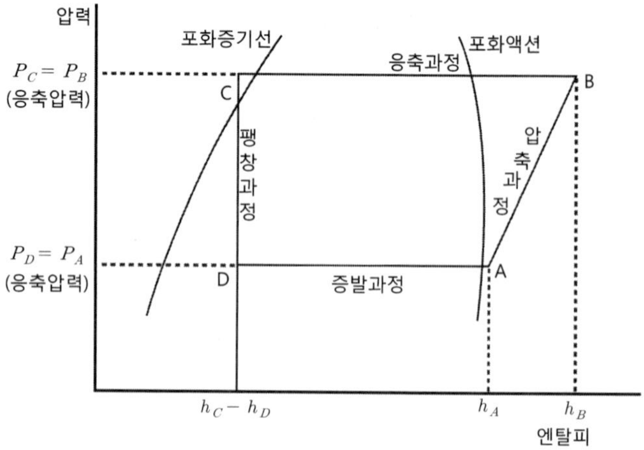

[그림 1.38] 증기압축식 냉동기의 사이클 (P-h 선도)

한다. 이 냉매액을 팽창장치의 교축작용으로 단열팽창시키면, 압력은 떨어지고 엔탈피는 변하지 않아 D의 상태가 된다. D에서 냉매는 액체와 기체의 혼합상태이고, 증발기로 들어가 주위에서 열을 빼앗음으로써 엔탈피를 증가시켜 처음의 상태 A로 된다. 이러한 증기압축식 냉동기의 엔탈피 변화는 냉매가 관로, 압축기, 응축기 및 증발기 등을 흐를 때의 마찰저항, 외부와의 열출입, 흡입밸브나 토출밸브를 통과할 때 생기는 약간의 교축작용 등의 손실을 무시하면, 다음 식 (1.18)로 표현될 수 있다.

$$Q = Q_0 + AL \tag{1.18}$$

여기서, Q는 응축기에서 방출하는 열량[kcal/h]〈W〉이고, Q_0는 증발기에서 냉각하는 열량[kcal/h]〈W〉이며, AL은 압축기에서의 일량[W]이다.
따라서 증기압축식 냉동기의 성적계수 COP는 다음 식 (1.19)로 표현된다.

$$COP = \frac{Q_o}{AL} = \frac{h_A - h_D}{h_B - h_A} \tag{1.19}$$

2) 종류

① 왕복동식 냉동기(reciprocating type refrigerator)
왕복동식 냉동기는 피스톤의 왕복운동에 의해 냉매증기를 압축하는 압축기를 사용하는 냉동기로, 냉매를 냉각코일에 직접 팽창시켜 냉방용 순환공기를 냉각시키는

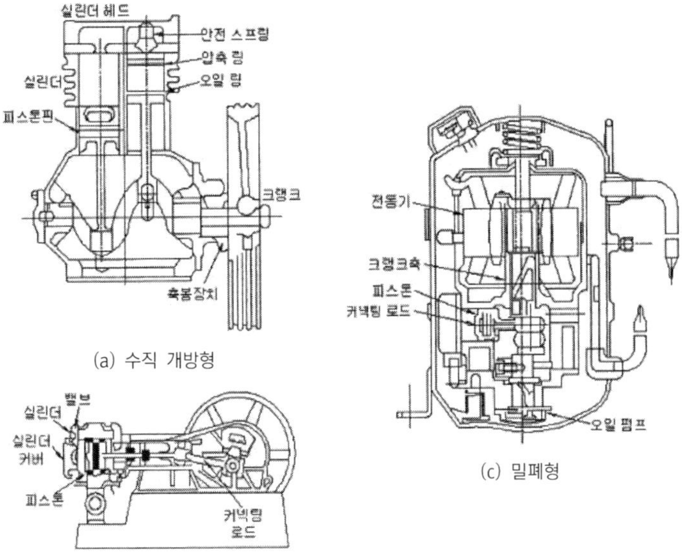

(a) 수직 개방형

(b) 수평 개방형

(c) 밀폐형

[그림 1.39] 각종 왕복동식 압축기의 구조

직접팽창식과 증발기를 순환하는 냉수 등을 냉각시키는 냉수식 등이 있다. [그림 1.39]는 왕복동식압축기의 일예를 나타낸 것이다. 이 압축기의 이론적인 토출량 $V[\mathrm{m}^3/\mathrm{min}]$은 다음 식 (1.20)과 같이 계산한다.

$$V = \frac{\pi}{4} D^2 \mathrm{L} \mathrm{n} z \tag{1.20}$$

여기서, D는 실린더의 안지름[m], L은 피스톤의 왕복거리(행정)[m]이고, n은 원동기의 회전수[rpm], z는 기통의 수이다.

또 이 냉동기는 구성품의 조합에 따라 콘덴싱유닛(condensing unit), 칠링유닛(chilling unit)등으로 구분된다. 콘덴싱유닛은 냉동장치 중 액화장치를 구성하는 압축기, 원동기, 응축기, 압력계, 안전장치 등을 유닛화한 것으로 수랭식과 공랭식이 있다. 칠링유닛은 압축기, 응축기, 증발기(또는 냉각기), 팽창장치를 기본요소로 구성하여 액체냉각을 위한 냉동장치 전체를 유닛화한 것으로 물을 냉각시키는 수랭 칠링유닛, 브라인을 냉각시키는 브라인 칠링유닛 등이 있다.

이 냉동기는 높은 압축비를 필요로 하는 경우에 적합하며, 설비비가 적게 들고 설치면적이 작아도 된다. 그러나 고압기기이므로 운전에는 자격자가 필요하고 피스톤의 왕복운동으로 인해 소음 및 진동이 발생한다.

공조용으로는 칠링유닛, 콘덴싱유닛 및 각 실의 개별공조용 유닛과 중·소규모의 중앙공조용으로 많이 사용된다.

② 회전식 냉동기(rotary type refrigerator)

회전식 냉동기는 피스톤의 회전운동에 의해 냉매증기를 압축하는 압축기를 사용하는 냉동기로, [그림 1.40]과 같이 고정날개형과 회전날개형 등이 있다. 회전날개형 회전식 압축기는 편심로터와 칸막이판이 회전하면서 냉매가스를 흡입·압축·토출하고 이 압축기의 이론적인 토출량 $V[\mathrm{m^3/min}]$는 다음 식 (1.21)과 같이 계산한다.

$$V=\frac{\pi}{4}(D^2-d^2)\mathrm{Ln} \tag{1.21}$$

여기서, D는 실린더의 안지름[m]이고, d는 로터의 바깥지름[m], L은 실린더의 길이[m]이며, n은 원동기의 회전수[rpm]이다.

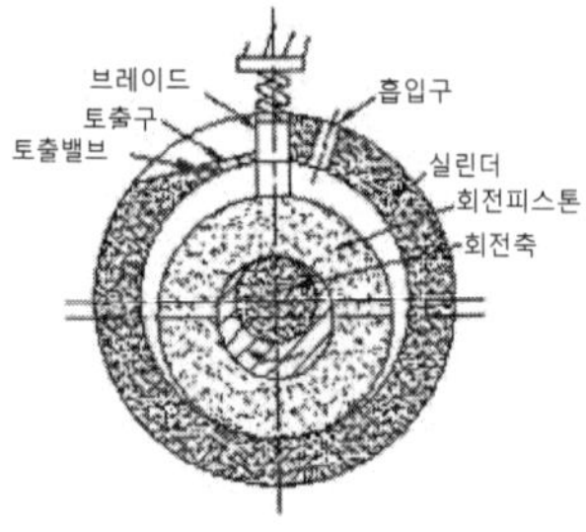

(a) 고정날개형

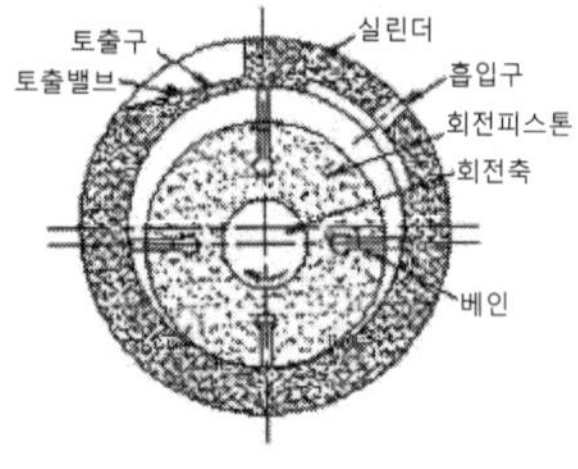

(a) 회전날개형

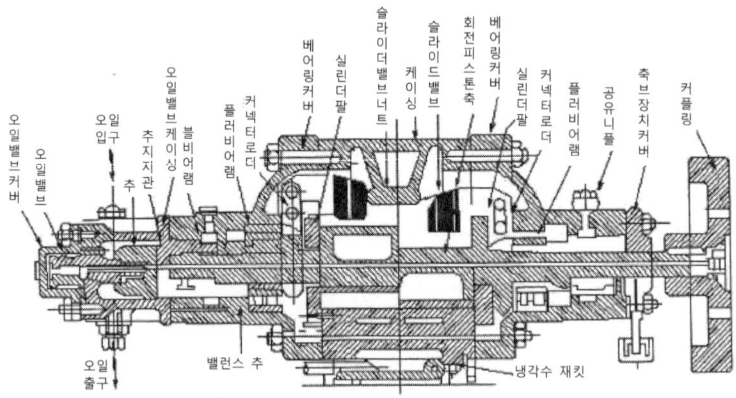

(c) 압축기의 단면

[그림 1.40] 회전식 압축기의 구조

이 냉동기는 구조가 비교적 간단하고, 부품수가 적으며, 고속회전에 적합하다. 또 왕복동식에 비해 소음과 진동이 적으며, 흡입밸브를 생략할 수 있고, 체적효율이 크다. 공기조화용으로는 주로 룸 에어컨디셔너 등에 사용된다.

③ 터보식 냉동기(turbo type refrigerator)

터보식 냉동기는 원심식 냉동기라고도 하며, 원심식 압축기, 응축기, 증발기, 보조기기와 안전장치 등을 갖추고 있으며, 주로 공기조화 및 지역냉난방 등 큰 용량이 필요한 경우에 사용된다.

원심식 압축기는 [그림 1.41]와 같이 고속회전하는 임펠러의 원심력에 의해 냉매가스를 압축하는데, 보통 공기조화용으로는 단단 압축기를 사용하고, 높은 압축비를 필요로 하거나 저온용으로는 다단 압축기를 사용한다.

이 냉동기의 용량제어에는 흡입 베인제어와 회전수제어 등이 있는데, 흡입 베인제어는 냉수 출구온도를 일정하게 하기 위한 써모스탯(thermostat)의 동작으로 압축기 흡입측에 설치된 베인을 작동시켜 그 베인의 열림 정도에 따라 용량을 제어하는 것이고, 회전수제어는 인버터(invertor) 등으로 원동기의 회전수를 조절하는 것인데 부분부하시의 성능이 뛰어나다.

또 이 냉동기는 수명이 비교적 길고, 초기투자비가 저렴하며, 유지 및 보수가 쉬울 뿐만 아니라 대용량에서는 압축효율이 좋고 비례제어가 가능하다. 그러나 30% 이하의 출력으로 하거나 응축온도가 지나치게 높아지면 서징(surging)현상이 일어날 수 있고 이렇게 되면 운전이 곤란해질 수 있어 직접팽창식으로는 사용하기 곤란하다. 그리고 흡수식에 비해 소음 및 진동이 심하기 때문에 중·대규모의 중앙식 공기조화에서 주로 사용된다.

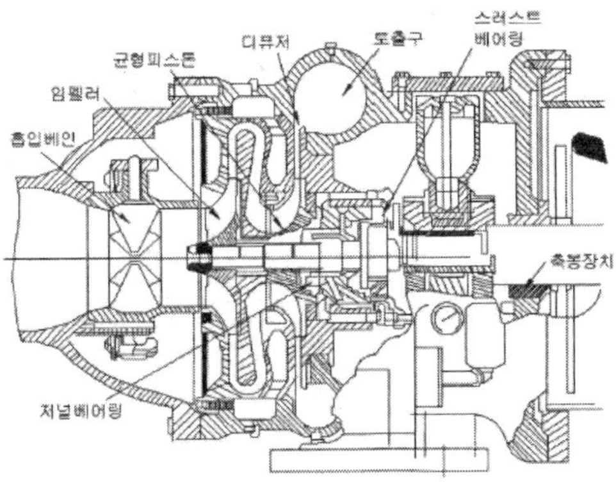

[그림 1.41] 원심식 압축기의 구조

④ 스크류식 냉동기(screw type refrigerator)

스크류식 냉동기는 회전식 압축방법으로 냉매증기를 압축하는 형식으로 압축기의 구조는 [그림 1.42]와 같다. 냉매증기의 압축과정은 암수의 치형을 갖는 로터(rotor) 중 회전로터의 회전에 의해 냉매증기를 흡입하여 로터끼리 맞물려 회전하면서 체적을 줄여나가 압축하게 된다. 즉, 왕복동식과 마찬가지로 흡입·압축·토출하는 과정으로 작동하며, 냉매가스의 유동저항을 줄이기 위해 축방향으로 압축하도록 되어 있다. 또 스크류식 로터의 이빨은 왕복동식의 실린더와 피스톤에 해당하며, 로터의 길이는 왕복동식의 피스톤 왕복거리에 해당한다. 이 압축기의 이론적인 토출량 $V[\mathrm{m^3/min}]$는 다음 식 (1.22)와 같이 계산한다.

$$V = KD^2\mathrm{Ln} \tag{1.22}$$

여기서, K는 치형에 따른 계수이고, D는 로터의 바깥지름[m]이며, L은 로터의 길이[m], n은 원동기의 회전수[rpm]이다.

이 냉동기는 냉매가스를 압축하는 운동이 회전운동이므로 고속회전이 가능하여 용량에 비해 소형화가 가능하다. 즉, 소형으로도 대용량을 처리할 수 있고, 설치면적이 적어도 되며, 마모부분이 적고 진동도 적다. 또 흡입밸브와 토출밸브를 사용하지 않아도 되는 등 구조가 간단하며 고장이 적다. 그리고 1단으로도 높은 압축비를 얻을 수 있곤 액흡입의 영향도 비교적 적게 받는 등의 장점이 있지만, 압축비가 낮을 때에는 효율이 낮아진다. 소형에서는 주로 콘덴싱유닛으로 사용되며, 대형에서는 공기열원 히트펌프나 브라인쿨러유닛 등으로 사용된다.

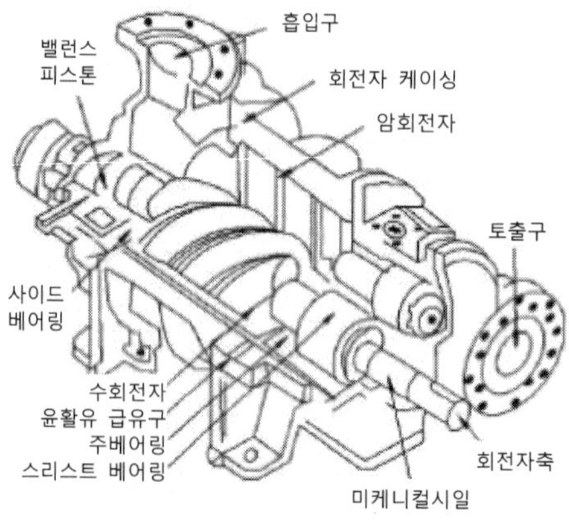

[그림 1.42] 스크류식 압축기의 구조

3) 관련기기

① 압축기(compressor)

압축기는 증발기에서 증발한 냉매증기가 응축되기 쉽도록 냉매증기를 압축하여 압력을 높이는 역할을 하는 기기이다. 압축기의 능력은 피스톤 토출량, 소요동력 등으로 표현되는데, 여기에는 체적효율, 압축효율, 기계효율 등이 작용하여 실제 능력으로 표현된다. 이러한 압축기로는 왕복동식, 로타리식, 스크류식, 스크롤식, 원심식 등 여러 가지 형태가 사용된다.

왕복동식 압축기에는 입형, 횡형, 다기통형 등이 있는데, 대형에는 주로 고속다기통형을 많이 사용한다. 고속다기통형은 소형, 경량화가 가능하며, 작은 용량으로도 큰 능력을 얻을 수 있고, 부하를 조정할 수 있는 등 많은 장점을 지니고 있다.

로타리식 압축기는 피스톤의 회전운동에 의해 압축작용을 하는 것으로 전동기의 회진운동을 그대로 이용할 수 있어 직결구동이 쉽고 진동이 적다. 또 틈새가 없어 체적효율이 좋고 흡입밸브가 없어 고속화가 가능하다.

스크류식 압축기는 소형으로도 비교적 큰 냉동능력을 발휘할 수 있고, 고속운전이 가능하며, 단단에서도 높은 압축비까지 운전할 수 있다.

스크롤식 압축기는 고정스크롤에 대하여 선회스크롤이 공전을 하면서 압축한다. 압축이 연속적이며, 흡입밸브 및 토출밸브가 없고, 고효율, 저소음, 저진동 등을 기대할 수 있다.

원심식 압축기는 임펠러를 회전시켜 생기는 원심력을 이용하여 냉매가스를 흡입, 압축한다. 냉매로는 비체적이 비교적 큰 것이 필요하지만, 마찰부분이 적으므로 내구성이 크고, 성능의 저하도 적다. 또 대용량도 가능하며, 광범위한 용량제어가 가능하다. 압축기의 용량제어방법으로, 체적식 압축기에서는 회전수를 변화시키는 방법과 일부기통을 쉬게 하는 방법, 바이패스를 시키는 방법 등이 있으며, 원심식 압축기에서는 속도를 바꾸는 방법, 입구베인의 각도를 조절하는 방법, 입구댐퍼를 여닫는 방법, 냉각수를 교축하는 방법, 고압가스를 바이패스하는 방법 등이 사용된다.

② 응축기(condenser)

응축기는 압축기에서 압축된 고온·고압의 냉매증기를 액화시키기 위한 기기로서, 필요 냉각열량은 응축기 입·출구의 엔탈피차 또는 냉각수의 입·출구 온도차, 냉매와 냉각수 사이의 전열량 등으로 계산할 수 있다. 이러한 응축기로는 수랭식, 공랭식 증발식 등이 사용된다.

수랭식 응축기는 냉각수의 현열을 이용하여 냉매를 냉각·액화하는 응축기로서 입형 셸-튜브식, 횡형 셸-튜브식, 셸-코일식, 7통로식, 2중관식 등이 있다. 이들은 냉각수를 필요로 하기 때문에, 일반적으로 냉각탑과 병용하여 사용하는 경우가 많다. 증발식 응축기는 냉각수의 증발잠열을 이용하여 냉매가스를 냉각·응축하는 것으로 냉각수를 충분히 얻을 수 없는 곳에서 주로 사용한다. 공랭식 응축기는 외기를 이용하여 냉매를 냉각하기 때문에, 냉각수를 전혀 얻을 수 없는 경우나 소형 냉동장치에서 주로 사용된다.

③ 팽창장치(expansion device)

팽창장치는 냉동사이클에서 가장 기본적인 제어기기로서, 냉매액을 증발기에 공급하여 액체의 증발에 의한 열흡수 작용이 용이하도록 수액기나 응축기에서 나온 고온·고압의 냉매액을 단열 교축팽창시켜 압력과 온도를 강하시키는 기기이다. 여기에는 수동식, 자동식 등 여러 가지가 있다.

수동 팽창밸브는 손으로 핸들을 돌려 냉매의 유량을 조절하는 밸브이다. 정압식 자동팽창밸브는 증발기 내의 압력으로 밸브를 작동시켜 증발기 내의 압력을 일정한 범위 내로 유지시키는 것을 목적으로 하여, 간접적으로 증발온도를 일정하게 하고 압축기의 과부하를 제어한다. 온도식 자동 팽창밸브는 구조적으로는 정압식 팽창밸브에 온도요소를 첨가한 형태인데, 증발기 출구에서의 냉매가스 과열도를 일정하게 유지하도록 작동하는 팽창밸브이다. 저압측 플로트밸브는 저압측에 부자를 설치하여 부하변동에 따라 밸브의 열림을 조절함으로써 증발기 내의 액면을 일정하게 유지하는 역할을 한다. 고압측 플로트밸브는 고압측에 설치하여 부하변동에 따라 밸브의 개도를 조절하여 응축기 또는 고압수액기 내의 액면을 일정하게 유지시키는 밸브이다. 모세관은 가는 동관을 응축기 출구와 증발기 입구 사이의 액관에 설치하여 액이 통과할 때의 마찰저항에 의한 압력강하를이용하여 냉매를 감압·팽창시키는 데에 적합하다. 전자 팽창밸브는 증발기 입구 및 출구 관벽에 온도감지기를 설치하여 증발기 출구 냉매가스의 과열도를 측정하고 이 신호에 따라 밸브를 개폐하고 증발기에 유입하는 냉매유량을 제어하고 있다. 열전식 팽창밸브는 팽창밸브 본체와 온도감지기 및 전자제어부를 조립함으로써 과열도 제어를 비롯하여 각종 기능을 발휘할 수 있도록 한 것이다.

④ 증발기(evaporator)

증발기는 냉동장치에서 냉각작용을 하는 열교환기로서, 증발관 속에 공급된 냉매액이 저압에서 냉각대상물인 공기, 물 또는 브라인 등으로부터 열을 뽑아내는 기기인데, 냉각방식에 따라 크게 직접팽창식 냉각과 간접식 냉각으로 나눌 수 있다. 증발기에서의 열량계산은 응축기에서와 같은 방법으로 할 수 있다.

액 공급방식에 따라서는 건식, 만액식, 강제액 순환식 등으로 나눌 수 있다. 건식 증발기는 팽창장치를 통과한 냉매액과 가스가 코일 내를 동시에 흐르면서 냉매액이 증발하는 것으로 증발기 출구까지 액과 증기를 분리하지 않는데, 냉매의 열통과율이 나쁘게 되지만, 소요냉매량이 적으며 윤활유가 증발기에 적게 남아 있다는 장점이 있다. 만액식 증발기는 팽창장치를 나온 냉매 중 액만 증발기로 공급하여 증발기 내에 냉매액이 항상 가득차 있는 것으로서, 전열작용이 건식보다 양호하지만, 냉매가 많이 필요하다. 냉매액 강제 순환식 증발기는 팽창장치를 통과한 냉매를 저압수액기에서 증기와 액으로 분리한 다음 냉매액펌프를 사용하여 증발기로 강제순환시키는데, 열전달율이 좋고, 증발기 내에 기름이 고이지 않으며, 제상작업이 간단하고, 자동화가 쉽다는 장점이 있다.

구조에 따라서는 많은 종류가 있지만, 응축기와 유사한 것이 많다. 나관코일식이나 2장의 금속판에 냉매가 통하는 요철의 통로를 만들어 이들을 서로 접합한 형태인 플레이트형, 나관에 핀을 부착한 핀-코일식 증발기 등은 주로 공기를 냉각하는데 사용된다. 셸-튜브식 증발기는 수평으로 놓인 원통 속에 다수의 증발관을 삽입한 구조의 증발기로서, 주로 액체브라인 냉각용으로 쓰인다. 셸-코일식 증발기는 셸-코일식 응축기와 마찬가지로 관을 코일모양으로 감아서 관내에 냉매가 흐르도록 한 것이다. 탱크형 증발기는 대형의 브라인이나 물을 냉각하는 장치로 사용되는데, 대량의 액체를 수용하는 용기와 냉각용 전열관으로 구성되어 있다. 멀티피드-멀티섹션식 증발기는 주로 선반식 동결장치의 암모니아용 만액식 증발기에 사용된다. 보데로 냉각기는 수평의 다관식 냉각관으로 되어, 이 관내에 냉매가 순환하며, 상부의 탱크에 설치되어 있는 많은 작은 구멍에서 냉각관의 표면을 따라 피냉각액이 막상 형태로 흘러내리면서 냉각된다. 2중관식 증발기는 구조가 2중관식 응축기와 유사한데, 냉매가 안쪽 관내를 흐르는 경우와 안쪽 관과 바깥쪽 관 사이를 흐르는 경우가 있다. 공기를 냉각하는 증발기에서는 공기 중의 수분이 응축, 동결되어 냉각관 표면에 성에가 부착되면, 냉각관의 열통과율이 나빠지므로 냉각기의 성능이 떨어진다. 따라서 냉각기 표면의 성에를 제거해야 하는데, 이것을 제상(defrost)이라 한다. 고온가스에 의한 제상은 압축기로부터 나오는 고온·고압의 가스를 직접 증발기에 보내어 증발기의 코일을 가열하는 방법이다. 물에 의한 제상은 물을 증발기 위에 뿌려 제상하는 방법이고, 이 때 사용되는 보통의 제상수온은 10~25℃ 정도이다. 전열에 의한 제상은 냉각관이 배열되어 있는 사이나 앞면에 냉각관과 같은 모양의 전열기를 설치하여 제상을 하는 방법으로, 타이머로 조절한다. 부동액 분무에 의한 제상은 냉각관에 끊임없이 부동액을 분무하여 성에가 생기지 않도록 하는 방식이다. 압축기의 운전정지에 의한 제상은 압축기를 정지한 후 증발기의 송풍기를 가동시킨 상태에서 실내온도의 상승만으로 제상을 하는 방식이다.

⑤ 기타기기

냉동장치를 구성하기 위해서는 위의 4가지 기본적인 기기가 필요하지만, 원활한 운전을 위해서는 여러 가지의 부속기기가 필요하다. 그 중에서 몇 가지를 살펴보면 다음과 같다.

수액기(receiver)는 고압수액기와 저압수액기로 나눌 수 있다. 고압수액기는 응축기에서 응축된 냉매를 팽창장치로 보내기 전에 일시적으로 저장하는 용기이고 저압수액기는 증발기에 공급하기 위해 필요한 냉매를 저장할 뿐만 아니라, 증발기에서 회수되는 냉매 가스 중에 포함되어 있는 미증발액을 분리하는 액분리기의 기능도 갖추고 있다. 유분리기(oil separator)는 압축기에서 응축기까지의 토출가스배관 도중에서 토출가스에 섞여 있는 기름을 분리시키도록 하는 기기이다.

2단압축 냉동장치에서는 고단압축기의 토출가스온도가 너무 높게 되지 않도록 저단압축기의 토출가스를 그 토출압력(중간압력)의 포화온도까지 냉각하기 위해서 중간냉각기(inter-cooler)를 사용한다.

증발기에서 완전히 증발되지 않은 냉매를 압축기로 흡입하게 되면, 압축기는 비압축성의 냉매액을 압축하게 되므로 파손될 위험이 있다. 이러한 사고를 사전에 방지하기 위해서는 압축기로 흡입되는 냉매가스 중에 포함된 냉매액을 분리시켜야 하는데, 이 때 사용하는 기기가 액분리기(accumulator 또는 liquid separator)이다. 장치 내에 공기 등과 같은 불응축 가스가 존재하면 응축압력이 높아질 뿐만 아니라 금속의 부식이나 윤활유의 산화, 변질 등의 원인이 되는데, 이 때 불응축 가스를 배출하기 위하여 사용하는 것을 불응축 가스 분리기(gas purger)라 한다. 프레온 냉매인 경우에 수분의 용해도가 적어서 수분이 냉동장치 내에 있으면 팽창장치에서 동결하여 냉매의 통과를 방해할 뿐만 아니라 수분의 영향을 받아 냉매가 가수분해되어 산을 형성하기 때문에 냉매액 중의 수분을 제거하는데 사용되는 것이 냉매건조기(dryer)이다.

냉매 중에 먼지나 금속부스러기 등 이물질이 혼입되어 냉동장치 내를 순환하게 되면, 팽창장치나 압축기 등에서 작동을 방해하거나 손상시킬 우려가 있기 때문에, 이러한 이물질을 제거하기 위하여 설치되는 것이 냉매여과기(strainer 또는 filter)이다.

(3) 흡수식 냉동기(absorption refrigerator)

흡수식 냉동기는 냉매가스가 흡수제에 흡수되는 비율이 온도, 압력에 따라서 현저하게 다른 것을 이용한 것으로 증기압축식과 마찬가지로 증발기와 응축기를 가지고 있다. 그러나 증기압축식은 압축기를 사용하여 가스를 압축하는 반면에 흡수식은 [그림 1.43]과 같이 흡수기(absorber)로써 냉매가스를 흡수하고 발생기(generator)에서 가열, 분리하여 처리하는 것이 다르다. 즉, 흡수식은 기계적인 일 대신에 열에너지를 이용하는 것이다. 가열원으로써는 천연가스, LPG, 가솔린, 전기 등을 사용할 수 있지만, 에너지절약이나 환경보호 등의 문제로 인해 각종 폐열이나 자연에너지를 사용하기도 한다. 이러한 흡수랭동법은 기계식 압축방법(증기압축 냉동법)에 비해 효율이 낮으므로 발생기에 사용하는 가열원으로 폐열을 이용한다든지, 발생기와 흡수기 사이의 용액회로에 용액 열교환기를 설치하여 열효율을 향상시키는 방법을 사용하고 있다. 열교환기를 사용하면, 발생기로 보내는 저온의 묽은 용액이 발생기에서 흡수기로 보내는 진한 용액이 가지고 있는 열을 흡수하게 되어 발생기에서 필요한 가열량과 흡수기에서 필요한 냉각수량을 감소시킬 수 있다.

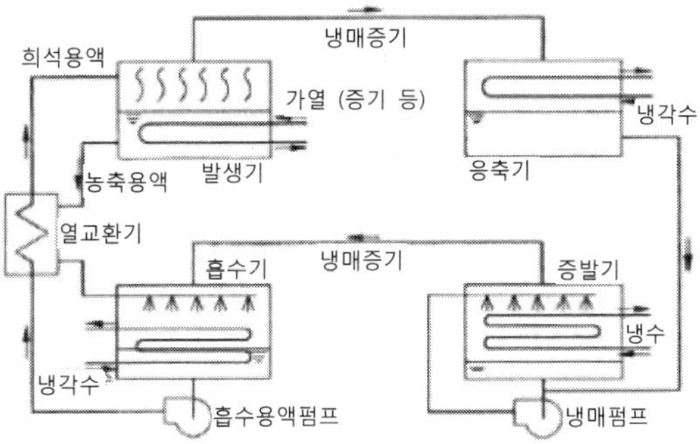

[그림 1.43] 흡수식 냉동사이클

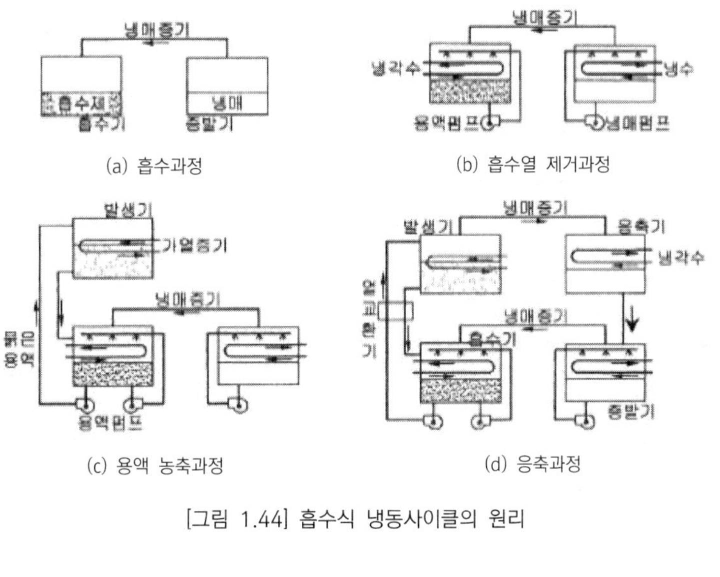

(a) 흡수과정

(b) 흡수열 제거과정

(c) 용액 농축과정

(d) 응축과정

[그림 1.44] 흡수식 냉동사이클의 원리

가장 간단한 흡수식 냉동사이클은 [그림 1.43]과 같으며, 기본적으로 흡수기, 발생기, 응축기 및 증발기인 4개의 열교환기로 구성되어 있으며, 그 작동원리는 [그림 1.44]와 같다.

즉, 증발기에서 증발한 냉매증기는 흡수기 내에서 진한 농도의 흡수용액에 접촉, 흡수된다. 냉매증기를 흡수하여 묽은 농도로 된 흡수용액을 용액펌프를 이용하여 발생기로 보내서 가열하면 냉매증기는 용액으로부터 이탈하므로 용액은 차차 진해지는데, 이때 이탈된 냉매가스를 응축기로 보내는 것이다. 또, 진한 농도로 된 용액은 흡수기로 다시 되돌아와 증발기로부터의 냉매증기를 흡수한다. 즉, 흡수식 냉동기에서는 냉매증기의 흡수→승압(용액펌프)→가열, 농축(냉매증기의 분리)→감압(팽창장치에 의한 교축)→냉매증기의 흡수과정이 반복되는 것이다. 이와 같이 흡수식 냉동기에서는 냉매 외에 흡수용액이 중요한 역할을 하고 있다. 이 때, 증발기의 냉매증기를 흡수하는 역할을 하는 물질을 흡수제(absorbent)라 한다. 현재 흡수제로서는 리튬 브로마이드(LiBr) 수용액을 많이 사용하고 냉매로는 물(H_2O)을 사용하는 흡수식 냉동기를 많이 사용하고 있으나, 이것은 증발온도를 0℃ 이하로 할 수 없기 때문에, 증발온도를 더 낮게 하기 위하여 흡수제로 물(H_2O), 냉매로 암모니아(NH_3)를 사용하기도 한다.

공조용으로 사용되는 흡수식 냉동기에서는 냉매로서 일반적으로 물을 사용하는데, 물의 증발온도를 낮추기 위해서는 압력을 대단히 낮추어야 한다. 예를 들어 증발온도를 2℃로 하려고 하면 5.3 mmHg⟨0.7 kPa⟩까지 압력을 낮추어야 한다. 또 응축온도를 45℃로 하면 0.098 kgf/cm^2⟨약 9.8 kPa⟩이 되지만, 이 압력도 대기압보다 낮은 압력이기 때문에, 기내는 항상 진공에 가까운 상태로 유지되어야 한다. 일반적으로 냉동기의 출구온도는 7℃를 표준으로 하고 있지만, 증기압축식 냉동기인 경우 5℃ 정도까지 내릴 수 있다. 흡수식 냉동기에서는 냉수 출구온도가 낮아질수록 효율이 낮아지기 때문에, 일반적으로 7℃ 이상에서 이용하는 시스템에 적합하다. 흡수식 냉동기의 열수지는 용액펌프 및 냉매펌프의 동력, 방열, 흡열 등의 손실을 무시하면, 다음 식 (1.23)으로 표현된다.

$$Q_E + Q_G = Q_A + Q_C \tag{1.23}$$

여기서, Q_E는 냉동능력[kcal/h]⟨W⟩이고 Q_G는 발생기에서 흡수액에 주는 가열량 [kcal/h]⟨W⟩이며, Q_A,와 Q_C는 각각 흡수기 및 응축기에서 냉각수에 방출하는 열량 [kcal/h]⟨W⟩이다.

따라서 흡수식 냉동기의 성적계수 COP는 다음 식 (1.24)와 같이 표현된다.

$$COP = \frac{Q_E}{Q_G} \tag{1.24}$$

1) 물-리튬 브로마이드 수용액 사이클

[그림 1.45]에 물-리튬 브로마이드를 채용한 대형 냉각장치의 구조 중 일예를 나타내었다.

응축기에서 액화한 냉매인 물을 증발기에 있는 냉매와 함께 냉매펌프로 증발기 상부의 분무노즐에서 관다발 표면에 뿌리면, 관내를 흐르는 냉수에 의해 증발잠열을 빼앗겨 증발한다. 여기서 증발한 냉매증기는 흡수기로 들어가고, 분무노즐에서 분무되는 발생기의 고온용액에 흡수된다. 이 때 발생하는 흡수열은 관내를 흐르고 있는 냉각수에 방열된다. 다음 이 저온의 묽은 용액은 열교환기에 들어가 발생기를 나온 고온의 진한 용액과 열교환한 후 발생기에 들어간다. 발생기에서는 관내를 흐르는 증기에 의해 가열되어 냉매는 증발하고, 용액은 농도가 증가되어 흡수제로 재생된다. 흡수제로 재생된 진한 용액은 앞의 열교환기에서 흡수기에서의 묽은 용액에 의해 냉각된 후 흡수기로 보내진다. 한편 발생기에서 증발한 냉매증기(수증기)는 응축기로 들어가 냉각수에 의해 냉각·응축되어 모세관으로 감압된 후 냉매펌프에 의해 다시 증발기에 분무되는 사이클을 반복하게 된다.

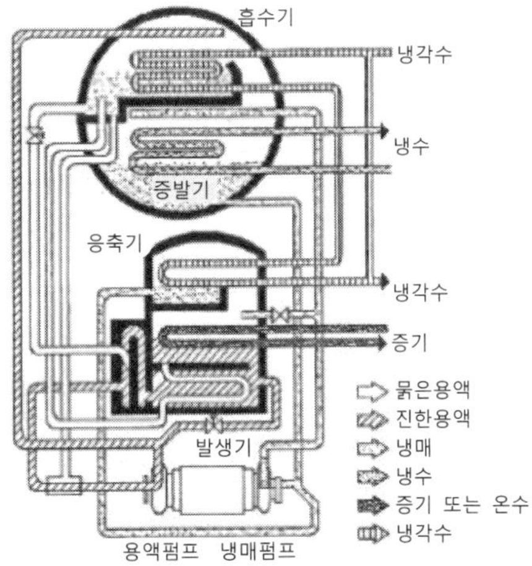

[그림 1.45] 물-리튬 브로마이드 흡수식 냉동사이클

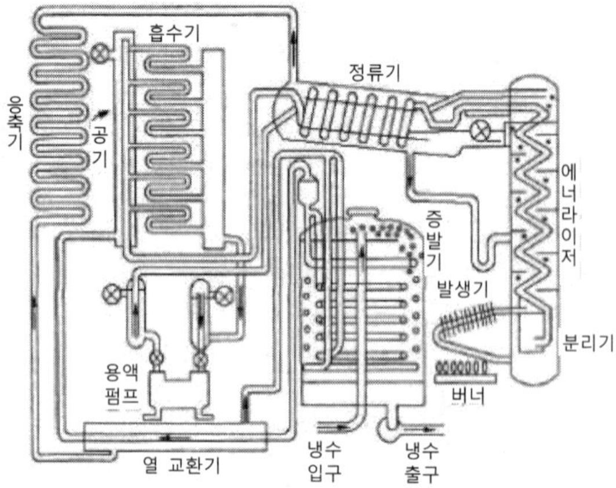

[그림 1.46] 암모니아-물 흡수식 냉동사이클

2) 암모니아-물 사이클

열역학적으로는 물-리튬 브로마이드 사이클과 같지만, 이 사이클은 물이 냉매였지만 암모니아-물 사이클은 물이 흡수제가 되고 냉매로는 암모니아가 사용된다. 따라서 물-리튬 브로마이드 사이클보다 낮은 온도까지 냉각할 수 있고, 작동압력도 증기압축식과 같은 정도로 높다.

기기의 작동요령은 물-리튬 브로마이드 사이클과 같지만, 암모니아-물의 경우는 효율을 상승시키기 위하여 [그림 1.46]와 같이 에너라이저(analyzer)와 정류기를 설치하여, 발생기에서 증발한 암모니아가스에 혼입된 수증기를 분리함으로써, 응축기, 증발기에 물이 침입하지 않도록 하고 있다.

즉, 암모니아수는 발생기에서 가열 증발되어 에너라이저 내의 분리기로 들어가, 여기서 암모니아 및 수증기, 농도가 묽은 암모니아수로 분리된다. 분리된 가스는 그 상부의 에너라이저에서 발생기에 유입하는 농도가 진한 저온의 암모니아수와 직접접촉 냉각되어, 가스 중의 수증기는 응축·액화하여 발생기로 되돌아간다. 에너라이저를 나온 암모니아가스는 정류기로 들어가고 농도가 진한 저온의 암모니아수와 열교환하여 냉각되기 때문에, 암모니아가스 중에 아직 다소 남아 있는 수증기도 여기서 응축한 후 에너라이저를 통하여 발생기로 되돌아가도록 되어있다.

3) 2중효용 흡수식 냉동기(double(dual) effect absorption refrigerating machine)

앞에서 서술한 것은 1중효용(단효용) 흡수식 냉동기에 대한 것인데, 이는 발생기가 1개인 경우이다. 그러나 2중효용 흡수식 냉동기는 [그림 1.47]과 같이 고온발생기와 저온발생기 2대의 발생기를 갖추고 있는 것이다.

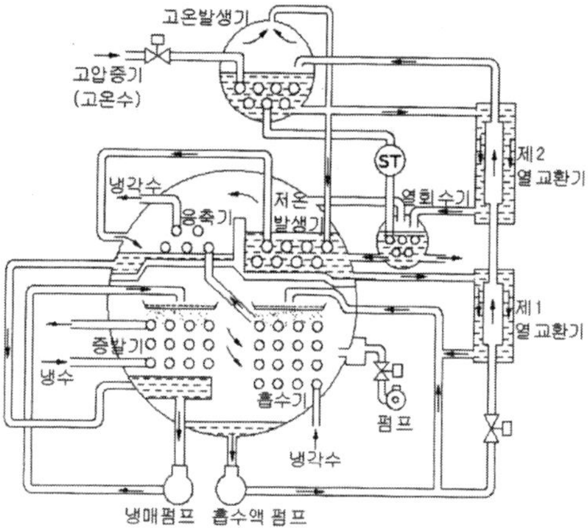

[그림 1.47] 2중효용 흡수식 냉동사이클

즉, 흡수기에서 흡수액 펌프에 의해 고온발생기로 보내진 묽은 용액은 열교환기를 거쳐 고온발생기에서 고압증기(약 8 kg/cm^{2}G)나 고온수(약 180℃)에 의해 가열되어 중간 정도의 농도를 가진 용액과 수증기로 분리된다. 이 용액은 제2열교환기를 거쳐 저온발생기로 보내지고 고온발생기에서의 수증기에 의해 다시 한 번 가열되어 진한 농도의 용액이 되고, 가열에 쓰인 수증기는 응축기로 보내진다. 저온발생기에서의 용액은 제1열교환기를 거쳐 흡수기로 되돌려지고 응축기로 보내진 수증기는 응축기에서 응축되어 증발기로 보내진다.

흡수기에서는 증발기의 냉매증기를 흡수하여 묽어지면 다시 열교환기를 거쳐 고온발생기로 보내지는 사이클을 순환한다.

따라서 2중효용 흡수식 냉동기에서는 수증기의 열을 저온 발생기에서 한 번 더 이용함으로써 에너지를 절약하게 되고, 냉각탑의 용량도 줄일 수 있게 된다. 그러나 고온발생기에서 필요한 가열원은 1중효용식의 발생기에서 필요로 하는 가열원보다 고온, 고압이어야 한다는 단점이 있다.

4) 직화식 흡수 냉온수발생기(direct fired absorption water chiller boiler)

[그림 1.48]과 같이 2중효용 흡수식 냉동기의 고온발생기를 연료의 연소열로 직접 가열하는 형식으로, 발생하는 냉매증기의 습도가 높고, 이 열을 저온발생기를 가열하는데 사용함으로써 냉동기의 성적계수를 향상시키고 응축부하를 줄여 냉각탑 용량을 작게 할 수 있다. 또 고온발생기에서의 수증기를 온수가열기로 유도하여 급탕용 온수나 난방용 온수와 열교환시키면 온수기로도 사용할 수 있으며, 보일러를 생략할 수

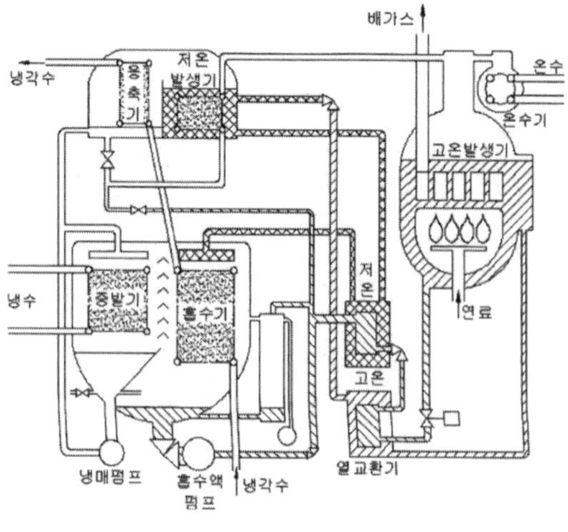

[그림 1.48] 직화식 2중효용 흡수 냉온수기

있다. 즉, 일반 흡수식 냉동기는 보일러와 조합하여야 하는데, 냉온수발생기는 1대로서 냉수와 온수를 제조할 수 있어 설치면적을 줄일 수 있고, 용량도 소형에서 대형에 이르기까지 광범위하게 할 수 있다.

1.4.3 냉각탑

(1) 개요

냉동기의 응축기에서 방출하는 열을 제거하기 위해서는 공기나 물로 냉각하는데, 물로 냉각하는 경우에는 주로 냉각탑(cooling tower)을 사용한다. 즉, 냉동기의 응축기에서 발생하는 열을 물로 냉각한 경우 그 물을 버리게 되면 물의 소비량이 너무 많아지기 때문에 냉각탑으로 보내 응축기를 냉각할 수 있는 상태로 환원시키는 역할을 하는 것이 냉각탑이다.

냉각탑에서는 응축기로부터의 냉각수를 냉각시키기 위해 주로 외기를 사용하므로 외기의 상태, 특히 외기의 습구온도에 따라 냉각수의 출구온도가 결정되는데, 지역에 따라 약간의 차이는 있지만 보통 외기의 습구온도로 27℃를 기준으로 한다.

그리고 냉각탑에 의한 냉각은 주로 물의 증발에 의해 일어나기 때문에, 냉각되는 수온은 입구공기의 습구온도까지 밖에 냉각되지 않는다. 이 때 냉각탑 출구수온과 입구공기 습구온도의 차를 어프로치(approach)라 하고, 어프로치는 적게 할수록 냉각탑의 충전물 용량이 많이 필요하고 송풍기의 소요동력도 커지며 설비비도 증가하므로 공기조화에서는 일반적으로 5℃ 전후로 한다. 즉, 외기 습구온도가 27℃일 때 냉각수 출구온도는 32℃가 된다.

또 냉각탑에서는 냉각탑으로 들어오는 냉각수(응축기 출구 냉각수)를 냉각하여 응축기를 냉각시키는 냉각수(응축기 입구 냉각수)로 만들어야 하는데, 이 때 냉각수의 출·입구 온도차를 레인지(range)라 하고, 레인지가 크면 냉각탑의 용량이 커지고 레인지가 작으면 충분한 냉각수를 만들 수 없으므로 공기조화에서는 5~8℃ 정도(보통 5℃)로 하는데, 이는 냉동기의 종류나 냉각수량 등에 따라 달라진다.

따라서 냉각탑의 능력은 응축기에서의 방열량, 외기의 습구온도, 어프로치, 레인지 등에 따라 크게 좌우되고, 냉각탑에서 필요한 각종 능력은 다음과 같이 산출한다.

1) 냉각탑 용량

증기압축식 냉동기인 경우의 냉각탑 용량 Q_{CT}[kcal/h]〈W〉는 다음 식 (1.25)와 같다.

$$Q_{CT} = Q_E + Q_C + Q_P \fallingdotseq Q_E + Q_C \fallingdotseq Q_{CD} \qquad (1.25)$$

여기서, Q_E는 냉동기의 능력(증발기 용량)[kcal/h]〈W〉이고, Q_C는 압축기 소요동력[W], Q_P는 순환펌프의 동력[W]이며, Q_{CD}는 응축기 방열량[kcal/h]〈W〉이다.

즉, 증기압축식 냉동기인 경우 냉각탑의 용량은 응축기에서의 방열량과 같은 값으로 보아도 된다. 따라서 공기조화용에서는 일반적으로 냉각탑의 용량 Q_{CT}를 Q_E의 1.2~1.3배 정도로 한다.

또, 냉동기에서 냉동톤이라는 용량으로 나타내는 것처럼 냉각탑의 용량도 냉각톤이라는 단위를 사용하기도 하는데, 냉각탑 입구의 공기 습구온도를 27℃, 냉각탑 출구의 냉수온도를 32℃(어프로치 5℃), 냉각탑 순환수량을 13 ℓ/min를 기준으로 하여 나타내는데, 순환수의 비열 C_p를 1 kcal/kg·℃〈4.2 kJ/kg·K〉로 할 때

$$Q_{CT} = W_{C_p} \Delta t = (13 \times 60) \times 1 \times (32 - 27) = 3900$$

으로 되어 1냉각톤은 3,900 kcal/h〈4,536 W〉로 나타낸다.

2) 순환수량

냉각탑에서의 순환수량 W[L/min]는 냉각탑 용량 Q_{CT}와 냉각탑에서의 입·출구 온도차(레인지)로부터 다음 식 (1.26)과 같이 계산한다.

$$W = \frac{Q_{CT}}{60\Delta t} \tag{1.26}$$

여기서, Δt는 냉각탑에서의 입출구 온도차(레인지)로 주로 5℃로 한다.

3) 냉각탑 보급수량 W_C [ℓ/min]

냉각탑에서의 순환수는 냉각탑과 냉동기의 응축기 사이를 순환하기 때문에 거의 밀폐되어 있다고 할 수 있으므로 특별히 물을 보충해야 할 일은 거의 없다. 그러나 냉각탑 내에서 물과 공기가 직접 접촉하여 열교환하면서 물방울이 공기와 함께 유출될 수 있으므로 약간의 보급수를 필요로 한다. 그리고 순환수는 냉각되는 동안이나 냉각되어 저장되는 동안 외기와 접촉하면서 외기 중의 유해가스나 먼지 등이 함유되어 수질이 나빠질 우려가 있으므로 이에 대해서는 고려하여야 한다. 따라서 일반적으로 보급수량은 순환수량의 1~3% 정도로 취급한다.

4) 냉각계수

냉동기의 냉각능력과 응축기에서의 방열량(냉각탑의 필요능력)의 비는 냉동기의 종류에 따라 다른 값이 되는데, 이 값을 냉각계수라 한다.

(2) 종류

공조설비에 사용되는 냉각방식은 [표 1.16]과 같이 구분할 수 있는데, 개방식 냉각탑은 탑내의 물과 공기의 흐름방향에 따라 대향류형과 직교류형으로 나누어질 수 있고, 밀폐식 냉각탑은 냉동기에서의 냉각수를 공기와 접촉시키지 않고, 전열관을 통하여 열교환하는 방식이다. 그리고 공랭식 냉동기에서는 냉각탑 대신에 공랭식 응축기가 사용된다.

1) 대향류형(counter flow type)

대향류형 냉각탑의 구조는 [그림 1.49]과 같으며, 형태로는 원형과 사각형이 많고, 냉각탑 상부로부터 통풍 팬, 엘리미네이터, 살수노즐, 충전재, 탱크 등으로 구성된다. 응축기에서 보내지는 고온의 냉각수는 살수노즐에서 분사되어 충전재를 통하여 하향으로 유동하고, 상부에 설치된 팬이 구동함에 따라 충진재 하부에서 유입되는 외기와 서로 반대 방향으로 유동한다. 이 때 외기와 냉각수가 접촉하여 외기와 냉각수의 온도차에 따른 현열뿐만 아니라 일부의 냉각수 증발에 따른 잠열을 교환하여 냉각수는 냉각되고 하부의 탱크에 저장된다. 탱크에 저장된 냉각수는 순환펌프에 의해 다시 응축기로 공급되어 응축기를 냉각하는 사이클을 반복한다.

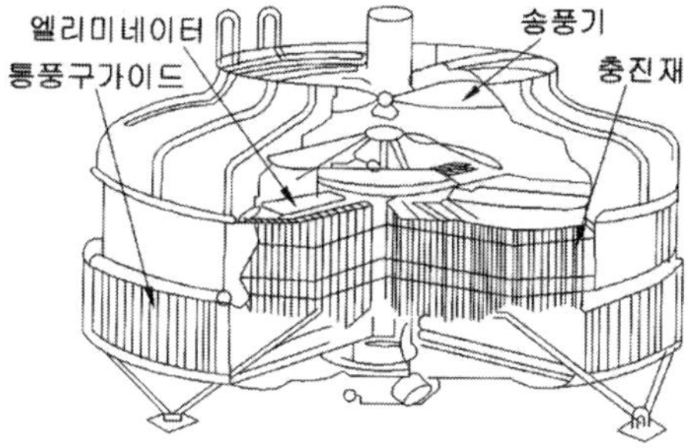

[그림 1.49] 대향류형 냉각탑의 구조

[표 1.16] 각종 냉각방식의 비교

종류 / 항목	개방식 냉각탑	밀폐식 냉각탑	증발식 응축기	공랭식 응축기
소비수량		개방식보다 약간 작다	개방식보다 약간 작다	필요없음
냉각풍량 m^3/min·USRT	6~7	10~15	10	23~28
소비전력* kW·h/USRT	1.06	1.18	1.05	1.25
소음, phone	70~80	개방식과 거의 동일	개방식과 거의 동일	개방식보다 약간 작다
적용건물	소·중·대규모 빌딩	소·중·대규모 빌딩, 대기오염이 현저한 장소	소·중·대규모 빌딩	냉각수가 부족한 곳
크기 (개방식 냉각탑 기준)		높이: 거의 동일 폭: 대형은 길다	높이: 거의 동일 폭: 대형은 길다	높이: 거의 동일 폭: 크다
운전중량, kg/USRT	10~15	60~80	60~80	25~80
용량, USRT/대	3~1,000	75~300	20~200	3~30
초기비용 (본체만)		개방식의 약 5배	개방식의 약 4배	개방식의 약 5배
부식	냉각수배관, 응축기	산포수배관, 냉각탑 코일	산포수배관, 응축기 코일	냉각팬의 부식 (작다)
사용년수, 년	약 10~15	약 10~15	약 10~15	약 10~15
설치장소의 제한	옥외	옥외	냉동기 부근, 옥외	냉동기 부근, 옥외

* 냉동기 및 냉각탑, 팬, 분무기, 펌프를 포함

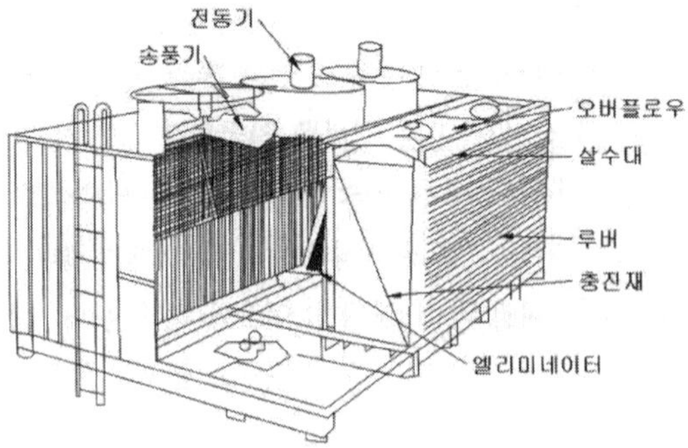

[그림 1.50] 직교류형 냉각탑의 구조

여기서 통풍 팬으로는 프로펠러형의 축류송풍기가 많이 사용되며, 엘리미네이터는 냉각탑에서 나가는 공기 속에 포함되어 있는 물방울을 걸러내는 역할을 한다. 또 충전재로는 염화비닐, 나무, 대나무, 석면 시멘트관, 도관 등 여러 가지 재질이 있으며, 그 형태도 다양하게 개발되고 있다.

대향류형 냉각탑은 뒤에서 서술될 직교류형에 비해 설치면적이 작고, 기류분포가 균일하여 냉각효율이 높으며 겨울철 결빙의 우려도 적은 반면 냉각탑의 높이가 높고, 많은 팬 동력이 필요하며 점검 및 보수가 불편하다는 단점도 있다.

2) 직교류형(cross flow type)

직교류형 냉각탑의 구조는 [그림 1.50]과 같으며, 형태는 대부분이 각형이다. 대향류형과의 차이점은 충진재 측면에 공기를 정류시켜 유입하기 위한 루버(louver)가 설치되어 있어 이 루버를 통해 유입된 공기는 충진재를 통해 흘러내리는 냉각수와 직각방향으로 교차하면서 현열 및 잠열을 교환한다는 점이다. 또 중앙에서 모아진 공기는 엘리미네이터를 통해 외부로 유출된다.

직교류형 냉각탑은 대향류형에 비해 팬의 소용동력이 적고, 구조적으로 점검 및 보수가 쉬우며, 살수배관이 비교적 간단한 반면 설치면적이 넓고, 초기투자비가 다소 많이 든다는 단점이 있다.

(3) 특이사항

1) 백연현상

여름철을 제외한 계절에 냉각탑을 가동하면 냉각탑 출구에서 흰색 연기가 나오는 모습을 볼 수 있는데 이를를 백연현상이라고 한다. 즉, [그림 1.51]에서와 같이 냉각탑 출구

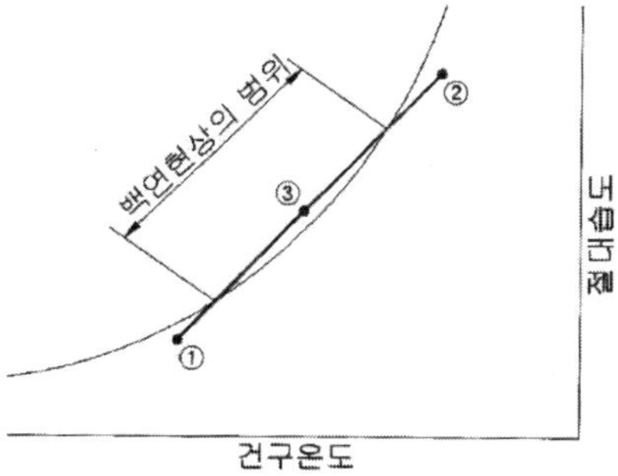

[그림 1.51] 백연현상의 발생원인

에서는 출구공기 ②가 대기 ①과 혼합되어 혼합공기 ③의 상태가 되는데, 혼합공기 ③의 상태가 포화공기상태를 넘어서면 백연현상이 일어나게 되고, 백연현상이 심하면 시야를 가리게 되어 여러 가지 장해를 일으키고 매연가스로 오인되기도 한다.

이러한 백연현상이 일어나지 않도록 위해서는 [그림 1.52 (a)]에서와 같이 ①의 대기를 가열하여 ③의 상태로 만든 다음 냉각탑 출구공기 ②와 혼합하면 ④의 상태가 되고 이 ④의 공기가 ①의 대기로 확산되면서 ⑤의 상태가 되는데, 이 ⑤의 상태가 포화공기 상태 이내가 되도록 하면 된다. 또 다른 방법으로는 [그림 1.52 (b)]에서와 같이 냉각탑에서의 출구공기 ②를 가열하여 ③의 상태로 만들고 대기 ①과 혼합하여 그 혼합공기의 상태가 포화공기상태 이내인 ④의 상태가 되도록 하면 된다.

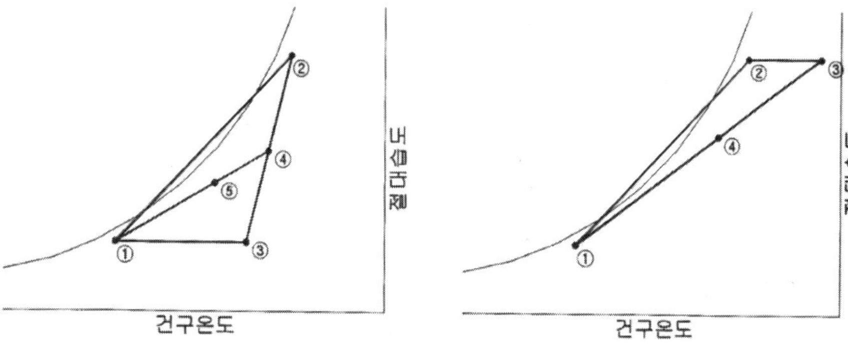

(a) 대기의 가열

(b) 출구공기의 가열

[그림 1.52] 백연현상의 방지

2) 레지오넬라병의 유발

밀폐된 공간에서 공조기를 계속 사용하면 공조기 내부나 냉각기에 쌓인 먼지와 세균이 인체 호흡기를 통해 들어와 레지오넬라 감염증을 일으킬 수 있는데, 레지오넬라균은 1976년 미국 필라델피아호텔에서 열린 '재향군인(레지오네르)의 모임'에서 이 세균 때문에 200명이 넘는 환자가 발생하고 30여명의 사망자가 속출하면서 이름이 붙여졌다.

레지오넬라병(Legionnaires)은 30여종이 넘고 그 중 인간에게 감염될 수 있는 것은 20여종으로 알려져 있는 레지오넬라 박테리아가 그 원인으로 폐병의 일종이지만 다른 조직에 영향을 미칠 수도 있다. 레지오넬라는 물과 박테리아가 결합된 상태이고 분무상태로 공기에 의해 전염되며 레지오넬라에 오염된 미세한 물방울 등을 흡입함으로써 인체에 감염된다. 레지오넬라는 주변 환경에 널리 분포되어 있는데 강이나 호수, 연못 등과 토양에서도 검출된다.

레지오넬라병은 2~10일 정도의 잠복기를 거쳐 초기에는 고열, 기침, 두통, 열, 한기, 근육통 등 독감과 같은 증상으로 시작하여 폐렴증상을 나타내고 급속히 악화되어 사망에 이르는 경우도 있으며 설사, 정신질환, 신장의 손상, 의식장애, 심부전 등 여러 장기에 장애를 동반하기도 한다.

레지오넬라가 검출되는 인공적인 시설물로는 공조 및 산업용 냉각탑, 20~45℃ 범위 내의 물, 분무를 생산하는 시스템 등에서 발생되고, 호텔이나 백화점 등 대형 건물의 냉방 장치에 사용되는 냉각수의 청결상태가 불량할 때 저수탱크나 냉각탑에 레지오넬라균이 서식하다가 뿜어져 나와 호흡기를 통해 전염된다.

이러한 레지오넬라병을 억제하기 위해서는 수시로 냉각탑의 수질을 검사해야 하며, 냉각탑에서 서식하는 모든 박테리아의 생물학적 시험을 해야 하고, 3개월에서 6개월 사이에 냉각탑을 소독하는 등 전문적으로 관리해야 한다.

1.4.4 보일러

(1) 개요

공기조화에서 온열원으로는 주로 온수, 증기, 온풍 등이 사용되며, 이들을 생산하는 기기로는 석유, 가스, 전기 등으로 운전되는 보일러가 주로 사용되지만, 이 외에도 에너지 절약과 환경보호를 위한 차원에서 지열, 태양열, 폐열 등을 사용하는 여러 가지 기기들이 사용되기도 한다.

보일러에도 보일러 본체의 구조(주철제, 환형, 관형 등), 물의 순환방식(자연대류, 강제대류 등), 연료의 종류(석유, 석탄, 가스, 전기 등), 발생열매의 종류(온수, 증기 등), 용도(난방, 급탕, 동력 등) 등에 따라 여러 가지로 구분될 수 있지만, 여기서는 공기조화용으로 사용되는 보일러에 대해 살펴보기로 한다. 일반적으로 난방용으로 사용되는 보일러로는 [표 1.17]과 같은 것들이 있다.

[표 1.17] 난방용 보일러의 분류와 특징

종류	용량 t/h	압력, kg/cm^2G	효율, %	장점	단점	용도
주철제	0.1 ~5	1.0 ~50 mAq (온수)	70~85	분할반입 가능, 긴 수명, 취급용이, 급수처리 용이, 저렴한 가격	저압,소용량, 긴 기동시간, 무른 재질, 내부청소 곤란	중·소규모 건물에 적합, 증기용, 보통 온수 보일러 등
노통 연관	0.1 ~20	~10	70~89	부하변동에 대한 안정성, 넓은 수면으로 급수제어 용이, 수처리가 비교적 간단, 현장공사 거의 불필요	긴 기동시간, 분할반입 불가능, 주철제보다 고가	대규모 건물의 고압증기 보일러, 지역난방의 고온수보일러 등
수관 (패키지형)	~40	~20	70~89	부하변동에 대한 추종성 양호, 짧은 기동시간, 과열 및 예열이 용이, 높은 열효율	고가, 수처리 복잡	대규모 병원이나 호텔등과 같이 고압증기를 다량으로 필요로 하는 곳, 지역냉방의 증기터빈용 등
관류	~10	~16	75~85	보유수량이 매우 적음, 부하변동의 추종성 양호, 짧은 기동시간, 경량, 적은 설치면적, 전열면적 $30m^2$ 이하는 자격운전자 불필요	엄밀한 수처리 필요, 짧은 수명, 고가, 높은 소음	사용예는 비교적 적다.
입형	~0.2	~0.5 ~10 mAq (온수)	50~60	적은 설치면적, 취급용이, 수처리 불필요, 저렴한 가격	저압, 소용량, 나쁜 효율	주택의 난방·급탕용 등
진공식 온수기	~3.0	관내압력 450~150 mmHg	83~88	대기압 이하의 증기를 이용 가능, 높은 안전성, 자격자 불필요, 높은 열효율, 급수 불필요, 관내 스케일장해 없음		중·소규모 건물에 적합, 난방·급탕·공용 온수기로 이용(3회로 까지)

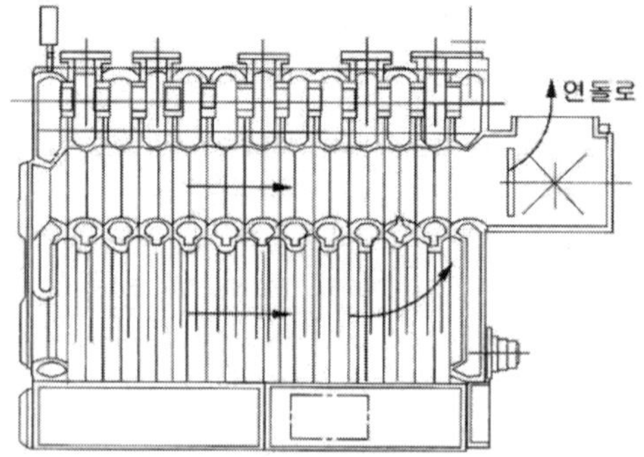

[그림 1.53] 주철제 보일러의 단면

(2) 종류

공조용 보일러(boiler)에는 증기보일러와 온수보일러가 주로 사용되는데, 본체의 구조에 따라서는 다음과 같이 분류할 수 있다.

1) 주철제보일러(cast iron sectional boiler)

주철제보일러는 [그림 1.53]과 같이 주철로 된 여러 매의 섹션을 부하에 따라 조합하여 하나로 구성한 것이므로 섹션수를 늘이는 것으로 보일러의 용량을 증가시킬 수 있다. 따라서 재질이 주철이기 때문에 내식성은 강하지만 내압력이 낮아 고압에 사용하기는 곤란하다.

열매로는 120℃ 이하의 온수 또는 1 kg/cm^2 이하의 저압용으로 제한된다.

구조적으로는 설치공간으로의 반입 및 반출이 쉽지만 용량은 비교적 적은 특징이 있으며, 주로 중·소규모의 난방이나 급탕용으로 사용된다.

2) 노통연관보일러(flue and smoke tube boiler)

노통연관보일러는 [그림 1.54]와 같이 연소실에 해당하는 노통과 연소가스를 배출하는 연관이 물을 저장하는 큰 원통 속에 수납되어 있는 것으로, 연소실인 노통 내에서 연료가 연소되면서 발생하는 열로 원통 내에서 2~3회 순환하면서 다시 한번 물을 가열하게 된다.

열매로는 170℃ 이하의 온수나 4~7 kg/cm^2〈약 400~700 kPa〉 정도의 증기를 생산할 수 있으며, 용량은 0.3~10 ton/h 정도이고, 사용압력은 7~10 kg/cm^2 정도이다.

보유수면이 넓어 급수용량의 제어나 부하변동에 적응하기 쉽지만 예열시간이 길고 분할하기 어려워 반입·반출이 힘들다는 특징이 있으며, 주로 중·대규모 건물의 난방용으로 쓰이고, 고온수 보일러로 하면 지역냉난방용으로도 사용된다.

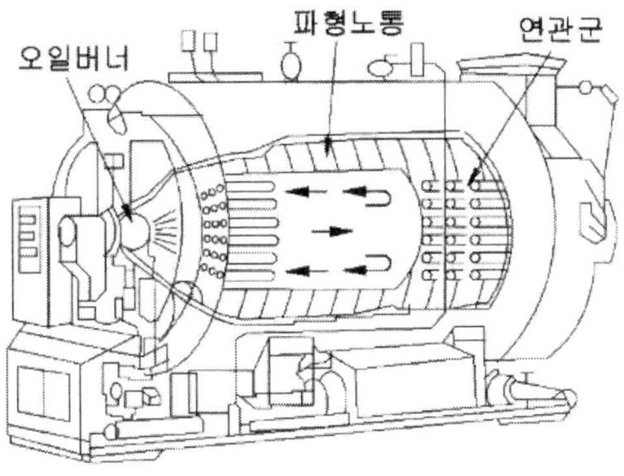

[그림 1.54] 노통연관보일러의 단면

3) 수관보일러(Water tube boiler)

수관보일러는 [그림 1.55]과 같이 드럼과 드럼 사이에 많은 수관을 연결하고, 수관 내에 있는 물을 수관의 밖에서 가열하여 발생되는 온수나 증기를 상부 드럼에 저장하는 형식이다.

열매로는 170℃이하의 온수나 4~7 kg/cm^2〈약 400~700 kPa〉 정도의 증기를 생산할 수 있으며, 증발량은 3~30 ton/h 정도이고, 최고사용압력은 10~20 kg/cm^2〈약 1~2 MPa〉 정도이다.

사용압력이 높고 부하변동에 대한 추종성이 좋으며 예열시간이 짧고 효율이 좋은 반면 설치면적이 넓고 초기투자비가 많이 들며 급수처리가 까다롭다는 특징이 있으며, 대형건물이나 병원, 호텔, 등과 같이 고압증기를 다량으로 필요한 곳이나 지역난방 등에 사용된다.

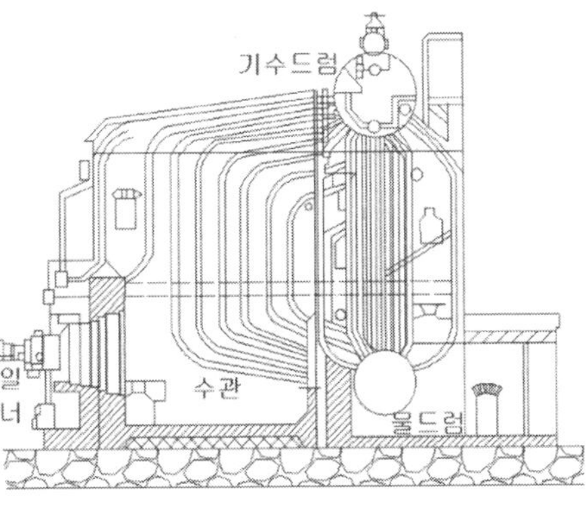

[그림 1.55] 수관보일러의 단면

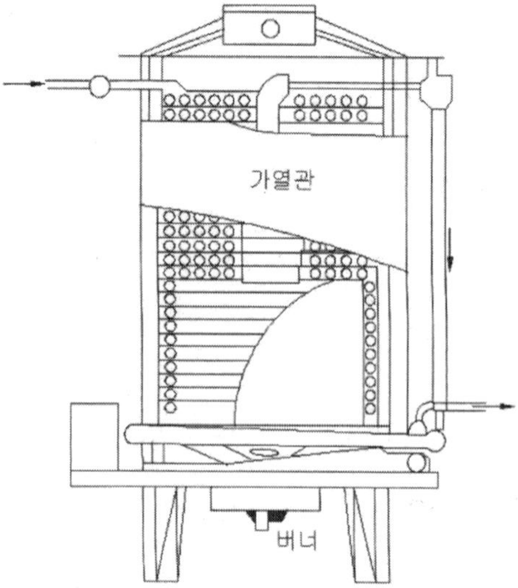

[그림 1.56] 관류보일러의 단면

4) 관류보일러(through flow boiler)

관류보일러는 [그림 1.56]처럼 수관보일러와 같이 긴 관을 코일모양으로 만들어 수관으로 사용하지만, 드럼이 없이 한 쪽 끝에서 공급되는 물이 관내를 유동하면서 가열되어 다른 쪽 끝에서 온수나 증기로 나오게 하는 형식이다.

보유수량이 적어 가열시간이 짧고 부하변동에 대한 추종성이 좋으며 가볍고 설치면적이 작다는 장점이 있는 반면 급수처리가 까다롭고 수명이 짧으며 유동에 따른 소음이 크다는 단점이 있으며, 일부의 난방용으로 사용되는 외에는 공조용으로 잘 사용하지 않는다.

5) 입형보일러 (vertical type boiler)

입형보일러는 [그림 1.57]과 같이 수직으로 세운 드럼의 하부에 연소실을 두고, 그 위에 연관이나 수관을 다수 배열하여 물을 가열하는 형식으로 드럼은 일반적으로 원통형이다.

압력은 보통 1 kg/cm^2〈약 100 kPa〉까지 사용할 수 있으며, 설치면적이 작고 취급이 쉬운 반면 사용압력이 낮고 용량이 적으며 효율이 낮다는 특징이 있으며, 대부분 소용량으로 한정되어 규모가 작은 건물의 난방용으로 사용된다.

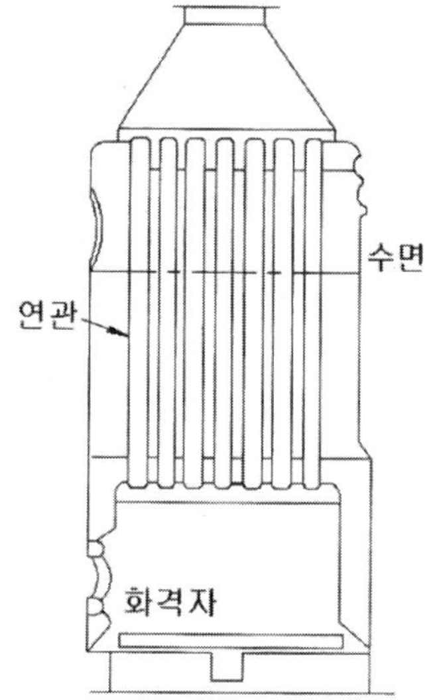

[그림 1.57] 입형 보일러의 단면

(3) 능력 및 용량

1) 보일러 출력

보일러의 용량은 그 용도에 따라 건물에서의 난방부하뿐만 아니라 급탕부하 등이 포함되기도 한다. 어떤 경우라 하더라도 보일러를 운전하면 보일러가 정상상태가 될 때까지의 예열에 필요한 열량과 보일러에서 배관을 통해 공급되는 열매로부터의 열손실 등도 보일러에서 담당해야 한다.

따라서 일반적으로 난방부하(급탕부하), 예열부하, 열손실부하 등을 모두 합한 것을 보일러의 정격출력이라 하며, 이 중 예열부하를 제외한 것을 상용출력이라 하는데, 이들을 식으로 나타내면 다음 식 (1.27), (1.28)과 같고, 일반적으로는 정격출력으로 나타낸다. 정격출력은 최대연속부하에서의 시간당 출력으로 표현하고, 증기보일러인 경우에는 확산증발량 또는 실제증발량, 온수보일러인 경우에는 열출력으로 나타내는 것이 보통이다.

$$H_B = H_m = H_r + H_h + H_p + H_a \tag{1.27}$$

$$H_c = H_r + H_h + H_p \tag{1.28}$$

여기서, H_B는 보일러부하, H_m은 정격출력, H_c는 상용출력, H_r은 난방부하, H_h는 급탕부하, H_p는 배관계통 등에서의 열손실부하, H_a는 예열부하이고, 단위는 모두 [kcal/h]〈W〉이다.

위에서 급탕부하가 없을 때에는 급탕부하를 생략하여도 되며, 난방부하와 급탕부하는 각각 난방부하 계산법과 급탕부하 계산법에 따라 산출한다.

또 열손실 부하는 주로 보일러에서의 온수나 증기 및 열교환기(방열기 등)에서의 환수가 배관을 통해 유동하는 사이에 손실되는 열량이고, 예열부하는 보일러를 처음 가동하기 시작하여 필요한 온수나 증기의 상태가 될 때까지 소요되는 열량이다. 이들은 설비의 크기, 배관의 상태(위치, 직경, 방열정도 등), 배관내의 물이나 증기와 주위상황(온도, 유량, 온도차 등), 보일러로 공급되는 급수의 상태 등에 따라 달라지지만, 일반적으로 열손실 부하는 난방부하(급탕부하가 있을 경우에는 급탕부하도 포함)의 10~20% 정도로 취급하고, 예열부하는 상용출력(난방·급탕부하와 열손실 부하의 합)의 20~30% 정도로 취급한다.

이들을 모두 고려하면 보일러부하는 다음 식 (1.29)와 같이 나타내기도 한다.

$$H_B = H_m = [(H_r + H_h) \times (1.1 \sim 1.2)] \times (1.2 \sim 1.3) \qquad (1.29)$$

여기서, H_B는 보일러부하, H_m은 정격출력, H_r은 난방부하, H_h는 급탕부하이고, 단위는 모두 [kcal/h]〈W〉이고, 급탕부하가 없을 때에는 급탕부하를 생략한다.

2) 발생열량

발생열량 또는 열출력 Q[kcal/h]〈W〉란 보일러로 공급되는 급수가 필요한 온수나 증기로 만들어질 때까지 보일러로부터 받는 열량을 말하며, 다음 식 (1.30), (1.31)과 같이 산출되고, 이 값은 보일러부하 H_B이상이 되어야 한다.

$$\text{온수보일러} \quad Q = G_w(h_{w2} - h_{w1}) = G_w c_w (t_{w2} - t_{w1}) \qquad (1.30)$$

$$\text{증기보일러} \quad Q = G_s(h_s - h_w) \qquad (1.31)$$

으로 각각 나타내며, 여기서, G_w와 G_s는 각각 보일러에서 발생하는 온수량[kg/h]과 증기량[kg/h]이고, c_w는 물의 비열(≒1 kcal/kg·K)〈4.18 kJ/kg·K〉이며, h_{w1}또는 h_w와

t_{w1}은 각각 보일러로 공급되는 급수의 엔탈피[kcal/kg]⟨kJ/kg⟩와 온도[℃], h_{w2}와 t_{w2}는 각각 보일러에서 만들어지는 온수의 엔탈피[kcal/kg]⟨kJ/kg⟩와 온도[℃], h_{s2}는 보일러에서 발생하는 증기의 엔탈피[kcal/kg]⟨kJ/kg⟩이다.

3) 증발량

보일러에서 단위 시간에 발생하는 증기량 G[kg/h]를 실제증발량이라 하고, 이를 일정 기준에서의 증발량으로 환산한 것을 환산증발량(equivalent evaporation) G_e[kg/h]라 한다.

환산증발량 G_e[kg/h]는 다음 식 (1.32)와 같이 대기압상태에서 100℃의 포화수를 100℃의 건조포화증기로 증발시키는 것을 기준으로 하여 보일러의 실제증발량을 환산한 것을 말한다.

$$G_e = \frac{Q}{r} = \frac{G(h_s - h_w)}{r} \tag{1.32}$$

여기서, Q는 보일러의 발생열량[kcal/h]⟨W⟩이고, G는 보일러의 실제증발량[kg/h]이며, h_s와 h_w는 발생증기와 급수의 엔탈피[kcal/kg]⟨kJ/kg⟩, r은 100℃에서의 물의 증발잠열(≒539 kcal/kg)⟨2,257 kJ/kg⟩이다.

4) 보일러마력

4.9 kg/cm^{2}G⟨약 490 kPa⟩의 압력으로 37.8℃의 급수에서 1시간에 13.6 kg의 비율로 증기를 발생하는 능력을 1보일러마력으로 정의하여 다음과 같이 나타낸다. 즉, 4.9 kg/cm^{2}G의 압력으로 발생하는 증기의 엔탈피 h_s가 약 658 kcal/kg⟨2,755 J/kg⟩이므로 1보일러마력을 열량으로 나타내면,

$$1\text{보일러마력} = G_s(h_s - h_w) = 13.6 \times (658 - 37.8) \fallingdotseq 8435$$

으로 약 8,435 kcal/h⟨9,810 W⟩이다. 이를 상당증발량으로 환산하면 다음과 같다.

$$G_e = \frac{G(h_s - h_w)}{r} = \frac{8435}{539} \fallingdotseq 15.65[kg/h]$$

5) 보일러 효율과 연료소비량

$$\text{보일러 효율 } \eta_B = \frac{Q}{G_f H_f} \times 100 = \frac{G(h_s - h_w)}{G_f H_f} \times 100 \quad (1.33)$$

여기서, Q는 보일러의 열출력[kcal/h]〈W〉이고, G_f는 연료소비량[kg/h], H_f는 연료의 저위발열량[kcal/kg]〈kJ/kg〉이며, G는 보일러의 실제증발량[kg/h], h_s와 h_w는 발생증기와 급수의 엔탈피[kcal/kg]〈kJ/kg〉이다.

가열장치에서의 연료소비량 G_f[kg/h]는 보일러에서 공급해야 할 열량(열출력)과 연료의 방열량 및 보일러효율로부터 다음 식 (1.34)와 같이 구해진다.

$$G_f = \frac{Q}{H_f \eta_B} = \frac{G(h_s - h_w)}{H_f \eta_B} \quad (1.34)$$

여기서, 각 기호는 식 (1.33)과 같고, 각 연료의 발열량은 [표 1.18]와 같다.

[표 1.18] 각종 연료의 발열량 및 공기량

종류	등유	A중유	도시가스6C	도시가스6B	도시가스13A
고위발열량	11,100 kcal/kg	10,800 kcal/kg	4,500 kcal/Nm^3	5,000 kcal/Nm^3	11,000 kcal/Nm^3
저위발열량	10,400 kcal/kg	10,200 kcal/kg	4,000 kcal/Nm^3	4,500 kcal/Nm^3	10,000 kcal/Nm^3
비중량	0.79 kg/ℓ	0.86 kg/ℓ	0.54 kg/Nm^3	0.6 kg/Nm^3	0.65 kg/Nm^3
이론공기량	11.51 Nm^3/kg	11.27 Nm^3/kg	4.48 Nm^3/Nm^3	5.04 Nm^3/Nm^3	11.20N m^3/Nm^3
공기비	1.25	1.25	1.2	1.2	1.2

6) 공기량

연료 중의 성분이 밝혀지면 연료를 연소시키는 데 필요한 이론공기량은 계산으로도 구할 수 있지만, [표 1.18]에 나타낸 값을 이용하여도 좋다.

그러나 실제로 연료를 완전연소시키기 위해서는 이론공기량 이상의 과잉공기를 필요로 하는데, 이 때 실제로 필요한 공기량을 A, 이론공기량을 A_0라 하면, 이들의 관계는 식 (1.35)와 같이 된다.

$$\frac{A}{A_0} = m \quad , \text{즉, } A = mA_0 \ (\text{이 때, } m>1) \tag{1.35}$$

여기서, m을 공기비 또는 과잉공기계수(excess air ratio)라 한다. 또 (m-1)을 과잉공기율, $(A-A_0)$를 과잉공기라 한다. 공기비의 적정 값은 연료의 종류와 연소장치에 따라 다르지만, 일반적으로 액체연료에서는 1.1~1.3, 기체 연료에서는 1.05~1.2 정도이다. 공기비가 과대할 때에는 열손실이 증대하고, 과소할 때는 불완전연소가 되어 미연손실(未燃損失)이 증대한다. 따라서 완전연소의 범위에서 공기비가 작을수록 좋은 것이다.

7) 증발율과 전열면적

보일러의 전열면적당 평균증발량을 증발율이라 하고, 한쪽 면은 연소가스에 접하고 그 반대 면은 물에 접하는 부분의 면의 면적을 연소가스측에서 측정하여 이를 전열면적이라 한다.

1.4.5 기타 열원기기

(1) 히트펌프

1) 기본원리

냉동기에서는 일반적으로 증발기에서의 흡열을 이용하여 공기를 냉각하는데 사용하고, 응축기에서의 방열은 냉각탑 등에서 공급되는 물이나 대기를 이용하여 처리한다. 이 때 응축기에서의 방열을 난방 등의 열원으로 이용할 수 있는데, 이런 측면에서의 냉동기를 히트펌프(heat pump)라고 한다. 따라서 기본적인 개념으로는 냉동기와 히트펌프가 같은 것이지만. 이용하는 측면에 따라 구분하여 명명하는 것으로 보아도 된다. 즉, 냉동기가 구동되면서 응축기에서 방출되는 열을 냉각탑이나 대기로 버리지 않고 또 다른 물이나 공기로 그 열을 회수하여 난방용이나 가열용으로 이용하는 것이다.

일반적으로 히트펌프와 냉동기의 기본개념을 비교하여 나타내면 [그림 1.58]과 같다. 그림에서와 같이 냉동기와 히트펌프가 증발기에서 열을 흡수하고 응축기에서 열을 방출하는 것은 같지만, 냉동기에서는 공조용 등으로 증발기에서의 열을 이용하고 응축기에서의 열은 버리는 반면, 히트펌프에서는 증발기에서의 열을 열원으로부터 얻어 응축기에서의 열을 공조용 등으로 이용하는 것이다.

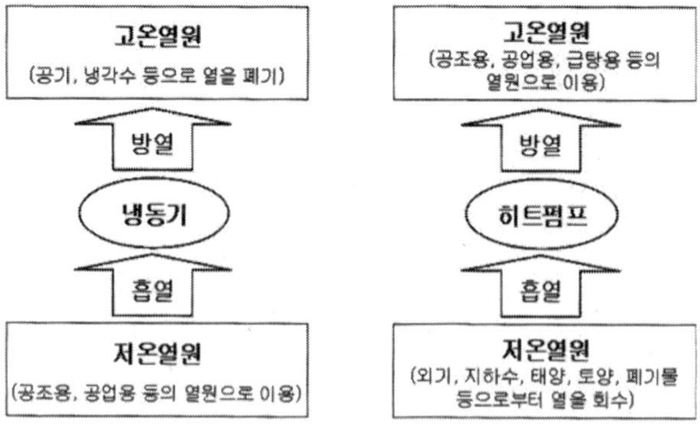

(a) 냉동기 (b) 히트펌프

[그림 1.58] 냉동기와 히트펌프의 원리

2) 사이클

앞에서와 같이 히트펌프는 그 작동에 있어 냉동기의 작동과 유사하므로 냉동기를 히트펌프로 사용할 수도 있으나 현재 가장 많이 사용되는 것은 증기압축식과 흡수식이다.

① 증기압축식 히트펌프

증기압축식 히트펌프의 사이클을 압력-엔탈피 선도에 나타내면, [그림 1.59]의 ①~④와 같이 된다. 이 사이클에 대해서는 이미 냉동기 부분에서 설명하였으므로 Q를 응축기에서 방출하는 열량[kcal/h]〈W〉, Q_0를 증발기에서 흡수하는 열량[kcal/h]〈W〉, AL을 압축기에서 일의 열당량[kcal/h]〈W〉이라 할 때, 증기압축식 히트펌프의 성적계수 COP_{HP}는 다음 식 (1.35)로 표현된다.

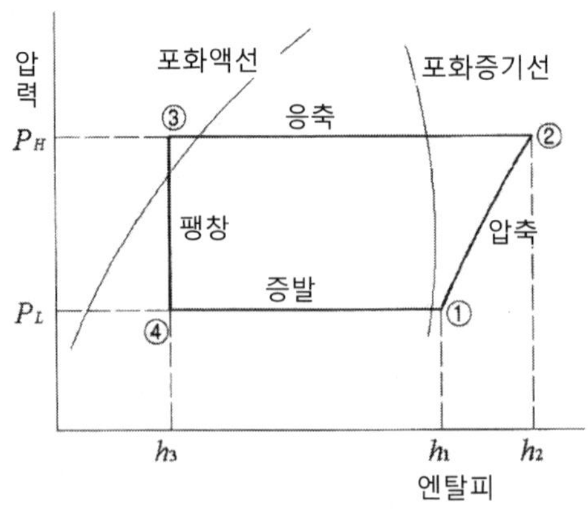

[그림 1.59] 증기압축식 히트펌프의 사이클

$$COP_{HP} = \frac{Q}{AL} = \frac{h_B - h_C}{h_B - h_A} = \frac{Q_0 + AL}{AL} = 1 + COP \tag{1.36}$$

여기서, COP는 냉동기의 성적계수이다.

② 흡수식 히트펌프

흡수식 히트펌프는 증기압축식 히트펌프와 마찬가지로 흡수식 냉동기의 응축기에서 발생하는 열을 이용하는 것으로, 그 사이클은 [그림 1.60]과 같이 저온열원으로 폐열이나 태양열, 지열 등을 사용하여 증발기에서 흡열하고 흡수기와 응축기를 통과한 고온열원(온수 등)을 난방 등에 이용하게 된다.

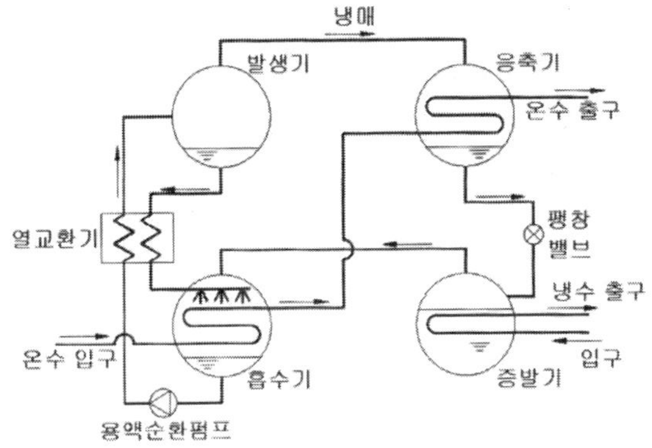

[그림 1.60] 흡수식 히트펌프 사이클

이러한 사이클에서 발생기에서의 열량을 Q_G[kcal/h]⟨W⟩, 증발기에서의 열량을 Q_E[kcal/h]⟨W⟩, 흡수기에서의 열량을 Q_A[kcal/h]⟨W⟩, 응축기에서의 열량을 Q_C[kcal/h]⟨W⟩라 하면, 외부에서의 히트펌프를 작동시키기 위하여 가해진 구동열원은 Q_G이고, 난방용 온수 등이 얻는 열량은($Q_A + Q_C$)이므로 히트펌프의 성적계수 COP_{HP}는 다음 식 (1.36)과 같이 구해진다.

$$COP_{HP} = \frac{Q_A + Q_C}{Q_G} = 1 + \frac{Q_E}{Q_G} = 1 + COP \tag{1.37}$$

여기서, COP는 냉동기의 성적계수이다.

3) 종류

히트펌프의 종류로는 구동형식에 따라 전기로 압축기를 구동하는 EHP(Electric Heat Pump)와 가스를 연료로 하여 터빈을 구동하고 그 터빈에 의해 압축기를 구동하는 GHP(Gas engine driven Heat Pump)로 구분할 수 있으며, GHP는 연소가스와 엔진냉각수의 열도 회수하여 난방용이나 급탕용 등으로 활용할 수 있을 뿐만 아니라 에너지를 효율적으로 활용할 수 있다는 측면에서 최근에 많은 관심을 받고 있다.
그러나 일반적으로 히트펌프는 열원과 열매체의 종류에 따라 [표 1.19]과 같이 구분한다. 그러나 히트펌프의 열원으로는 공기와 물(지하수, 해수, 하천수 등) 외에도 태양열, 지열, 각종 폐열 등도 활용할 수 있다.

[표 1.19] 히트펌프의 각종 방식

열원의 종류	열매체의 종류	사이클의 변환	일반 적용
공기	공기	냉매회로 변환 공기회로 변환	소규모
공기	물	냉매회로 변환 물회로 변환	중·대규모
물	공기	냉매회로 변환	소규모
물	물	물회로 변환 냉매회로 변환	중·대규모

① 공기-공기방식

실외에서의 열원과 실내에서의 열매체를 모두 공기로 하는 방식으로, [그림 1.61]와 같이 사이클에서 냉매회로를 변환하는 방식과 공기회로를 변환하는 방식으로 나눌 수 있다.
냉매회로 변환방식은 [그림 1.61(a)]와 같이 냉방시와 난방시의 냉매흐름방향을 변환하여 작동하는 방식이다. 즉, 냉방시에는 응축기를 외기로 냉각하고 실내코일을 증발기로 하여 실내공기를 냉각하며, 난방시에는 역으로 증발기는 외기로부터 열을 취득하고 실내 코일을 응축기로 하여 실내 공기를 가열하는 것이다.
공기회로 변환방식은 [그림 1.61(b)]와 같이 냉매회로는 그대로 두고 공기회로를 바꾸는 방식이다. 즉, 냉방시에는 외기를 증발기로 보내고 실내공기를 응축기로 보내어 실내공기를 가열하는 것이다.

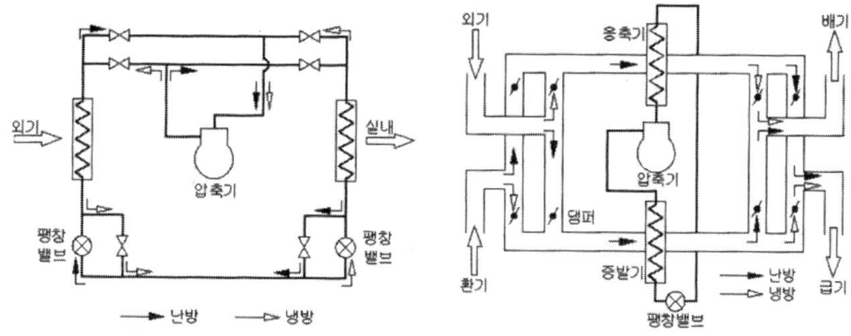

(a) 냉매회로 변환 (b) 공기회로 변환

[그림 1.61] 공기-공기방식 히트펌프의 사이클

② 공기-물 방식

실외에서의 열원은 공기로 하고 실내에서의 열매체는 물로 하는 방식으로, [그림 1.62]와 같이 사이클에서 냉매회로를 변환하는 방식과 물회로를 변환하는 방식으로 나눌 수 있다.

냉매회로 변환방식은 [그림 1.62(a)]와 같이 냉방시와 난방시의 냉매흐름방향을 변환하여 작동하는 방식으로, 그 작동은 공기-공기방식의 경우와 같다. 단, 냉방시 증발기에 의해 냉각된 냉수나 난방시 응축기에 의해 가열된 온수를 각각 냉온수코일로 보내어 실내공기를 냉각 또는 가열한다.

물회로 변환방식은 [그림 1.62(b)]와 같이 냉매회로는 그대로 두고 물회로를 바꾸는 방식이다. 즉, 냉방시에는 냉온수코일에 냉수를 공급하여 실내공기를 냉각하고 응축기

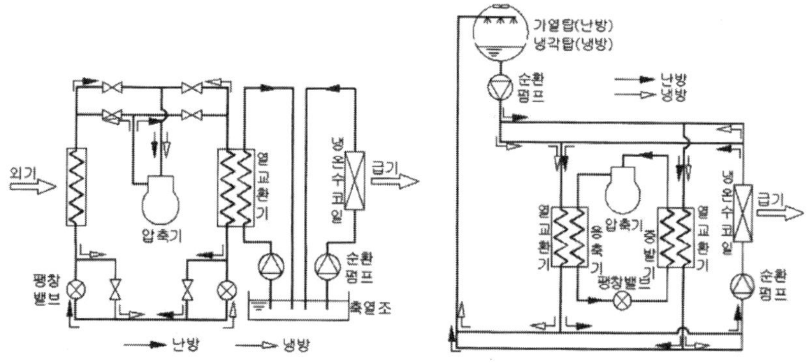

(a) 냉매회로 변환 (b) 물회로 변환

[그림 1.62] 공기-물방식 히트펌프의 사이클

는 냉각탑에서의 냉각수로 냉각하며, 난방시에는 역으로 냉온수 공급하여 실내 공기를 가열하고 이 때 냉각탑은 가열탑(heating tower)이 되어 대기로부터 열을 얻어 증발기의 열원으로 공급한다.

③ 물-공기방식

실외에서의 열원은 물로 하고 실내에서의 열매체는 공기로 하는 방식으로, [그림 1.63]과 같이 사이클에서 냉방시와 난방시의 냉매회로를 변환하는 방식이 사용된다. 그 작동은 공기-공기방식인 경우와 같지만, 냉방시 응축기를 냉각하는 냉각수나 난방시 증발기를 가열하는 물은 지하수 등을 사용한다.

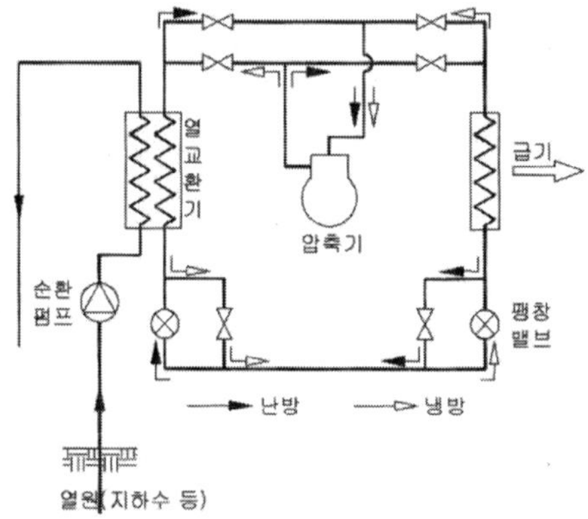

[그림 1.63] 물-공기방식 히트펌프의 사이클

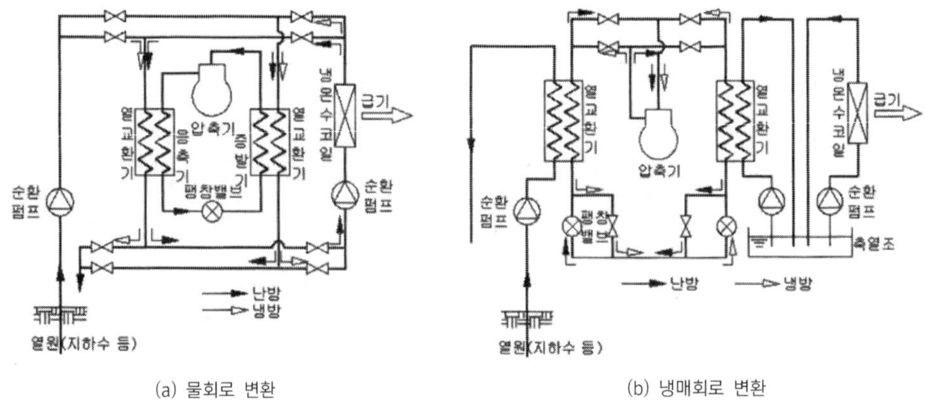

(a) 물회로 변환 (b) 냉매회로 변환

[그림 1.64] 물-물방식 히트펌프의 사이클

④ 물-물방식

실외에서의 열원과 실내에서의 열매체를 모두 물로 하는 방식으로, [그림 1.64]와 같이 사이클에서 물회로를 변환하는 방식과 냉매회로를 변환하는 방식으로 나눌 수 있다.

물회로 변환방식은 [그림 1.64(a)]와 같이 냉매회로는 그대로 두고 물회로를 바꾸는 방식이다. 즉, 냉방시에는 냉온수코일에 냉수를 공급하여 실내공기를 냉각하고 응축기는 지하수 등으로 냉각하며, 난방시에는 역으로 냉온수코일에 온수를 공급하여 실내공기를 가열하고 지하수 등으로부터 열을 얻어 증발기를 운전한다.

냉매회로 변환방식은 [그림 1.64(b)]와 같이 냉방시와 난방시의 냉매흐름방향을 변환하여 작동하는 방식으로, 그 작동은 공기-공기방식인 경우와 같다. 단, 냉방시 증발기에 의해 냉각된 냉수나 난방시 응축기에 의해 가열된 온수를 각각 냉온수코일로 보내어 실내공기를 냉각 또는 가열한다.

(2) 축열기기

1) 축열시스템의 개요 및 필요성

축열은 열의 생성과 소비시간을 다르게 할 수 있다는 편리성과 에너지를 효과적으로 이용할 수 있다는 측면에서 매우 강조되어 왔다. 냉동기가 실용화되기 이전인 1800년대에도 수산물의 장기보존 및 수송을 위하여 톱밥을 단열재로 하여 겨울철에 결빙된 얼음을 여름철까지 사용하였고, 1900년대에 냉동기가 처음 상용화되었을 때에는 냉동설비의 가격이 상대적으로 비쌌기 때문에 제빙공장, 교회, 극장 등에서 작은 용량의 냉동기로 야간에도 운전하여 축냉한 후 다음 날 사용하기도 하였다. 그러나 최근에는 생활수준의 향상으로 인해 에너지수요가 급증하고 있고 앞으로 경제 사정이 나아지면 더욱 증가할 것으로 예측된다. 특히 전기에너지의 수요불균형에 따른 에너지 공급시스템에 여러 가지 제약이 따르게 되는데 비해, 환경문제 등으로 인한 원자력발전에 대한 불신이 해결되지 않는 등의 문제가 생기고 있다. 이를 해소하기 위해서는 야간전력을 이용함으로써 전력수요 격차를 줄이는 등 효율적으로 에너지를 이용하는 방안을 강구할 수밖에 없다. 또한 열에너지원을 다양화시키는 방법으로 공장이나 쓰레기소각장 등에서의 폐열이나 해수, 하천수 등의 미이용에너지를 적극적으로 이용하는 것도 좋은 방법이 될 것이다. 따라서 에너지절약, 환경보전, 쾌적성을 동시에 만족시키는 방법으로 제안되고 있는 것이 축열기술, 전열촉진기술, 고효율 열수송기술 등을 단독 또는 복합적으로 이용하는 것을 들 수 있다. 그 중 열에너지의 공급과 수요의 차이를 극복할 수 있는 축열기술은 각종 에너지의 효율적인 활용이라는 측면에서 중요시되고 있다. 일단 발생된 열을 저장하여 필요할 때 추출하여 사용

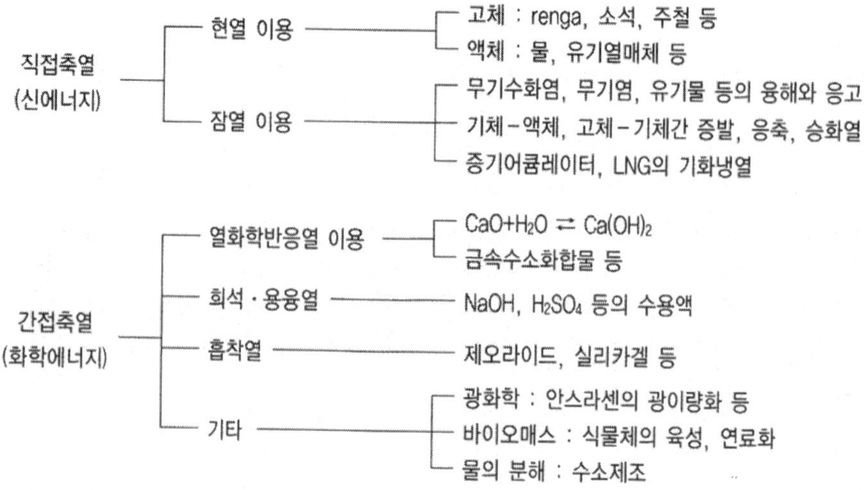

[그림 1.65] 열에너지 저장방법

하는 축열기술은 예전부터 현열, 잠열 등의 형태로 간간이 이용되어 왔다. 예를 들면 지구도 그 막대한 열용량으로 태양열을 저장하여 주·야간의 온도를 조절함으로써 생물이 살아갈 수 있도록 하고 있다. 또한 겨울철의 얼음이나 눈을 저장하여 여름에 이용하는 기술도 국내·외를 막론하고 발달하여 왔다. 이러한 축열기술은 최근의 에너지절약이라는 전 세계적인 추세에 맞추어 더욱 발전하고 있으며, [그림 1.65]과 같은 여러 가지 축열방법이 제안되고 있다. 이러한 축열시스템은 열에너지의 이용 상황에 대해 축열량, 축열온도 축열 및 방열주기를 다양하게 결정한다. 또 축열 이용주기도 태양열 이용이나 야간전력 이용 등과 같은 단기적인 것부터 여름과 겨울의 온도차를 역으로 이용하는 장기적인 것까지 있다. 축열기술도 제철이나 철강업 등 대규모 산업에서의 폐열 등과 같이 연속적이고 안정한 열원을 이용하는 재래적인 축열에서부터 태양열과 같은 불안정한 열원을 대상으로 하는 복잡한 축열방식이 개발되는 등 축열기술도 변모하고 있다. 따라서 축열기술을 이용하는 것은 민간이나 산업용 열이용기기의 고효율화, 자연에서나 산업폐열을 포함한 다양한 에너지 이용시스템의 확립 등에도 영향을 미친다. 그러나 축열기술의 개발연구 및 보급에 큰 문제가 되는 것은 축열시스템의 경제성이다. 즉, 종래 화석연료를 사용하였던 열에너지에 비해 고가의 축열재료, 전열기구, 제어시스템을 사용하는 축열장치는 이미 에너지 절약기기로서의 가치를 잃어버리게 되어 그 이용에 큰 제한을 받게 될 것이다.

이런 의미에서 축열시스템을 개발하려면 새로운 발상으로 재료가 지닌 특징을 찾아내고, 전열현상을 효율적으로 이용하도록 하여 경제성 문제를 극복해 특히 최근에 주·야간 및 계절간 전력수급의 평준화를 목적으로 하여 저렴한 야간전력을 효과적으로 이용하자는 측면과 오존층 파괴나 지구온난화, 산성비 등과 같은 지구환경문제를 해결하고 에너지를 절약하고자 하는 노력이 꾸준하게 이루어지고 있다. 또 지가 폭등에 따른 토지·건축공간의 유효이용 등을 배경으로 하여 공조산업분야를 중심으로 예전의 물을 주체로 한 냉수축열(현열축열) 외에 축열용량이 큰 빙축열(잠열축열)에 관한 수요가 증가하고 있다. 이러한 것은 냉동기술이 진보되면서 더욱 빠른 속도로 발전되고 있다. 이러한 빙축열시스템은 구미에서도 교회, 유제품 공장 등과 같이 매운 짧은 시간에 냉방부담이 집중하는 건물이나 설비용 공조설비를 소형화하려는 목적으로 이용되어 왔다. 그러나 최근에는 공조설비의 소형차 외에도 저렴한 야간전력 등을 열원으로 하여 운전비의 경감도 꾀할 목적으로 활용되기 시작하고 있다. 그 배경으로는 [그림 1.66]에서처럼 일반적으로 냉방부하가 주간에 집중함으로써 열원으로의 전력사용에 시간적인 불균형이 생기게 된다. 따라서 전력공급의 평준화라는 입장에서 야간전력을 이용하여 냉열원을 분산시키려는 시책이 이루어지고 있다. 이를 위해 한전에서는 야간 전력요금을 대폭적으로 할인해 줌으로써 빙축열시스템의 보급에 탄력을 붙이고 있고 이를 적극적으로 권장하고 있다. 더구나 1992년부터 빙축열시스템의 설치에 한전과 정부에서 기술적인 지원뿐만 아니라 세제 및 금융지원, 법적 강제규정 등의 여러 가지 장려책을 도입하고 있다.

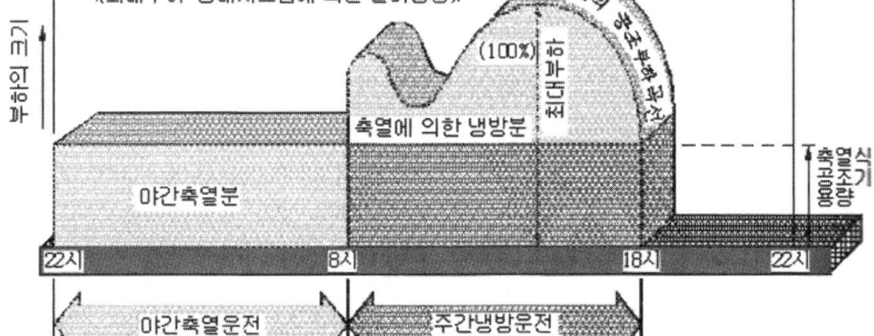

[그림 1.66] 야간 축열운전과 냉방부하

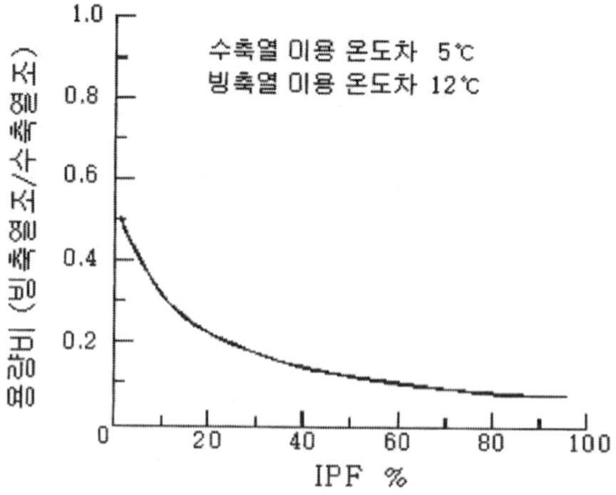

[그림 1.67] 빙충전율에 따른 빙축열조와 수축열조의 용량비

2) 빙축열시스템의 특징

현열을 이용하는 (냉)수축열에 비해 잠열을 이용하는 빙축열의 특색을 열거하면 다음과 같다.

① 빙축열은 얼음의 융해잠열(≒80 kcal/kg)〈334 kJ/kg〉을 이용함으로써 작은 체적으로도 큰 축열이 가능해진다. [그림 1.67]은 수축열에 대하여 빙축열에 의한 축열조의 축소비율을 빙충전율(IPF; Ice Packing Factor)과의 관계로 나타낸 것으로, IPF가 작은 영역에서는 IPF의 증대에 따라 축열조의 축소비율이 크게 감소하지만, IPF 60% 이상에서는 그 축소비율도 그다지 낮아지지 않는다는 것을 알 수 있다. 따라서 냉열의 열교환을 고려한 다음에 어떻게 빙충전율을 크게 할 수 있는 제빙기술을 개발할 수 있는가가 큰 과제라고 할 수 있다.

② 빙축열은 축열조를 소형화할 수 있기 때문에, 축열조의 방열면적이 감소하여 축열조에서의 열손실이 경감된다. 또 주로 얼음의 융해열을 이용하기 때문에 취출 냉수온도를 낮게 할 수 있으면서 안정화가 가능하게 되어 큰 온도차에 의한 열교환으로 인해 열교환기의 용량 및 수송동력의 경감을 꾀할 수 있다.

③ 빙축열시스템의 열원을 야간전력으로 분산하기 때문에 냉동설비의 소형화뿐만 아니라 야간의 낮은 외기온도 및 정상부하에서의 고효율운전이 가능하게 되어 에너지절약효과를 만든다. 설비의 소형화에 의한 계약기본 전기요금 및 저렴한 야간 종량요금의 이용으로 빙축열시스템의 상각기간 단축을 꾀할 수 있게 된다.

④ 빙축열시스템에서는 제빙상태에서 냉매의 증발온도로 -6~-10℃가 필요하게 되어, 수축열의 0~2℃에 비해 냉동기의 성적계수 저하(수축열에 비해 20~30%의 저하)를 피할 수 없다. 그러나 야간의 빙축열시스템에서는 냉매의 응축온도 저하에 의한 성적계수의 향상, 기기의 소형화에 의한 각종 동력의 경감, 그리고 주간 운전시에는 증발온도가 높은 냉수축열을 병용함으로써 종합적인 성적계수의 저하를 작게 하는 것이 가능하다. 또 빙축열시스템의 효율적 운전에는 제빙방법도 중요한 요소가 된다는 것은 말할 필요가 없다.

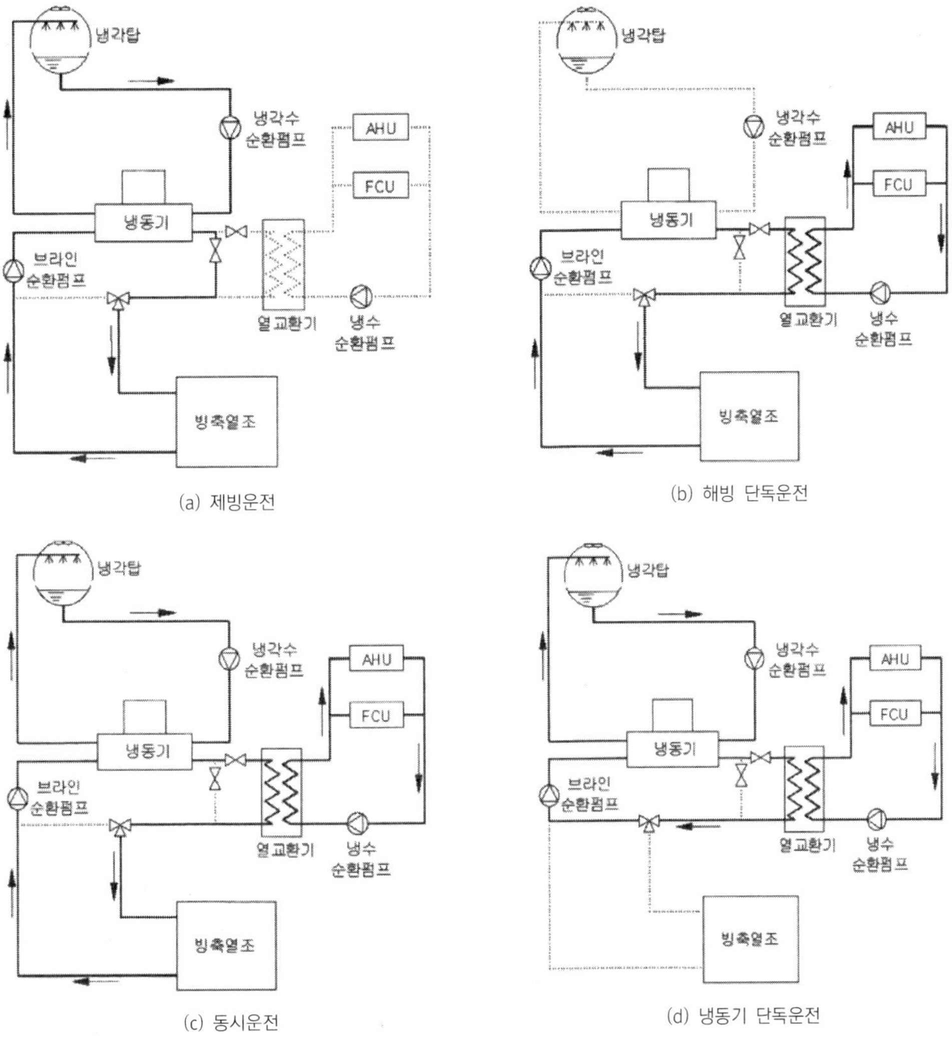

(a) 제빙운전 (b) 해빙 단독운전

(c) 동시운전 (d) 냉동기 단독운전

[그림 1.68] 빙축열시스템의 운전

3) 빙축열시스템의 분류

① 운전방식에 따라

빙축열시스템은 냉각을 위한 냉동기, 축열을 위한 빙축열조, 외부와의 열교환을 위한 열교환기, 브라인펌프, 공조기측 냉수 순환펌프 등으로 구성되며, 운전시간 및 공조부하량에 따라 운전방식이 결정된다.

㉮ 제빙운전 - 심야시간의 제빙운전은 [그림 1.68(a)]와 같이 냉동기와 브라인 순환펌프의 운전으로 부동액이 냉동기와 빙축열조를 순환하면서 빙축열조 내의 물을 얼려 제빙하며, 이 때 공조기측 냉수 순환펌프는 정지된다.

㉯ 해빙 단독운전 - [그림 1.68(b)]와 같이 냉동기는 정지되고 브라인 순환펌프가 가동되어 브라인이 빙축열조와 열교환기를 순환하면서 심야전력으로 얼린 얼음을 녹여 열교환기를 냉각한다. 또한 공조기측에는 냉수 순환펌프가 가동되어 열교환기에서 냉각된 냉수를 공조기 코일로 공급, 순환시키는 방식으로 냉방부하가 비교적 적을 때 적용된다.

㉰ 동시운전 - 빙축열조와 냉동기를 동시에 가동하는 방식으로, [그림 1.68(c)]와 같이 냉동기, 냉수 순환펌프, 브라인 순환펌프가 가동되어 냉동기를 순환하는 브라인은 빙축열조의 얼음을 녹임과 동시에 열교환기도 냉각하게 된다. 이 방식은 냉방부하가 매우 큰 경우에 이용된다.

㉱ 냉동기 단독운전 - [그림 1.68(d)]와 같이 냉동기, 브라인펌프, 냉수 순환펌프가 가동되는 경우로서 축열조의 해빙을 지연 또는 보류시키거나 해빙이 완료되었을 때의 운전방식이다.

② 제빙방식에 따라

[그림 1.69]은 현재 가동중이거나 계획중인 빙축열시스템을 제빙방법에 따라 분류한 것이다.

크게 나누면 열교환기 전열면에 얼음을 고착시켜 얼음을 저장하는 정적(static)방식과 연속적 또는 간헐적으로 얼음을 이탈시켜 저장하는 동적(dynamic)방식이 있다. 정적방식의 최대결점은 전열면에 형성된 얼음층의 두께 증대와 함께 열저항이 증대하여, [그림 1.70]에서처럼 냉동기의 성적계수가 시간이 경과하면서 감소하는 것이었다. 이와 같은 얼음 두께의 증대에 따른 열저항을 경감할 목적으로 냉각면적을 크게 하여 얼음끼리의 결합(bridging)을 피하기 위해 적극적으로 얼음두께를 얇게 한다던지 제빙속도 증대를 위해 가는 원관이나 얇은 평판용기 내에 얼음을 형성시키는 방법, 관외 제빙방식에서 얼음의 융해속도를 증대시킬 목적으로 얼음층 근방에 공기포를 버블링(bubbling)하여 높은 열전달계수에 의해 균일한 융해를 꾀하는 등의 다양한 시도가 이루어지고 있다. 최근에는 정적형의 결점을 보완할 목적으로 기구적으로 다소 복잡한 동적형 제빙방식이 빙충전율의 증대 및 얼음잠열의 장거리수송도 고려하여 개발되고 있다. 다음에는 일반적으로 많이 사용되고 있는 몇 가지의 제빙방식에 대해 간단히 살펴보자.

- static형 (정적제빙)
  - 배관 외부제빙법(ice on coil)-직팽식, 브라인 순환식, 히트파이프방식
  - 배관 내부제빙법(ice in tube)-브라인 순환방식
  - capsule 제빙법 (구형, 원통형, 평판형 등)-브라인 순환방식
- dynamic형 (동적제빙)
  - 간접 열교환식
    - harvest 제빙법 (직팽식, 기계적, 열적 얼음박리)
    - liquid ice 제빙법 (직팽식, 에틸렌글리콜 수용액의 급냉)
    - 과냉각아이스 제빙법 (유동 과냉각수의 전열면 밖에서의 개방)
    - clathlate 방식 (brine 순환에 의한 열교환기를 통한 냉각, clathlate의 생성)
  - 직접 열교환식
    - liquid ice 방식 (에틸렌글리콜 수용액에 냉매분사에 의한 증발잠열 이용)
    - clathlate 방식 (물에 냉매분사에 의한 증발잠열 이용, 클래스레이트의 생성)

[그림 1.69] 빙축열시스템의 분류

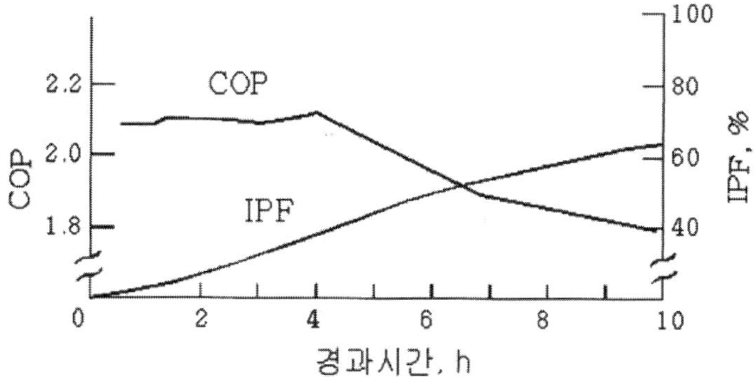

[그림 1.70] 빙충전율과 COP의 시간에 따른 변화

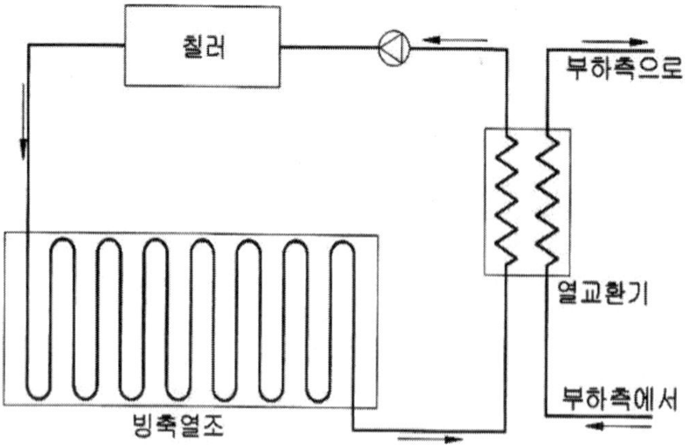

[그림 1.71] 관외착빙형

㉮ 관외착빙(ice on coil)형 - [그림 1.71]와 같이 빙축열조내에 냉각시키고자 하는 물을 저장하고 그 속에 냉각코일을 설치하며 냉각코일내로는 냉동기에 의해 냉각된 차가운 브라인을 유동시켜 이 브라인에 의해 코일 주위의 물을 얼리는 방식이다. 냉각코일로는 강관, 동관, PE관 등 여러 가지가 사용되며 균등한 흐름을 유지하기 위하여 코일의 배치나 관지름 등에 다양한 방법이 사용되고 있다. 대부분의 경우에 코일은 공장에서 제작되어 직육면체 또는 원통모양의 대형 콘테이너에 장착된다. 따라서 빙축열조가 하나의 패키지로 구성되어 간단한 구조를 갖추고 있으며, 대용량인 경우에는 각각의 콘테이너를 연결하여 사용할 수 있다. 이 시스템에서는 축냉시에 제빙이 균등하게 이루어지도록 코일을 배치하는 것이 핵심기술이다.

이 방식은 비교적 장치구성의 개념이 간단하고 유지관리가 용이하며, 관의 누수외에는 고장의 염려가 적고, 수위 측정으로 축열조내 제빙량 추정이 가능할 뿐만 아니라 시스템제어가 명확하고 냉방설비운용에 유리하다. 또 축열시 압축기 부하 변동이 없으며, 해빙시 냉수를 직접 순환시킬 경우 별도의 열교환기가 필요 없고, 국내의 기술수준으로 국산화가 가능하다. 그러나 단점으로는 생성되는 얼음이 단열재 역할을 하여 열전달효율이 떨어지므로 두꺼운 얼음의 형성시 제빙 및 해빙 성능이 낮아질 수 있고, 축열조내 코일의 설치로 시공이 복잡하며, 축열용량의 증대가 거의 불가능하다. 또 과냉된 얼음이 만들어지므로 열효율이 낮으며, 불완전한 해빙 후 제빙할 경우 열전달효율이 떨어지고, 축열조 설치바닥 면적이 커진다.

㉯ 캡슐(capsule)형 - [그림 1.72]와 같이 빙축열조 내에 탈이온화된 냉각매체가 들어있는 캡슐을 채우고 그 캡슐의 주위로 냉동기에 의해 냉각된 브라인을 흐르게 하여

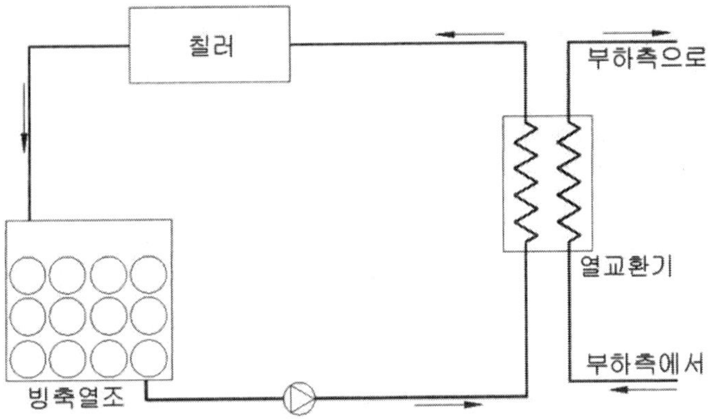

[그림 1.72] 캡슐형

캡슐 내부의 냉각매체를 제빙 및 해빙시키는 방식이다. 캡슐 내에 들어가는 물질이 0℃에서 얼기 시작하도록 과냉각을 없애는 조핵제가 중요하며, 열전달을 촉진시키는 캡슐의 모양, 축냉시 얼음의 부피팽창을 흡수할 수 있는 구조 등이 중요하다.

이 방식은 캡슐을 제외하고는 장치구성 및 시공이 간편하고 캡슐의 수를 조절하여 축열용량의 조절이 용이하며, 보수 및 유지관리가 비교적 용이할 뿐만 아니라 냉동기동시운전을 효과적으로 수행할 수 있다. 또 축열조의 형태에 제한을 받지 않고, 캡슐의 재질 및 구조개선으로 효율개선이 가능하며, 캡슐 내에 상온 잠열재를 넣을 경우 상온(0℃ 이상) 축열도 가능할 뿐만 아니라 현장시공성이 우수하여 대용량의 시스템에 쉽게 이용될 수 있다. 반면에 두꺼운 얼음층의 형성으로 제빙 및 해빙성능이 저하될 수 있고, 축열조내 브라인의 흐름을 균일하게 유지하는 기술이 필요하며, 제빙량의 추정에 어려움이 있다. 그리고 용기의 안정성과 조핵제의 성능을 장기적으로 확인하기 위한 테스트가 필요하고, 환경 오염물질인 브라인의 누설방지를 위한 축열조 방수에 유의해야하며, 용기의 내구성 및 축냉시 부력에 의한 용기의 상승을 고정시키는 방안도 고려되어야 한다.

㉰ 하베스트(harvest)형 - [그림 1.73]과 같이 축열조 상부에 수직으로 세워져 있는 평판형 증발판에 물을 흘려 일정한 두께의 얼음이 만들어지면 증발판으로 핫가스(hot gas)를 공급하여 증발판에서 얼음을 탈락시켜 저장하는 방식이다.

냉동기에서의 냉매는 제빙장치를 순환하고, 물은 제빙장치의 증발판 표면과 축열조 사이를 순환한다. 이 방식은 직팽식으로 얇은 판형의 얼음(5~10 mm)을 제빙하므로 제빙성능이 우수하고, 판형 얼음이 물과 직접 접촉하면서 융해되므로 해빙능력도 우수하다. 또 축열조내 냉수가 부하측으로 직접 이송되므로 별도의 열교환기가 불필

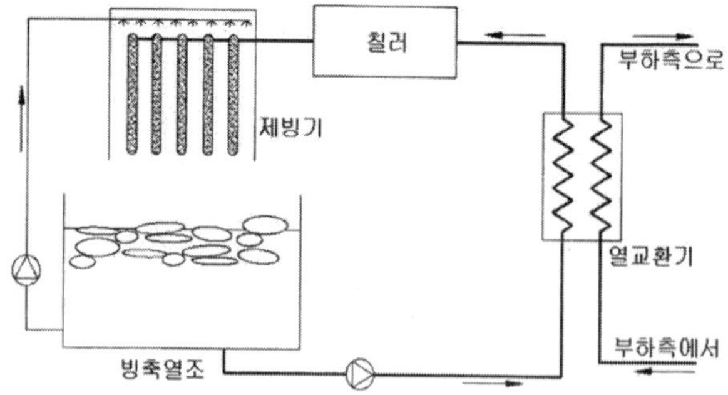

[그림 1.73] 하베스트형

요하며, 축열조를 수축열조 등 다른 용도로도 활용할 수 있다. 그리고 제빙된 판형 얼음조각을 세편화하면 직접수송도 가능하고, 축열용량의 증대가 용이하며, 작은 얼음 조각들의 넓은 표면적으로 부하변동에 따른 대응이 용이하다. 반면에 증발기가 축열조 상부에 위치하므로 높은 층고의 상부공간이 필요하는 등 공간적인 제약이 있고, 제빙과 제상 사이클이 반복되므로 손실이 발생할 수 있으며, 축열조내 빙충전율이 낮은 편이다. 또 제빙시 판형 얼음이 낙하함에 따라 소음발생의 우려도 있고, 시스템 구조 및 제어가 복잡하며, 축열시 압축기의 부하변동이 커 전력소모가 클 수 있다.

㉣ 과냉각수(super-cooling)형 - 물은 일반적으로 0℃에서 어는 것으로 알고 있지만, 실제로는 그 이하의 온도에서도 얼지 않고 과냉각상태로 있다가 어떠한 충격이 가해지면 순간적으로 얼게 된다. 이러한 성질을 이용하여 [그림 1.74]와 같이 정밀하게 과냉각수를 제조한 뒤 충돌 등 외부적인 교란을 주어 얼음을 생성시키는 방식이다.

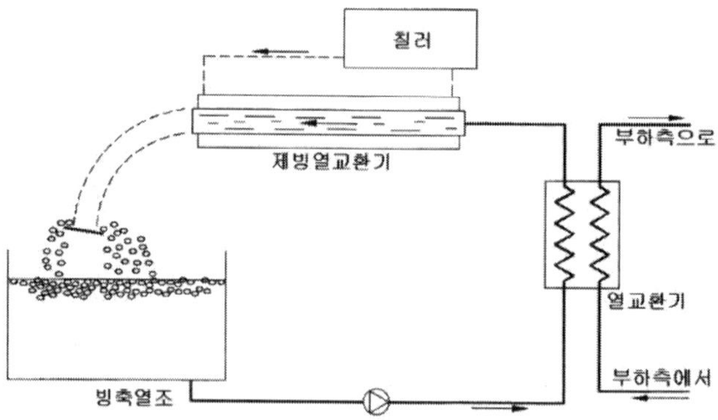

[그림 1.74] 과냉각수형

이 방식은 장치의 구성이 간단하고, 유지관리가 쉬우며, 방냉시 미세얼음과 직접 열교환 함으로써 방냉효율이 좋다. 과냉각을 해소하는 방법에 따라서는 열교환기가 불필요한 경우도 있다. 또 빙수형태의 얼음으로 직접반송이 가능하고, 우수한 동적 제빙으로 성적계수(COP)가 높다. 그러나 과냉각기 내에서 동결되면 제빙할 수 없는 위험이 있으므로 과냉각기 내에서의 동결방지를 위한 제어장치가 필요하다.

㉮ 스크래퍼(scrapper)형 - [그림 1.75]과 같이 냉동기의 증발기에서 공급되는 열에 의해 통의 내벽면에 얼음층이 형성되면 이를 계속해서 긁어내어 얼음죽과 같은 형태의 얼음 (0.01~0.1 mm)으로 저장하는 방식으로, 스크래퍼 등을 여러 가지 형태로 제작하여 얼음생성효율을 높이고 있다. 이 방식은 대부분 직팽식이며, 작은 얼음입자를 만들므로 제빙성능이 우수하고, 미세한 얼음입자를 일반 배관을 통해 직접 수송할 수 있어 대용량의 냉열수송에 적합하며, 미세 얼음입자의 빠른 상변화속도로 해빙성능도 우수하다. 또 에탄올 또는 Talin 등의 무공해물질을 사용하여 -40℃까지 얼음온도를 조정할 수 있으며, 기존의 CFC는 물론 비CFC물질인 암모니아, 대체냉매 및 탄화수소계열 냉매의 사용도 가능하고, 적용방식에 따라 열교환기가 필요없는 경우도 있다. 반면 높은 초기투자비와 유지보수비용이 필요하며, 제빙기의 안정성 및 신뢰성 확보가 중요하고, 축열조내 빙충전율이 낮을 뿐만 아니라 직접 수송시에는 수송관내에서 얼음이 결합하여 성장하거나 관을 막지 않도록 하는 등 해결해야 할 문제가 많다.

앞에서 거론된 방법들 외에도 에틸렌글리콜과 같은 빙결완화제가 첨가된 수용액을 관내로 흘러내리면서 관 밖에 있는 냉매의 직접팽창에 의한 증발열에 의해 냉각하는 박막유하방식이나 냉매 증발 자켓을 가지는 실린더 내의 물 또는 에틸렌글리콜 수용액을 고속으로 선회시켜 고속유동에 의한 높은 열전달로 미세한 얼음조각을 만드는 회전유동방식, 프레온 등의 냉매를 에틸렌글리콜 등의 빙결완화제를 첨가한 물속으로 직접 분사하여 냉매의 증발열로 미세한 샤베트 모양의 얼음을 생성시키는 직접

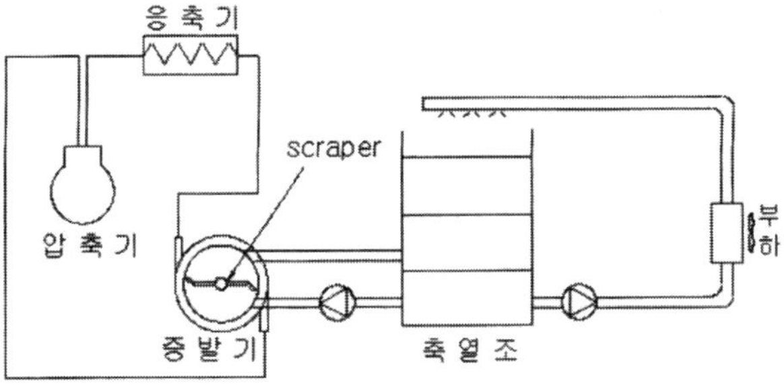

[그림 1.75] 스크래퍼형

촉방식 등도 있다. 그리고 일정 종류의 프레온 냉매와 같은 유기화합물과 물이 일정한 임계분해온도 이하가 되면 샤베트 모양 얼음과 유사한 슬러리모양의 포접화합물인 클래스레이트(clathelate)로 변하는 것을 이용하는 클래스레이트 방식도 있다.

③ 기타

축열방식에 따라서는 하루의 냉방부하 전체를 축열하는 전부하 축열방식과 하루의 냉방부하 중 일부만 축열하는 부분부하 축열방식 및 수요제한 축열방식으로 구분된다. 또 부분부하 축열방식에는 냉방부하의 처리에 있어 냉동기를 우선하는 방식과 축열조를 우선하는 방식으로 나누어지지만 냉방부하의 처리는 냉동기와 축열조를 동시에 운전해야한다. 그러나 수요제한 축열방식은 피크시간대에 냉동기를 운전하지 않고 축열조에만 의존한다. 열교환기 열원공급방식에 따라서는 냉동기와 축열조를 직렬로 설치하는 직렬흐름방식과 병렬로 설치하는 병렬흐름방식으로 구분되는데, 직렬흐름방식에는 냉동기를 축열조 상류측에 배치하는 방식과 하류측에 배치하는 방식으로 나누어진다. 부하공급방식에 따라서는 빙축열시스템의 브라인이 부하측으로 직접 순환되어 냉방부하를 처리하는 직접부하방식과 브라인을 부하측 열교환기를 거쳐 2차 순환시켜 부하를 처리하는 간접부하방식이 있다.

참고문헌

[1] 井上宇市, 1998, 空氣調和

[2] 박기원, 2007, 공기조화공학

Chapter 2

공기조화부하와 공조시스템

2.1 공기조화 부하

2.1.1 부하의 종류

공기조화(이하 "공조"라 한다) 부하란 실내에서 목표로 하는 온도, 습도 및 청정도를 유지하기 위해 냉각, 가열, 감습, 가습 및 환기 등에 필요한 열량을 총칭하는 것으로 가열이 필요한 부하를 난방부하, 냉각이 필요한 부하를 냉방부하라 한다.

부하의 종류는 실내부하와 장치부하로 나눌 수 있으며 실내부하는 외피부하와 내부부하로 구분된다. 장치부하는 실내 발생부하에 환기부하, 송풍기부하, 덕트 및 배관에서의 열취득과 각종기기의 효율 등을 감안한 부하를 말한다. [표 2.1]에 공기조화용 부하의 종류를 나타냈다.

[표 2.1] 공기조화 부하의 종류

<table>
<tr><th colspan="3" rowspan="2">부하</th><th rowspan="2">내용</th><th rowspan="2">매체</th><th colspan="2">열의 종류</th><th rowspan="2">냉방 부하</th><th rowspan="2">난방 부하</th></tr>
<tr><th>현열</th><th>잠열</th></tr>
<tr><td rowspan="9">실내부하</td><td rowspan="6">외부요인</td><td rowspan="2">일사, 야간복사</td><td>유리면을 투과하는 일사</td><td>창유리</td><td>○</td><td></td><td>○</td><td></td></tr>
<tr><td>외기에 면하는 벽체, 유리의 표면온도를 상승시키는 일사, 하강되는 야간복사</td><td>지붕, 외벽, 유리</td><td>○</td><td></td><td>○</td><td>○</td></tr>
<tr><td rowspan="2">주위와의 온도차</td><td>외기와의 온도차에 의한 전도열</td><td>지붕,외벽, 유리</td><td>○</td><td></td><td>○</td><td>○</td></tr>
<tr><td>인접실, 코어부와의 온도차에 의한 전도열</td><td>내벽, 간막이, 바닥, 천정</td><td>○</td><td></td><td>○</td><td>○</td></tr>
<tr><td>침입공기</td><td>샤시, 문으로부터 침입하는 틈새바람</td><td>창문, 문, 개부부 및 틈새</td><td>○</td><td>○</td><td>○</td><td>○</td></tr>
<tr><td>온도습도</td><td>비공조 영역으로부터 침입하는 틈새바람</td><td>문, 개부부, 틈새</td><td>○</td><td>○</td><td>○</td><td>○</td></tr>
<tr><td rowspan="3">내부요인</td><td rowspan="3">내부발열</td><td>조명발열</td><td>조명기구</td><td>○</td><td></td><td>○</td><td></td></tr>
<tr><td>인체발열</td><td>인체</td><td>○</td><td>○</td><td>○</td><td></td></tr>
<tr><td>기기발열</td><td>실내기기</td><td>○</td><td>○</td><td>○</td><td></td></tr>
<tr><td colspan="2">외기부하</td><td>외기온도습도</td><td>외기를 실내상태와 같게 하는데 필요한 열량</td><td>도입기기</td><td>○</td><td>○</td><td>○</td><td>○</td></tr>
<tr><td colspan="3" rowspan="2">기타</td><td>덕트, 팬</td><td>공조기기</td><td>○</td><td>○</td><td>○</td><td>○</td></tr>
<tr><td>배관, 펌프</td><td>공조기기</td><td>○</td><td></td><td>○</td><td>○</td></tr>
</table>

(1) 실내부하

실내부하는 실내 온습도를 일정하게 유지하기 위하여 필요한 열량으로 이는 공조풍량의 산정과 팬코일 유닛 등 실내 설치 기기능력 결정의 근거가 된다.

1) 유리면 부하

투과일사부하와 관류열부하가 있다. 투과일사부하는 유리를 투과한 일사에 의한 부하로서 시간지연없이 즉시 열부하로 되는 것으로 난방 시의 일사 열취득은 실내부하에 도움이 되므로 일반적으로 무시하나 고려하는 경우는 방위 특성부하로서 간헐공조시의 축열부하와 같이 방위열부하로 취급한다. 관류열부하는 실내외 온도차에 의한 부하이다.

2) 구조체 부하

외벽, 지붕, 칸막이, 지하벽 등의 구조체를 통하여 외부로부터 실내에 침입하는 부하를 말한다. 외벽, 지붕의 냉난방부하 산출 시 주기정상계산법에 의해 벽체나 지붕을 통과하여 안쪽으로 도달하기까지는 진폭의 감소와 시간의 지연이 있게 되며 이들을 종합 계산하여 어떤 시각에서의 침입열량을 간단히 전도식으로 산출할 수 있도록 만든 것을 상당온도차라 한다. 난방부하에서는 일사에 의한 영향을 무시하여 정상계산법에 의해 산출하며 지하 벽체 등의 관류열부하는 난방시에만 고려하며 냉방시에는 부하에 도움이 되므로 무시한다.

3) 비공조실 부하

공조를 하는 실과 인접한 다른 실의 온도차에 의한 부하를 말한다.

4) 투습부하

벽체의 틈새로 실내외의 수증기 분압차에 의해 수분의 유입·유출에 의한 부하를 말한다. 이 부하는 극히 적어 일반적인 공조에서는 무시하는 경우가 많다.

5) 극간풍 부하

극간풍 부하는 창, 출입문의 틈새, 출입문의 개폐 시 공조공간으로 외기의 침입에 의한 부하이다. 극간풍의 풍량은 창, 출입문의 구조 외에 외부 풍속과 실내외 온도차에 의해 영향을 받는다.

6) 실내발열부하

실내의 조명기구와 기타 기기류, 인체로부터의 발열에 의한 부하이다. 난방 시에는 일반적으로 무시하나 24시간 공조의 경우에는 난방부하의 경감요소로서 고려한다.

7) 간헐공조시 축열부하

간헐공조의 경우 공조운전정지 중 각 실의 열취득, 열손실이 존재하며 이는 건물 구조체, 기기류 등에 축열되어 있고, 공조 운전을 개시할 때 축열부하로 나타난다. 축열부하는 냉방 시에는 적고, 최대부하가 운전 시작시점에서 발생하는 경우가 적어 냉방부하에서는 축열부하를 무시하나 난방 시에는 이를 방위 축열부하로 취급한다.

(2) 장치부하

실내부하에 덕트 계통에서의 손실, 외기부하, 재열부하를 더한 열량을 장치부하라 한다. 이는 공조기 용량 산정의 근거가 되며 제습 등의 목적으로 재열을 하는 경우 재열부하도 장치부하에 포함된다.

1) 송풍기 부하

송풍기(전동기 포함)에서 열 취득에 의한 부하로서 난방 시에는 무시한다.

2) 덕트 통과 열부하

덕트 내 공기온도와 주위온도와의 차에 의한 부하로서 난방 시에는 무시한다.

3) 외기부하

일반적으로 보건공조에서는 분진, 취기, CO_2등을 제거하여 실내 환경을 양호하게 유지하기 위하여 건물외부로부터 실내온습도와 다른 상태의 외기를 도입한다. 외기부하는 도입외기를 실내온습도와 동일한 상태로 만들기 위한 부하이다.

4) 재열부하

재열에 의한 습도제어를 할 경우 제습 시에는 공급공기를 과잉으로 냉각하며 이에 의한 부하를 말한다. 재열제어는 냉방 시에 주로 진행하므로 난방부하에는 고려하지 않는다.

(3) 열원부하

장치부하에 배관계에서의 열부하, 장치 축열부하를 더한 열량을 열원부하라 한다. 이는 냉동기와 보일러 등의 용량산정 근거가 된다.

1) 펌프 부하

열매 반송펌프 부분에서의 열 취득에 의한 부하를 말하며 난방 시에는 무시한다.

2) 배관통과 열부하

공조 설비를 구성하고 있는 배관계에서 배관 내 열매온도와 배관 주위와의 온도 차이에 의한 부하를 말하는 것으로 통상 무시하나 배관길이가 긴 경우에는 고려한다.

3) 장치 축열부하

간헐공조 운전의 경우 운전 정지 시 기기와 배관의 내부 보유 수량 등에는 각기 다른 형태의 열에너지를 보유하고 있으며 이는 운전개시 시 장치 축열부하로 표시된다. 이 부하는 일반적으로 무시되나 설비규모가 크고 예열, 예냉시간의 제약이 있는 경우에는 고려한다

2.1.2 공조 조닝

조닝은 부하경향, 사용조건, 공조조건 등을 충분히 검토한 후, 다음의 분류를 참고하여 합리적으로 한다. 코어, 무창실, 회의실 및 대기오염 지역에 있는 건물에 대해서는 중간기 환기에 유의한다.

(1) 공조 조닝 기준

1) 실내의 용도 및 사용시간대는 주간, 주야간, 24시간, 간헐운전으로 분류한다.
2) 열부하 특성에 따른 조닝은 내부와 외주부 부하가 공존하는 실, 내부발열이 상대적으로 큰 실, 외주부 부하가 상대적으로 큰 실, 층고가 높은 대공간으로 한다.
3) 실내공기 환경 조건은 청정지역, 준 청정지역, 일반지역으로 조닝한다.
4) 실내온습도 조건은 일반 온습도 조건, 정밀 온습도 조건, 항온항습조건으로 조닝한다.
5) 열부하 특성별은 외주부는 외벽에서 3 m~6 m이내, 내주부는 외벽에서 3 m~6 m 이후(건물조건에 따라 결정)로 조닝한다.

(2) 공조 조닝 종류

건물을 조닝하는 경우 외부 기상환경의 영향을 많이 받는 외부존과 건물 내부환경의 영향을 받는 내부존으로 분류되며, 상세한 구분은 다음의 [표 2.2]과 같다.

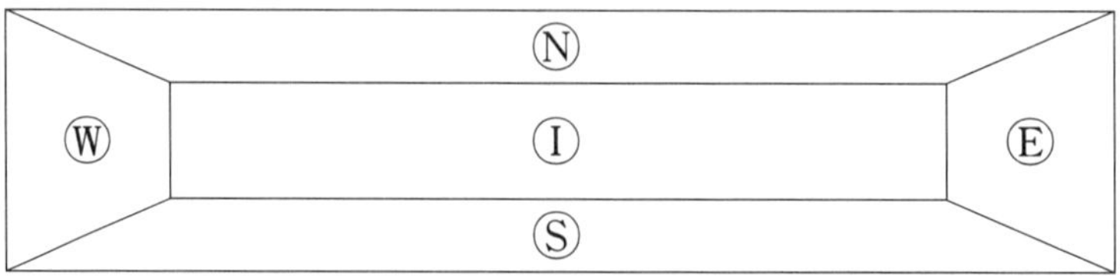

[그림 2.1] 방위별 조닝

[표 2.2] 조닝의 종류

외부존	방위별 조닝	건물의 외부존은 일사에 의한 영향이 크므로 방위 또는 시각별로 구획(그림 2.1 참조)
	층별 조닝	지하층과 지상층과는 별도의 계통으로 구획
내부존	용도에 따른 시간별 조닝	용도에 따라 사용시간대가 다른 경우 적용
	관리별 조닝	운전경비 등 임대료 산정을 위하여 구획
	부하 특성별 조닝	부하의 종류를 고려하여 구획
	온습도 설정별 조닝	온습도 조건에 따라 구획
	현열비별 조닝	현열비 차이가 큰 실이 복합된 경우 적용
	부하변동별 조닝	내부 부하에 큰 변동이 있는 경우 적용
	외기의 비율별 조닝	외기와 환기의 혼합비율에 따라 구획
	용량별 조닝	대규모 건물에서 용량이 클 경우 적용
	소음별 조닝	소음 허용치가 다른 경우 적용
	취기별 조닝	취기가 있는 실은 별도로 구획
	배기별 조닝	연구소와 병원 등에서 적용
	공기의 청정도별 조닝	온습도 이외에 먼지를 처리해야 하는 경우
	생산 제품의 종류별 조닝	산업용 공기조화에 적용

2.1.3 부하계산의 절차 및 조건

실내를 일정한 온습도로 유지하기 위하여 실외에서 실내로 침입하거나 실내에서 발생되는 열취득과 반대의 경우인 열손실 요인에 대하여 [그림 2.2]와 같은 순서도에 따라 계산한다. 냉난방 부하를 산출하기 위해 외기부하, 반송계통의 송풍기, 덕트 내부의 열 등을 포함하여 부하를 산출한다. 냉난방부하로부터 장치부하 및 열원부하 등을 산출한다.

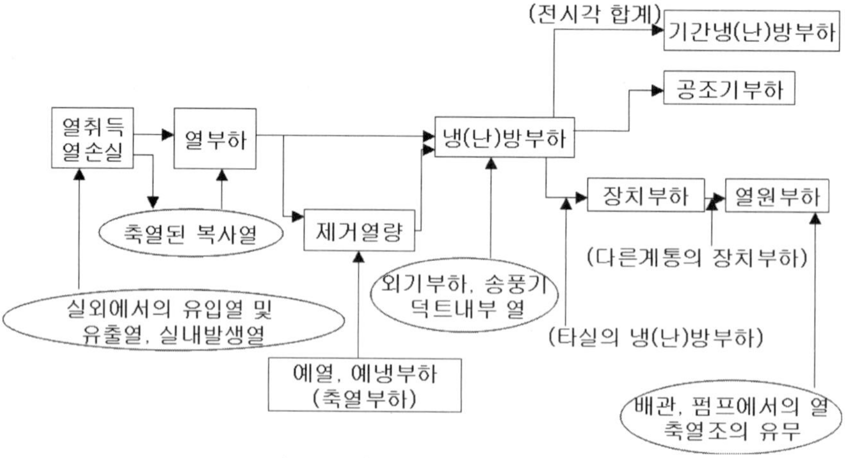

[그림 2.2] 공조부하계산 순서도

(1) 실내 조건

부하계산을 위한 실내온습도 조건의 일반적인 기준은 [표 2.3]와 같이 적용하고, 컴퓨터와 같은 전산실의 경우 실내온습도 조건은 [표 2.4]와 같다.

[표 2.3] 공조용 실내온습도 조건(국토해양부고시 제2008-652호)

구분 / 용도	난 방	냉 방	
	건구온도(℃)	건구온도(℃)	상대습도(%)
공동주택	20-22	26-28	50-60
학교(교실)	20-22	26-28	50-60
병원(병실)	21-23	26-28	50-60
관람집회시설(객석)	20-22	26-28	50-60
숙박시설(객실)	20-24	26-28	50-60
판매시설	18-21	26-28	50-60
사무소	20-23	26-28	50-60
목욕장	26-29	26-29	50-75
수영장	27-30	27-30	50-70

【주】 ① 이전에는 일반적으로 난방 및 냉방설비의 용량계산을 위한 설계기준 실내온도로 냉방: 26℃, 55%, 난방: 20℃, 40% 적용하였다.

② 난방 및 냉방설비의 용량계산을 위한 설계기준 실내온도는 난방의 경우 20℃, 냉방의 경우 28℃를 기준으로 하되(목욕장 및 수영장은 제외) 각 건축물 용도 및 개별 실의 특성에 따라 표에서 제시된 범위를 참고하여 설비의 용량이 과다해지지 않도록 한다.

[표 2.4] 전산실 설계 온습도 조건

	건구온도 [℃]	상대습도 [%]	절대습도 [kg/kg(DA)]	비엔탈피 [kJ/kg]
컴퓨터실 온습도조건	24	45	0.0085	45.6
액세스플로워 온습도조건 (취출온도)	18	65	0.0085	39.8

기계공장 등과 같이 상대적으로 노동강도가 심한 작업을 수행하는 경우에는 일반거실과 같은 실내 온습도 환경에서는 체내 발열을 적절히 방산시키는 것이 어렵다. 이러한 경우 인체의 열메커니즘에 근거한 쾌적방정식과 열스트레스 지수 등을 사용하여 실내환경조건을 결정할 필요가 있다. 그러나 기계와 노 등으로부터 발열량과 복사열이 많은 작업 환경에서는 열스트레스 지표를 적절한 값으로 유지하는 것이 어려운 경우가 많다. 유리공장의 유리 용융로에서 용융된 유리를 끄집어내어, 성형하는 공정에서 작업자의 작업도는 [표 2.5]에서 C등급이지만, 용광로 개구부 등에서 복사열에 대한 글로브온도는 40~45℃ 정도가 된다. 이러한 작업환경에서 열스트레스 지표를 80정도로 유지하려면 온도 20℃, 상대 습도 40% 정도의 공기 환경을 작업자 주위에 만들 필요가 있다.

이러한 작업조건은 초기비용과 운영비용도 증가하므로 작업자 주변에 국소공조 방식을 채용하여, [표 2.6]에 나타낸 것처럼 냉풍을 비교적 빠른 속도로 작업자에 분사하여 냉방감을 주는 것과 같은 검토가 필요하다. 실내 발열량이 많은 공장 등에서는 실내온도를 여름에는 외기 설계온도와 같은 정도 또는 2~3℃정도 낮은 값으로 조절한다. 습도가 낮은 공기를 작업자에게 직접 분사하여 냉방감을 주는 경우도 있지만, 비경제적인 설비이다.

[표 2.5] 작업도와 작업내용

작업도	작업내용	대사량 (W)
A	햄머 작업등과 같은 심한 작업	582~698
B	중작업	349~582
C	보행정도의 작업	291~407
D	서있는 정도의 작업, 앉아서 심한 손발작업	475~291
E	서 있는 작업	140~175

[표 2.6] 복사열이 있는 경우 급기온도 및 기류속도

	일시적인 복사		연속적인 복사		연속적인 복사		연속적인 복사	
일의 종류	350 W/m^2 이하		700 W/m^2		1400 W/m^2		1750~2100 W/m^2 단시간의 복사 2,800 W/m^2	
	온도[℃]	속도[m/s]	온도[℃]	속도[m/s]	온도[℃]	속도[m/s]	온도[℃]	속도[m/s]
	겨울철							
경작업	23~25	1.0~2.0	23~25	2.0~3.0	18~20	2.0~3.0	18~20	3.0~4.0
중(中)작업	20~23	2.0~3.0	20~23	3.0~4.0	15~20	3.0~4.0	15~20	4.0~5.0
중(重)작업	15~18	2.0~3.0	12~15	2.5~4.0	10~15	3.0~5.0	8~12	3.0~5.0
	여름철							
경작업	25~30	1.6~2.6	25~30	2.0~4.0	20~25	2.0~4.0	20~25	3.0~5.0
중(中)작업	22~25	2.0~3.0	23~25	3.0~4.0	18~25	3.0~5.0	18~22	4.0~5.0
중(重)작업	18~22	2.0~4.0	18~22	3.0~5.0	15~20	4.0~6.0	15~18	5.0~6.0

[표 2.7] 공업프로세스 공조의 일반 추천 온습도

종별	공정	온도[℃]	상대습도 [%]	종별	공정	온도[℃]	상대습도 [%]
정밀 기계	절삭	24~27	45~55	인쇄	인쇄실 (다색·일반)	24~27	45~50
	정밀부품 제작	24	45~55		사진 인쇄	21~23	40~50
	정밀 조립	20~24	40~50		종이 저장	20~23	50~60
	정밀 검사실	24	45~50	양조	곡류 저장	16	35~40
광학	용해실	24	45		일반 제조	16~24	46~65
	연마실	27	80		숙성실	18~22	50~60
사진	필름 제조	23 24	24~40		맥주 발효실	3~4	50~70
	제품 저장	16~27	45~50		맥주 맥아실	10~15	80~85
	인화	23~24	65~70	초콜릿 제조	봉 제조	18	45~50
	현상	21~24	60		심크림 제조	24~29	50
전기 · 전자	절연체 제작	24	65~70		누가	18	50
	반도체 제조	23~26	40~50		전분실	24~29	50
	케이블 절연	40	5		포장	18	50
	변압기 코일 감기	16~24	15~35		제품 저장	16~24	40~50
제약	일반 제약실	21~27	10~50	제빵	가루 저장	21~27	50~60
	분제 건조	54~71	20		소지 혼합	24~27	45~55
	캡슐 봉입	24~27	35~40		소지 발효	27	70~80
	분체 제품	24~27	5~35		빵 포장	18~24	50~65
	정제 성형	21~27	35~40				

천장이 높은 기계 공장에서는 난방설비로 고온 복사난방 및 적외선 복사난방을 채택하는 경우가 있다. 작업자에게 직접 복사열을 공급하여 난방감을 주고 실내 온도는 10℃이하 정도로 유지하면 좋다. 이러한 방식을 채용하여 비교적 실온을 낮게 유지할 수 있으면 에너지 절약 효과가 크다.

그리고 산업 프로세스 공조의 경우에 요구되는 설계 온습도 조건은 [표 2.7]에 나타낸 것처럼 프로세스에 따라 다르며, 또한 동일한 프로세스에서도 라인 설비나 생산자 측의 제조조건에 따라 다를 수 있으므로, 반드시 시공자와 상담 후 확인하고 결정할 필요가 있다. 프로세스의 요구조건을 엄격하게 설정할수록, 초기비용과 운전비용이 상승하고 제품의 생산비용에 큰 영향을 미친다.

(2) 외기 온습도 조건

국내 주요도시의 냉난방설계용 외기조건은 [표 2.8]과 같으며, 이 조건은 오후 1~3시의 값이므로 계산시각이 다른 경우 [표 2.9]에 의해 시각별 보정을 한다.

[표 2.8] 우리나라 각 지역의 설계용 외기 조건

구분 / 도시명	냉 방		난 방	
	건구온도(℃)	습구온도(℃)	건구온도(℃)	상대습도(%)
서 울	31.2	25.5	-11.3	63
인 천	30.1	25.0	-10.4	58
수 원	31.2	25.5	-12.4	70
춘 천	31.6	25.2	-14.7	77
강 릉	31.6	25.1	-7.9	42
대 전	32.3	25.5	-10.3	71
청 주	32.5	25.8	-12.1	76
전 주	32.4	25.8	- 8.7	72
서 산	31.1	25.8	- 9.6	78
광 주	31.8	26.0	- 6.6	70
대 구	33.3	25.8	- 7.6	61
부 산	30.7	26.2	- 5.3	46
진 주	31.6	26.3	- 8.4	76
울 산	32.2	26.8	- 7.0	70
포 항	32.5	26.0	- 6.4	41
목 포	31.1	26.3	- 4.7	75
제 주	30.9	26.3	0.1	70

【주】 건축물의 에너지 절약 설계기준(국토해양부고시 제2008-652호)

[표 2.9] 외기조건의 시각별 보정

시각	건구온도의 보정 [℃]	습구온도의 보정 [℃]	시각	건구온도의 보정 [℃]	습구온도의 보정 [℃]
오전 6시	-6.3	-2.4	오후 2시	0.0	0.0
7시	-4.6	-1.8	3시	0.0	0.0
8시	-3.2	-1.1	4시	-0.5	-0.2
9시	-2.0	-0.8	5시	-1.3	-0.4
10시	-1.0	-0.4	6시	-2.2	-0.7
11시	-0.6	-0.2	7시	-3.3	-1.1
정오	-0.3	-0.1	8시	-4.0	-1.3

그러나 산업공조의 경우, 특수 목적으로 공조를 이용하는 경우가 대부분이어서 연간을 통해 항상 항온항습을 요구하는 케이스 많다. 따라서 실내에서는 앞의 외기조건과 같은 초과 확률에 의한 값을 허용할 수 없기 때문에, 기상 관측 값의 극값을 설계 외계 조건으로 채용하고 약간의 위험 요소도 고려하여 충분히 여유 있는 설비 용량으로 해야 한다.

2.2 냉방부하 계산

냉방부하 계산시 각 실과 건물 전체의 냉방부하는 외기조건의 영향을 받으므로 매 시각별로 변동한다. 따라서 9, 12, 14, 16시의 4회 정도 시간대별로 계산한 후 최대부하 발생시간을 결정한다.

(1) 유리면으로부터의 열부하

1) 관류 열취득

$$q_{GC} = A \cdot K \cdot (t_o - t_r)$$

여기서, q_{GC} : 관류 열취득 [W]

A : 유리창 면적 [m^2]

K : 유리의 열통과율 [$W/m^2 \cdot ℃$](표 2.10)

$(t_o - t_r)$: 외기온도와 실내온도의 차 [℃]

2) 일사 열취득

$$q_{GR} = A \cdot SCT \cdot SSG$$

여기서, q_{GR} : 일사 열취득 [W]

SCT : 차폐계수 (표 2.11)

SSG : 표준일사 열취득 [W/m^2] (표 2.12)

[표 2.10] 창 및 문의 열통과율[W/m²·℃] (국토해양부 고시 제2008 - 652호)

창 및 문의 종류			창틀 및 문틀의 종류별 열관류율								
			금속재						플라스틱 또는 목재		
			열교차단재[1] 미적용			열교차단재 적용					
유리의 공기층 두께[mm]			6	12	16 이상	6	12	16 이상	6	12	16 이상
창	복층창	일반복층창[2]	4.0	3.7	3.6	3.7	3.4	3.3	3.1	2.8	2.7
창	복층창	로이유리(하드코팅)	3.6	3.1	2.9	3.3	2.8	2.6	2.7	2.3	2.1
창	복층창	로이유리(소프트코팅)	3.5	2.9	2.7	3.2	2.6	2.4	2.6	2.1	1.9
창	복층창	아르곤 주입	3.8	3.6	3.5	3.5	3.3	3.2	2.9	2.7	2.6
창	복층창	아르콘 주입+ 로이유리(하드코팅)	3.3	2.9	2.8	3.0	2.6	2.5	2.5	2.1	2.0
창	복층창	아르콘 주입 + 로이유리(소프트코팅)	3.2	2.7	2.6	2.9	2.4	2.3	2.3	1.9	1.8
창	삼중창	일반삼중창[2]	3.2	2.9	2.8	2.9	2.6	2.5	2.4	2.1	2.0
창	삼중창	로이유리(하드코팅)	2.9	2.1	2.3	2.6	2.1	2.0	2.1	1.7	1.6
창	삼중창	로이유리(소프트코팅)	2.8	2.3	2.2	2.5	2.0	1.9	2.0	1.6	1.5
창	삼중창	아르곤 주입	3.1	2.8	2.7	2.8	2.5	2.4	2.2	2.0	1.9
창	삼중창	아르콘 주입+ 로이유리(하드코팅)	2.6	2.3	2.2	2.3	2.0	1.9	1.9	1.6	1.5
창	삼중창	아르콘 주입+ 로이유리(소프트코팅)	2.5	2.2	2.1	2.2	1.9	1.8	1.8	1.5	1.4
창	사중창	일반사중창[2]	2.8	2.5	2.4	2.5	2.2	2.1	2.1	1.8	1.7
창	사중창	로이유리(하드코팅)	2.5	2.1	2.0	2.2	1.8	1.7	1.8	1.5	1.4
창	사중창	로이유리(소프트코팅)	2.4	2.0	1.9	2.1	1.7	1.6	1.7	1.4	1.3
창	사중창	아르곤 주입	2.7	2.5	2.4	2.4	2.2	2.1	1.9	1.7	1.6
창	사중창	아르콘 주입+ 로이유리(하드코팅)	2.3	2.0	1.9	2.0	1.7	1.6	1.6	1.4	1.3
창	사중창	아르콘 주입+ 로이유리(소프트코팅)	2.2	1.9	1.8	1.9	1.6	1.5	1.5	1.3	1.2
창	단창		6.6			6.10			5.30		
문	일반문	단열 두께 20mm 미만	2.70			2.60			2.40		
문	일반문	단열 두께 20mm 이상	1.80			1.70			1.60		
문	유리문 단창문	유리비율[3] 50%미만	4.20			4.00			3.70		
문	유리문 단창문	유리비율 50%이상	5.50			5.20			4.70		
문	유리문 복층창문	유리비율 50%미만	3.20	3.10		3.00	2.90		2.70	2.60	
문	유리문 복층창문	유리비율 50%이상	3.80	3.50		3.30	3.10		3.00	2.80	
문	방풍구조문		3.80								

주 1) 열교차단재 : 열교 차단재라 함은 창호의 금속프레임 외부 및 내부 사이에 설치되는 폴리염화비닐 등 단열성을 가진 재료로서 외부로의 열흐름을 차단할 수 있는 재료를 말한다.

주 2) 복층유리는 이중창(단창+단창)을 포함한다.

주 3) 문의 유리비율은 문 및 문틀을 포함한 면적에 대한 유리면적의 비율을 말한다.

[표 2.11] 유리창의 차폐계수

유 리 (mm)		내부 차폐 없음		밝은색 블라인드		중간색 블라인드	
		전차폐 계수 SCT	복사차폐 계수 SCR	전차폐 계수 SCT	복사차폐 계수 SCR	전차폐 계수 SCT	복사차폐 계수 SCR
보통유리	(3)	1.00	0.99	0.53	0.27	0.64	0.25
	(5)	0.98	0.96	0.53	0.27	0.64	0.25
	(6)	0.97	0.95	0.53	0.26	0.64	0.25
	(8)	0.95	0.93	0.53	0.26	0.63	0.24
	(12)	0.92	0.90	0.53	0.25	0.62	0.24
흡열유리	(3)	0.86	0.79	0.53	0.25	0.61	0.23
	(5)	0.77	0.67	0.52	0.24	0.58	0.22
	(6)	0.73	0.63	0.51	0.23	0.56	0.22
	(8)	0.67	0.54	0.49	0.21	0.54	0.20
	(12)	0.57	0.41	0.47	0.20	0.49	0.18
보통+보통	(3+3)	0.91	0.90	0.52	0.24	0.61	0.22
	(5+5)	0.88	0.84	0.52	0.23	0.61	0.22
	(6+6)	0.86	0.81	0.53	0.24	0.61	0.22
	(8+8)	0.83	0.77	0.53	0.23	0.60	0.21
흡열+보통	(3+3)	0.74	0.69	0.45	0.20	0.52	0.18
	(5+5)	0.63	0.56	0.41	0.17	0.46	0.16
	(6+6)	0.58	0.50	0.39	0.17	0.44	0.15
	(8+8)	0.50	0.40	0.39	0.15	0.40	0.18

【주】( )내의 숫자는 두께
일본 공기조화. 위생공학 Vol.46 No.3

[표 2.12] 표준 일사열(SSG) 취득 [W/m^2] (서울, TAC 2.5%)

구분	벽의 방위	시각(지방시)																계
		5	6	7	8	9	10	11	12	13	14	15	16	17	18	19	20	
하계	수평면	0	34	128	279	406	507	582	626	627	598	533	441	326	180	58	0	5325
	N그늘	0	52	71	53	56	61	65	67	67	66	63	57	51	71	93	0	893
	NE	0	129	277	333	274	168	79	67	67	66	63	57	49	38	22	0	1688
	E	0	130	318	430	412	349	231	100	67	66	63	57	49	38	22	0	2331
	SE	0	57	177	285	321	318	271	187	96	66	63	57	49	38	22	0	2007
	S	0	16	36	48	60	99	143	172	175	153	111	68	49	38	22	0	1190
	SW	0	16	36	48	56	61	65	80	160	252	311	328	311	244	133	0	2100
	W	0	16	36	48	56	61	65	67	78	191	325	405	448	421	300	0	2516
	NW	0	16	36	48	56	61	65	67	67	68	138	250	335	354	285	0	2265
추계	수평면	0	0	6	93	248	397	484	542	528	473	373	220	52	0	0	0	3415
	N그늘	0	0	2	30	39	44	49	49	49	44	36	22	16	0	0	0	380
	NE	0	0	2	103	61	44	49	49	49	44	36	22	16	0	0	0	475
	E	0	0	2	313	450	385	206	58	49	44	36	22	16	0	0	0	1582
	SE	0	0	2	332	565	605	543	459	295	118	36	22	16	0	0	0	2993
	S	0	0	2	153	346	472	536	593	580	545	493	422	165	0	0	0	4305
	SW	0	0	2	30	39	58	188	377	511	616	711	815	471	0	0	0	3818
	W	0	0	2	30	39	44	49	49	110	311	504	697	475	0	0	0	2311
	NW	0	0	2	30	39	44	49	49	49	44	36	117	177	0	0	0	637

(2) 구조체 부하

1) 열통과율(열관류율)

열통과율 K는 단위시간, 단위온도차, 단위면적당의 관류열량을 표시한다. n개의 복수재료 층으로 구성된 벽체의 경우 다음 식으로 구한다.

$$K = \frac{1}{\frac{1}{\alpha_i} + \frac{1}{a} + \frac{1}{c} + \frac{d_1}{\lambda_1} + \frac{d_2}{\lambda_2} + \cdots\cdots + \frac{d_n}{\lambda_n} + \frac{1}{\alpha_0}}$$

여기서, K : 열통과율 [W/m^2·℃]

α_i, α_o : 벽체의 실내측 및 실외측 표면 열전달률 [W/m^2·℃]

a : 공기층의 열전달률 [W/m^2·℃]

λ : 구조체를 구성하는 각 재료의 열전도율 [W/m^2·℃]

d : 구조체를 구성하는 각 재료의 두께 [m]

주요 건축재료의 열전도율과 기타 열부하에 관계있는 물성값은 [표 2.13~15]와 같다. 토양은 함수율에 따라서 열관련 계수가 크게 차이가 나므로 지중벽과 지하바닥의 면적이 큰 공간에 대하여는 함수율의 실측값을 조사하는 등의 주의가 필요하다. 건축구조체는 내부에 공기층을 포함한 경우 열적 영향이 크므로 [표 2.16]에 의한 값을 적용하며 이 표는 기밀재료에 의해 완전 밀폐된 공간의 경우 적용한다. 통상 건축구조체 내의 공기층은 표 중의 비밀폐공기층의 열저항 0.08 [m·℃/W]을 이용한다. 벽체 표면의 열전달율은 표면부근의 기류상태, 표면 복사율, 열류의 방향에 따라 변하며 [표 2.17]을 참조한다. [표 2.18]은 주요 구조체에 대한 열통과율이다.

[표 2.13] 재료의 열 정수표 - 1

재 료 명	열전도율 λ [W/m·℃]	용적비열 c_p [W/m^3·℃]	비열 c [kJ/kg·℃]	비 중 량 γ [kg$_f$/m^3]
공기(정지)	0.022	0.36	0.28	1.3
물(정지)	0.6	1161	1.16	998
얼음	2.2	522	0.57	917
눈	0.06	50	0.5	100
강철	45	1006	0.13	7860
알루미늄	210	659	0.24	2700
동	386	958	0.1	8960
암석(重量)	3.1	664	0.24	2785
암석(輕量)	1.4	464	0.24	1900
토양(점토질)	1.5	865	0.47	1860
토양(사질)	0.9	544	0.35	1560
토양(퇴적층질)	1	928	0.64	1450
토양(화산재질)	0.5	498	0.47	1070
모래	0.62	430	0.23	1850

P.C 콘크리트	1.5	530	0.22	2400
보통 콘크리트	1.5	537	0.24	2200
경량 콘크리트	0.78	447	0.28	1600
기포콘크리트(ALC)	0.17	181	0.30	600
콘크리트 블록(중량)	1.1	500	0.22	2300
콘크리트 블록(경량)	0.53	436	0.29	1500
몰탈	1.5	442	0.22	2000
석면 슬레이트	1.2	506	0.34	1500
플라스타	0.79	454	0.23	1950
석고판	0.17	286	0.31	910
석회판	0.74	384	0.29	1320
토벽	0.69	313	0.24	1280
유리	0.78	531	0.21	2540
타일	1.3	558	0.23	2400
연와벽돌	0.64	386	0.23	1660
기와	1	419	0.21	2000

[표 2.13] 재료의 열 정수표 - 2

재 료 명	열전도율 λ [W/m·℃]	용적비열 c_p [W/m³·℃]	비열 c [kJ/kg·℃]	비중량 γ [kg_f/m^3]
합성수지	0.19	407	0.33	1250
FRP	0.261	521	0.33	1600
아스팔트류	0.11	256	0.26	1000
방습지류	0.209	252	0.36	700
다다미	0.151	80	0.35	230
합성다다미	0.07	72	0.36	200
카페트	0.08	88	0.22	400
목재(重量)	0.186	216	0.36	600
목재(中量)	0.174	180	0.36	500
목재(輕量)	0.14	144	0.36	400
합판	0.186	199	0.36	550
연질 섬유판	0.056	91	0.36	250
반경질 섬유판	0.14	272	0.45	600
경질 섬유판	0.221	379	0.36	1050
파티클 보드	0.174	199	0.36	550
목모 시멘트판	0.186	263	0.47	565
셀룰로오스 섬유	0.044	11	(0.36)	30
유리솜(24K)	0.042	6	0.23	24
유리솜(32K)	0.04	7	0.23	32
암면 보온재	0.042	23	0.23	100
암면 흡음판	0.064	70	0.23	300
스치렌 발포판	0.047	6	0.35	18
스치렌 발포판(압축)	0.037	10	0.35	28
스치렌 발포판(프레온 발포)	0.026	14	0.35	40
경질 우레탄 발포판	0.028	13	0.35	38
연질 우레탄 발포판	0.05	10	0.35	30
폴리 에틸렌 발포판	0.044	17	0.35	50
경질염화비닐 발포판	0.036	(14)		50
밀폐 중공층 R=0.15 m²·℃/W 비밀폐 중공층 R=0.07 m²·℃/W				

[표 2.14] 열통과율 계산을 위한 건축 자재의 열전도율

재 료		열전도율 W/m·℃	밀도 kg/m³
금속계	동	370	8,900
	청동(75Cu, 25Su)	25	8,600
	황동(70Cu, 30Zn)	110	8,500
	알루미늄/합금	200	2,700
	강재	53	7,800
	납	34	11,400
	아연도철판	44	7,860
	스텐레스강	15	7,400
시멘트모르타르 /콘크리트	시멘트모르타르(1:3)	1.4	2,000
	콘크리트(1:2:4)	1.6	2,200
	KS F4099에 의한 현장타설용 기포콘크리트 0.4품	0.13	300～400
	KS F4099에 의한 현장타설용 기포콘크리트 0.5품	0.16	400～500
	KS F4099에 의한 현장타설용 기포콘크리트 0.6품	0.19	500～700
벽돌 /타일	시멘트벽돌	0.60	1,700
	내화벽돌	0.99	1,700～2,000
	타일	1.3	2,400
	콘크리트 블록(경량)	0.7	870
	콘크리트 블록(중량)	1.0	1,500
석재	대리석	2.8	2,600
	화강암	3.3	2,700
	천연슬레이트	1.5	2,300
보드	합판	0.15	400～650
	석면시멘트판(평판)	0.58	2,240
	파티클보드	0.15	400～700
	석고보드	0.18	700～800
목재	목재(경량)	0.14	400
	목재(중량)	0.17	500
	목재(중량)	0.19	600
바닥재	프라스틱계	0.19	1,500
	아스팔트계	0.33	1,800
방습재료	PE 필름	0.21	700
	아스팔트펠트 17 kg	0.11	688
	22 kg	0.14	762
	26 kg	0.252	671
	아스팔트루핑 17 kg	0.319	870
	22 kg	0.27	920
	30 kg	0.34	979
벽지	비닐계	0.27	
	종이계	0.17	700

[표 2.15] KS M 3808, 3809 및 KS L 9102에 의한 보온재의 열전도율 환산값-1

재 료 명				열전도율 [W/m·℃] KS M 3808(발포플리스티렌 보온재) 및 KS M 3809(경질우레탄폼보온재)에 의해 20±5℃의 시험조건일 경우	열전도율 [W/m·℃] 시험조건을 20±5℃로 환산할 경우	밀도 g/cm³
발포폴리스티렌보온재	비드보온판	보온판	1호	0.036	0.036	30이상
			2호	0.037	0.037	25이상
			3호	0.040	0.040	20이상
			4호	0.043	0.043	15이상
	압출법보온판	보온판	특호	0.027	0.027	–
			1호	0.028	0.028	–
			2호	0.029	0.029	–
			3호	0.031	0.031	–
경질우레탄폼보온재	보온판	1종	1호	0.024	0.024	45이상
			2호	0.024	0.024	35이상
			3호	0.026	0.026	25이상
		2종	1호	0.023	0.023	45이상
			2호	0.023	0.023	35이상
			3호	0.028	0.028	25이상

[표 2.15] KS M 3808, 3809 및 KS L 9102에 의한 보온재의 열전도율 환산값-2

<table>
<tr><th colspan="5" rowspan="2">재 료 명</th><th colspan="2">열전도율 [W/m·℃]</th><th rowspan="2">밀도
g/㎤</th></tr>
<tr><th>KS L 9102에 의해 70 ± 5℃ 70-2℃의 시험조건일 경우</th><th>시험조건을 20 ± 5℃로 환산 할 경우의 값</th></tr>
<tr><td rowspan="13">인조광물섬유보온계</td><td rowspan="8">암면
(RW)</td><td colspan="3">암면</td><td>0.044</td><td>0.037</td><td>40~150</td></tr>
<tr><td rowspan="3">보온판</td><td colspan="2">1호</td><td>0.044</td><td>0.037</td><td>71~100</td></tr>
<tr><td colspan="2">2호</td><td>0.043</td><td>0.036</td><td>101~160</td></tr>
<tr><td colspan="2">3호</td><td>0.044</td><td>0.038</td><td>161~300</td></tr>
<tr><td colspan="3">펠트</td><td>0.049</td><td>0.038</td><td>40~70</td></tr>
<tr><td rowspan="2">보온대</td><td colspan="2">1호</td><td>0.052</td><td>0.040</td><td>71~100</td></tr>
<tr><td colspan="2">2호</td><td>0.049</td><td>0.039</td><td>101~160</td></tr>
<tr><td colspan="3">보온통</td><td>0.044</td><td>0.035</td><td>40~200</td></tr>
<tr><td rowspan="5">유리면
(GW)</td><td rowspan="4">보온판</td><td rowspan="4">2호</td><td>24 K</td><td>0.049</td><td>0.038</td><td>24</td></tr>
<tr><td>32 K</td><td>0.047</td><td>0.037</td><td>32</td></tr>
<tr><td>40 K</td><td>0.044</td><td>0.036</td><td>40</td></tr>
<tr><td>48 K</td><td>0.043</td><td>0.035</td><td>48</td></tr>
<tr><td colspan="3">보온통</td><td>0.043</td><td>0.035</td><td>45~90</td></tr>
</table>

[표 2.16] 열통과율 계산 시 적용되는 중공층의 열저항

공기층의 종류	공기층의 두께 da(cm)	공기층의 열저항 Ra [단위 : m^2·℃/W]
(1) 공장 생산된 기밀제품	2 cm 이하	0.86×da(cm)
	2 cm 초과	0.17
(2) 현장시공 등	1 cm 이하	0.86×da(cm)
	1 cm 초과	0.086
(3) 중공층 내부에 방사율이 0.5이하의 반사형 단열재가 설치된 경우	(1) 또는 (2)에서 계산된 열저항의 1.5배	

[표 2.17] 열통과율 계산 시 적용되는 실내 및 실외측 표면 열전달

열전달저항 / 건물부위	실내표면열전달저항Ri [단위 : $m^2 \cdot ℃/W$]	실외표면열전달저항Ro [단위 : $m^2 \cdot ℃/W$]	
		외기에 간접 면하는 경우	외기에 직접 면하는 경우
거실의 외벽 (측벽 및 창, 문포함)	0.11	0.11	0.043
최하층에 있는 거실 바닥	0.086	0.15	0.043
최상층에 있는 거실의 반자 또는 지붕	0.086	0.086	0.043
공동주택의 층간 바닥	0.086	–	–

[표 2.18] 주요 구조체의 열통과율-1

구 조		재 료	두께 (mm)	열전도율 λ(W/m·℃)	열전도저항 $\Gamma(m^2 \cdot ℃/W)$	열통과율 K $(W/m^2 \cdot ℃)$	비 고
외벽 A1	중 구 조 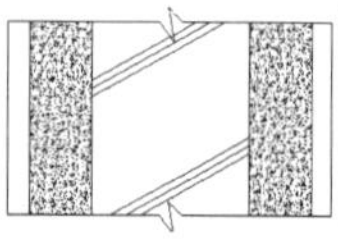	타일 몰탈 콘크리트 몰탈 플라스터	10 20 120 20 30	1.30 1.08 1.64 1.08 0.62	0.008 0.019 0.073 0.019 0.005	3.6	일반빌딩의 표준층 구조 외벽전체 두께가 150~200 ㎜ 사이일 때는 3.6로 통일한다.
외벽 A2	중구조(단열재료) 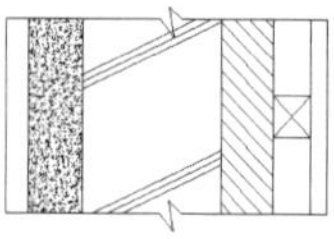	타일 몰탈 콘크리트 스타일로폼 공기층 석고보오드	10 20 120 20 – 9	1.30 1.08 1.64 0.06 – 0.21	0.008 0.019 0.073 0.300 0.040 0.040	1.5	스타일로폼의 두께가 달라진 경우의 K값 25 ㎜··· 1.3 30 ㎜··· 1.2 50 ㎜··· 0.83
외벽 A3	중 구 조 (경량콘크리트) 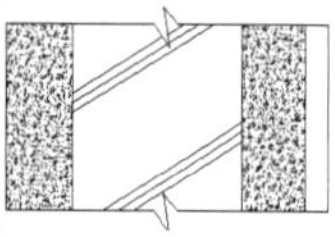	몰탈 경량콘크리트 몰탈 플라스터	20 120 20 3	1.08 0.52 1.08 0.62	0.019 0.230 0.019 0.005	2.3	일반표준적인 경량콘크리트 외벽 전체두께가 150~200 ㎜의 사이에 있으면 2.3으로 통일한다.

[표 2.18] 주요 구조체의 열통과율-2

구 조		재 료	두께 (mm)	열전도율 λ (W/m·℃)	열전도저항 Γ (m^2·℃/W)	열통과율 K (W/m^2·℃)	비 고
외벽 A1	중 구 조 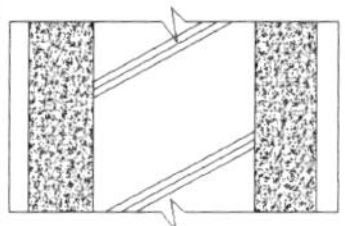	타일 몰탈 콘크리트 몰탈 플라스터	10 20 120 20 30	1.30 1.08 1.64 1.08 0.62	0.008 0.019 0.073 0.019 0.005	3.6	일반빌딩의 표준중 구조외벽전체 두께가 150~200 mm 사이일 때는 3.6으로 일한다.
외벽 A2	중구조(단열재료) 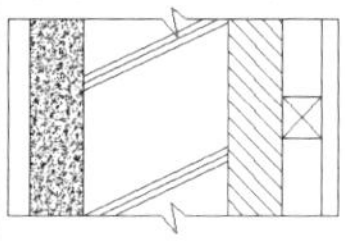	타일 몰탈 콘크리트 스타일로폼 공기층 석고보오드	10 20 120 20 – 9	1.30 1.08 1.64 0.06 – 0.21	0.008 0.019 0.073 0.300 0.040 0.040	1.5	스타일로폼의 두께가 달라진 경우의 K값 25 mm… 1.3 30 mm… 1.2 50 mm… 0.83
외벽 A3	중 구 조 (경량콘크리트) 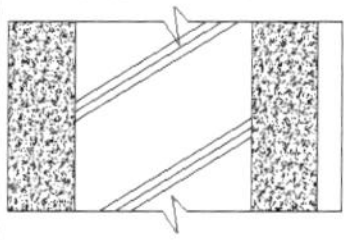	몰탈 경량콘크리트 몰탈 플라스터	20 120 20 3	1.08 0.52 1.08 0.62	0.019 0.230 0.019 0.005	2.3	일반표준적인 경량콘크리트 외벽 전체두께가 150~200 mm의 사이에 있으면 2.3으로 통일한다.
지붕 R1	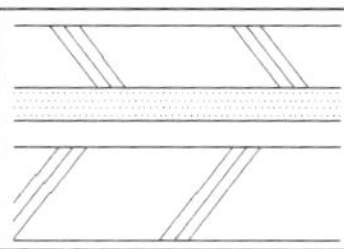	콘크리트 몰탈 방수층 콘크리트	60 15 10 120	1.64 1.08 0.28 1.64	0.037 0.014 0.036 0.073	3.1	공기층이 없는 지붕은 3.1로 한다.
지붕 R2	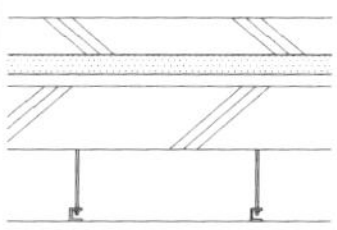	콘크리트 몰탈 방수층 콘크리트 공기층 석고보오드	60 15 10 120 – 9	1.64 1.08 0.28 1.64 – 0.21	0.037 0.014 0.036 0.073 0.040 0.040	2.4	공기층이 있는 지붕은 2.4로 한다.
지붕 R3	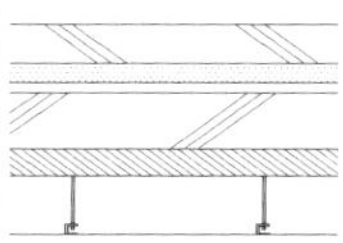	콘크리트 몰탈 방수층 콘크리트 스타일로폼 공기층 석고보오드	60 15 10 120 20 – 9	1.64 1.08 0.28 1.64 0.06 – 0.18	0.037 0.014 0.036 0.073 0.300 0.040 0.040	1.4	스타일로폼의 두께가 달라진 경우의 K값 25 mm… 1.2 30 mm… 1.1 50 mm… 0.79
지붕 R4	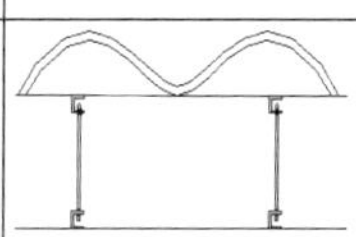	슬래이트 공기층 석고보오드	6 – 9	1.27 – 0.21	0.005 0.040 0.040	4.19	공장지붕

구 조		재 료	두께 (mm)	열 전 도 율 λ (W/m·℃)	열전도저항 Γ(m²·℃/W)	열통과율 K (W/m²·℃)	비 고
지붕 R5	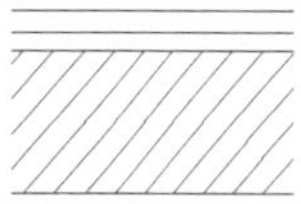	철판 아스팔트 루우핑 목모판	– – 20	– – 0.15	– – 0.132	3.49	상동
지하벽 U1	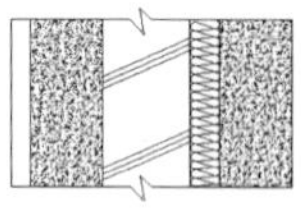	토양 방수콘크리트 방수몰탈 플라스터	1000 150 15 3	1.85 1.64 1.08 0.62	0.541 0.091 0.014 0.005	1.28	일반적인 지하벽
지하벽 U2	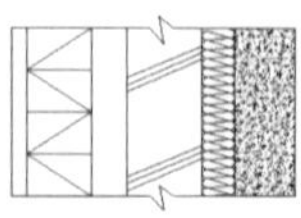	토양 콘크리트 공기층 콘크리트 블록 몰탈	1000 150 – 150 20	1.85 1.64 – – 1.08	0.541 0.091 0.040 0.180 0.019	1.01	일반적인 지하벽(이중벽)
바닥 F1	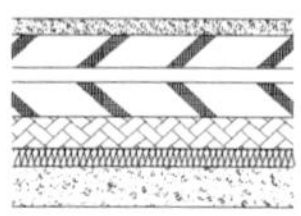	몰탈 콘크리트 방수층 밑창콘크리트 깬돌 토양	20 150 10 50 100 1000	1.08 1.64 0.28 1.64 1.90 1.85	0.019 0.091 0.036 0.04 0.054 0.541	1.13	일반적인 콘크리트 구조 바닥
중간층 M1	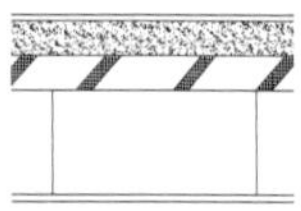	플라스터 몰탈 콘크리트 공기층 석고보드	10 30 120 – 9	1.30 1.08 1.64 – 0.21	0.008 0.02 0.073 0.040 0.040	2.33	표면 마감재가 달라져도 거의 2.0으로 해도 된다.
내벽 W1	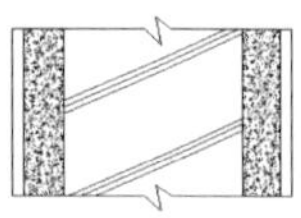	프라스터 몰탈 콘크리트 몰탈 플라스터	3 15 120 15 3	0.62 1.08 1.64 1.08 0.62	0.005 0.014 0.073 0.014 0.005	2.91	콘크리트칸막이의 대표 예
내벽 W2	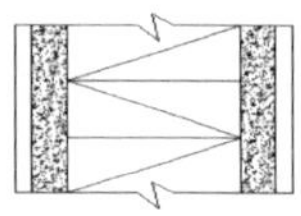	플라스터 몰탈 C. B. 몰탈 프라스터	3 20 100 20 3	0.62 1.08 – 1.08 0.62	0.005 0.019 0.150 0.019 0.005	2.33	블록 칸막이의 대표 예
내벽 W3	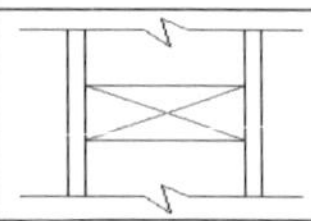	합판 공기층 합판	6 – 6	0.13 – 0.13	0.047 0.040 0.047	2.67	목조 간이 칸막이
내벽 W4	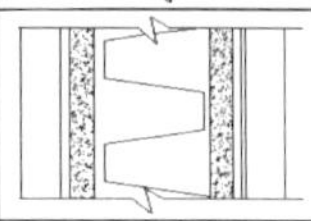	합성수지판 공기층 합성수지판	2 – 2	0.26 – 0.26	0.008 0.040 0.008	3.49	기제품 (일체로 제작된 것)
내벽 W5	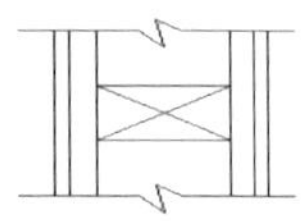	합성수지판 목재 공기풍 목재 합성수지판	2 20 – 20 2	0.26 0.13 – 0.13 0.26	0.008 0.156 0.040 0.156 0.008	1.63	기제품 (일체로 제작된 것)

2) 외벽으로부터의 열부하 계산식

외기에 접하고 있는 벽이나 지붕으로부터의 취득열량은 건물 내외의 온도차에 의해 전도의 형식으로 전달된다. 그러나 외벽의 온도는 일사에 의한 복사열의 흡수로 외기온도보다 높게 되는데 이 온도를 상당외기온도라 하고, 상당외기온도와 실내온도와의 차를 실효온도차라고 한다. [표 2.19]는 벽체의 구조형식별로 실효온도차를 구한 것이다. 여기서 실내온도는 여름에는 26℃, 가을에 24℃를 적용했을 경우에 벽체의 구조, 시각 및 방위별 실효온도차를 나타내었다. 벽체의 구조 및 형식은 [표 2.20]에 의해 결정한다. [표 2.19]에서 실내의 설계온도를 하계에 26℃ 또는 추계에 24℃가 아닌 다른 조건으로 할 경우에는 다음식에 의해 보정한다.

ETD'=[표 2.19]의 실효온도차 ETD+(하계 26℃, 추계 24℃ - 실내 설계온도)

실효온도차를 이용하면 냉방부하 계산시에 외벽이나 지붕을 통해 실내로 침입하는 열량[Q_w]을 계산할 수 있다.

$$Q_w = K \cdot \Delta t \cdot A$$

여기서, Q_w : 침입열량 [W]

K : 열통과율 [W/m^2·℃]

Δt : 실효온도차 [℃](표 2.19, 2.20)

A : 벽의 면적 [m^2]

외벽은 일사 투과시키는 유리창 및 기타 부분(콘크리트 벽 등)으로 구성되며, 그 비율(창 면적 비율)은 일반 건물에서 0.4~0.6, 공장은 0.1~0.2 정도의 경우가 많다. 따라서 공장 유리창의 열전달보다 외벽의 열전달에 주의를 기울일 필요가 있다.

기존 공장의 외벽은 열통과율 4.0~5.0 W/(m^2·K)의 석면 슬레이트 판넬이 주류이어서 내장단열을 전혀 사용하지 않는 것이 보통이었다. 이에 대해 최근에는 ALC판 (경량기포 콘크리트)이나 철판과 각종 건축자재 사이에 유리 섬유를 샌드위치로 한 복합 판 등을 이용해 열통과율 1.0~1.5 W/(m^2·K)로 작게 하여 공조부하의 경감을 도모하고 있다.

3) 내벽에서의 열부하 계산식

인접실, 상층 또는 하층이 계산시간에 대해 공기조화(동일한 온도)를 하고 있을 때는, 상당온도차 $\Delta t_c = 0$℃로 한다. 공기조화가 되지 않을 때는, 상당온도차를 사용하고, 계산식은 외벽의 경우에 준한다.

[표 2.19] 실효 온도차 ETD 하계 냉방용 [℃] (서울, TAC 2.5%)

형	방위	0	1	2	3	4	5	6	7	8	9	10	11	12	13	14	15	16	17	18	19	20	21	22	23
벽		시각(지방시)																							
0		1.2	0.8	0.5	0.1	0.0	-0.3	-0.4	-0.2	1.0	2.4	3.6	4.6	5.6	6.4	6.9	7.2	6.9	6.7	5.8	4.6	3.4	2.5	2.1	1.6
Ⅰ	H	1.2	0.8	0.5	0.1	0.0	-0.3	1.8	7.7	16.0	23.1	29.2	33.6	36.5	37.4	36.6	34.0	29.3	23.8	16.5	8.9	3.4	2.5	2.1	1.6
	N	1.2	0.8	0.5	0.1	0.0	-0.3	2.6	4.9	5.0	5.4	6.9	8.1	9.2	10.0	10.4	10.5	10.0	10.1	11.4	10.4	3.4	2.5	2.1	1.6
	NE	1.2	0.8	0.5	0.1	0.0	-0.3	5.9	13.6	17.8	16.9	14.2	10.5	9.2	10.0	10.4	10.5	10.0	9.3	7.8	5.7	3.4	2.5	2.1	1.6
	E	1.2	0.8	0.5	0.1	0.0	-0.3	6.0	15.3	22.2	23.0	21.4	17.8	13.1	10.0	10.4	10.5	10.0	9.3	7.8	5.7	3.4	2.5	2.1	1.6
	SE	1.2	0.8	0.5	0.1	0.0	-0.3	2.8	9.1	15.6	18.8	20.1	19.3	17.2	13.7	10.4	15.3	10.0	9.3	7.8	5.7	3.4	2.5	2.1	1.6
	S	1.2	0.8	0.5	0.1	0.0	-0.3	0.4	1.7	3.5	6.8	11.0	14.3	16.6	17.5	17.0	23.5	12.2	9.3	7.8	5.7	3.4	2.5	2.1	1.6
	SW	1.2	0.8	0.5	0.1	0.0	-0.3	0.4	1.7	3.5	5.4	6.9	8.1	11.6	16.9	20.9	15.5	23.7	22.6	18.4	12.0	3.4	2.5	2.1	1.6
	W	1.2	0.8	0.5	0.1	0.0	-0.3	0.4	1.7	3.5	5.4	6.9	8.1	9.2	12.2	18.6	24.0	27.2	28.9	26.3	19.2	3.4	2.5	2.1	1.6
	NW	1.2	0.8	0.5	0.1	0.0	-0.3	0.4	1.7	3.5	5.4	6.9	8.1	9.2	10.0	11.5	16.6	20.6	23.7	23.4	18.6	3.4	2.5	2.1	1.6
Ⅱ	H	1.8	1.3	0.9	0.5	0.2	0.0	0.3	2.7	8.0	14.8	21.6	27.6	32.2	35.2	36.4	35.9	33.5	29.5	24.0	17.3	10.6	5.8	3.5	2.5
	N	1.8	1.3	0.9	0.5	0.2	0.0	0.5	2.4	4.0	4.8	5.6	6.7	7.9	8.9	9.7	10.2	10.3	10.1	10.4	10.8	8.8	5.2	3.3	2.4
	NE	1.7	1.3	0.9	0.5	0.2	0.0	1.4	6.1	11.9	15.5	15.8	13.9	11.4	10.2	10.1	10.3	10.3	9.9	9.2	7.8	5.9	4.1	3.0	2.3
	E	1.7	1.3	0.9	0.5	0.2	0.0	1.4	6.6	13.8	19.4	21.3	20.5	17.6	14.0	11.5	10.8	10.5	10.0	9.2	7.8	5.9	4.1	3.0	2.3
	SE	1.7	1.3	0.9	0.5	0.2	0.0	0.6	3.6	8.7	13.9	17.4	18.9	18.7	16.9	14.0	11.8	10.8	10.1	9.2	7.8	5.9	4.1	3.0	2.3
	S	1.7	1.3	0.9	0.5	0.2	0.0	0.0	0.6	1.7	3.7	6.7	10.3	13.4	15.7	16.7	16.5	15.0	12.5	10.1	8.1	6.0	4.1	3.0	2.3
	SW	1.8	1.3	0.9	0.5	0.2	0.0	0.0	0.6	1.7	3.3	5.0	6.5	8.4	11.8	16.0	19.8	22.2	22.9	21.7	18.0	12.0	6.4	3.7	2.5
	W	1.9	1.3	0.9	0.5	0.2	0.0	0.0	0.6	1.7	3.3	5.0	6.5	7.8	9.5	12.8	17.8	22.6	26.0	27.2	24.9	17.3	8.4	4.4	2.8
	NW	1.9	1.3	0.9	0.5	0.2	0.0	0.0	0.6	1.7	3.3	5.0	6.5	7.8	8.9	10.0	12.2	16.0	19.7	22.2	21.8	16.0	7.9	4.3	2.7
Ⅲ	H	3.9	2.8	2.0	1.3	0.8	0.5	0.4	1.4	4.5	9.3	15.1	20.9	26.1	30.3	33.1	34.3	33.9	31.8	28.1	23.1	17.2	11.8	8.0	5.6
	N	3.1	2.3	1.7	1.2	0.7	0.4	0.4	1.4	2.7	3.6	4.5	5.5	6.6	7.7	8.6	9.3	9.8	9.9	10.1	10.5	9.8	7.5	5.5	4.1
	NE	2.7	2.1	1.5	1.1	0.7	0.4	0.8	3.3	7.4	11.3	13.3	13.5	12.4	11.3	10.8	10.6	10.5	10.2	9.7	8.8	7.5	5.9	4.5	3.5
	E	2.7	2.1	1.5	1.1	0.7	0.4	0.8	3.5	8.4	13.6	17.2	18.7	18.1	16.1	13.9	12.4	11.6	10.9	10.1	9.0	7.6	5.9	4.6	3.5
	SE	2.7	2.1	1.6	1.1	0.7	0.4	0.4	1.9	5.1	9.3	13.1	15.8	17.1	16.9	15.5	13.7	12.3	11.3	10.4	9.2	7.7	6.0	4.6	3.5
	S	2.8	2.1	1.6	1.1	0.7	0.4	0.2	0.4	1.0	2.2	4.3	7.1	10.1	12.7	14.5	15.4	15.2	13.9	12.1	10.2	8.3	6.3	4.8	3.6
	SW	3.8	2.7	1.9	1.3	0.8	0.5	0.2	0.4	1.0	2.1	3.5	4.9	6.5	8.9	12.2	15.8	18.8	20.7	21.1	19.6	16.1	11.4	7.8	5.4
	W	4.6	3.1	2.2	1.5	0.9	0.5	0.3	0.4	1.0	2.1	3.5	4.9	6.2	7.7	10.0	13.7	17.8	21.6	24.2	24.5	21.2	14.9	9.9	6.7
	NW	4.2	2.9	2.0	1.4	0.9	0.5	0.3	0.4	1.0	2.1	3.5	4.9	6.2	7.5	8.6	10.2	12.9	16.1	19.0	20.3	18.4	13.2	8.9	6.1
Ⅳ	H	6.6	6.6	5.1	3.9	3.0	2.2	1.7	2.0	3.7	6.9	11.0	15.5	20.0	24.0	27.2	29.4	30.4	30.0	28.2	25.1	21.1	16.9	13.4	10.6
	N	4.6	3.8	3.0	2.4	1.8	1.4	1.1	1.5	2.3	3.0	3.6	4.5	5.4	6.3	7.2	8.0	8.6	9.0	9.3	9.7	9.5	8.2	6.8	5.6
	NE	4.2	3.4	2.8	2.2	1.7	1.3	1.3	2.7	5.3	8.2	10.2	11.0	11.0	10.6	10.5	10.5	10.5	10.3	10.0	9.4	8.4	7.2	6.1	5.1
	E	4.4	3.6	2.9	2.3	1.7	1.3	1.3	2.8	6.0	9.8	12.9	14.8	15.4	14.8	13.8	13.0	12.3	11.7	11.1	10.2	9.0	7.7	6.4	5.3
	SE	4.4	3.6	2.9	2.3	1.8	1.3	1.1	1.8	3.8	6.6	9.6	12.1	13.8	14.5	14.2	13.4	12.7	12.0	11.3	10.3	9.1	7.8	6.5	5.4
	S	4.6	3.7	3.0	2.4	1.8	1.3	1.0	0.9	1.1	1.9	3.2	5.2	7.4	9.7	11.5	12.8	13.3	13.0	12.1	11.0	9.6	8.1	6.7	5.6
	SW	6.8	5.4	4.3	3.3	2.5	1.9	1.4	1.2	1.4	1.9	2.8	3.8	5.1	6.9	9.4	12.3	14.9	17.0	18.2	18.0	16.2	13.3	10.7	8.6
	W	8.2	6.4	5.0	3.9	2.9	2.2	1.6	1.4	1.5	2.0	2.9	3.9	4.9	6.1	7.9	10.7	14.0	17.2	19.9	21.1	19.9	16.4	13.0	10.3
	NW	7.1	5.7	4.5	3.5	2.6	2.0	1.4	1.2	1.4	2.0	2.8	3.8	4.9	6.0	7.0	8.4	10.5	13.0	15.5	17.2	16.8	14.0	11.2	9.0
Ⅴ	H	13.1	11.0	9.3	7.7	6.4	5.3	4.3	3.8	4.1	5.4	7.7	10.7	14.0	17.5	20.7	23.4	25.4	26.5	26.6	25.5	23.5	20.8	18.0	15.4
	N	6.1	5.3	4.5	3.9	3.2	2.7	2.2	2.1	2.3	2.7	3.1	3.6	4.3	5.0	5.8	6.5	7.2	7.7	8.2	8.6	8.8	8.4	7.7	6.9
	NE	5.9	5.1	4.4	3.7	3.1	2.6	2.2	2.5	3.7	5.5	7.2	8.5	9.2	9.5	9.7	9.8	9.9	9.9	9.9	9.6	9.1	8.4	7.5	6.7
	E	6.4	5.5	4.7	4.0	3.3	2.8	2.4	2.7	4.1	6.3	8.7	10.8	12.3	12.9	12.9	12.6	12.3	12.0	11.5	11.0	10.3	9.3	8.3	7.3
	SE	6.4	5.5	4.7	4.0	3.4	2.8	2.3	2.3	3.0	4.5	6.4	8.5	10.3	11.6	12.2	12.4	12.2	11.9	11.5	11.0	10.3	9.3	8.3	7.3
	S	6.4	5.6	4.8	4.0	3.4	2.8	2.3	1.9	1.8	2.0	2.5	3.6	5.1	6.7	8.4	9.8	10.9	11.4	11.3	11.0	10.3	9.4	8.4	7.4
	SW	9.5	8.1	6.9	5.8	4.8	4.0	3.3	2.7	2.4	2.5	2.7	3.3	4.0	5.1	6.7	8.7	10.8	12.9	14.5	15.5	15.4	14.2	12.7	11.0
	W	11.2	9.5	8.0	6.7	5.6	4.6	3.8	3.2	2.8	2.7	3.0	3.5	4.1	4.9	6.0	7.7	9.9	12.4	14.9	16.9	17.6	16.6	14.9	13.0
	NW	9.5	8.1	6.9	5.8	4.8	4.0	3.3	2.7	2.5	2.5	2.8	3.3	4.0	4.7	5.6	6.5	7.9	9.7	11.7	13.5	14.4	13.9	12.5	11.0
Ⅵ	H	15.9	14.3	12.8	11.3	10.0	8.8	7.8	6.9	6.6	6.9	7.9	9.4	11.5	13.8	16.2	18.5	20.4	21.9	22.7	22.8	22.1	20.9	19.3	17.6
	N	6.5	6.0	5.5	4.9	4.4	3.9	3.5	3.2	3.1	3.2	3.3	3.6	4.0	4.4	4.9	5.5	6.0	6.5	6.9	7.4	7.7	7.7	7.4	7.0
	NE	6.9	6.3	5.7	5.1	4.6	4.1	3.6	3.6	4.0	4.9	5.9	6.9	7.6	8.0	8.4	8.7	8.9	9.1	9.2	9.1	8.9	8.6	8.1	7.5
	E	7.8	7.1	6.4	5.7	5.1	4.5	4.0	3.9	4.4	5.5	7.0	8.5	9.7	10.5	10.9	11.1	11.2	11.2	11.0	10.8	10.4	9.9	9.2	8.5
	SE	7.7	7.0	6.3	5.7	5.0	4.5	4.0	3.7	3.8	4.5	5.5	6.8	8.1	9.2	10.0	10.4	10.7	10.8	10.7	10.6	10.2	9.7	9.1	8.4
	S	7.4	6.7	6.1	5.5	4.9	4.3	3.8	3.4	3.1	2.9	3.1	3.6	4.4	5.4	6.5	7.6	8.6	9.2	9.6	9.7	9.5	9.2	8.6	8.0
	SW	10.4	9.5	8.5	7.6	6.8	6.0	5.3	4.7	4.2	3.9	3.8	4.0	4.3	4.8	5.7	6.9	8.4	9.9	11.3	12.4	12.9	12.7	12.1	11.3
	W	11.9	10.8	9.7	8.7	7.7	6.8	6.0	5.3	4.8	4.4	4.3	4.3	4.6	5.0	5.5	6.5	7.9	9.6	11.4	13.1	14.1	14.3	13.8	12.9
	NW	10.0	9.1	8.3	7.4	6.6	5.8	5.1	4.5	4.1	3.8	3.8	3.9	4.2	4.6	5.1	5.7	6.6	7.7	9.1	10.5	11.6	11.8	11.5	10.8
Ⅶ	H	16.7	15.8	14.9	14.0	13.1	12.2	11.3	10.6	10.1	9.8	10.0	10.5	11.3	12.4	13.7	15.0	16.3	17.5	18.4	18.9	19.0	18.8	18.3	17.6
	N	6.3	6.1	5.8	5.5	5.2	4.9	4.6	4.3	4.2	4.1	4.1	4.1	4.2	4.4	4.7	5.0	5.3	5.6	5.9	6.2	6.5	6.6	6.6	6.5
	NE	7.4	7.0	6.7	6.3	5.9	5.5	5.2	5.0	5.0	5.3	5.8	6.2	6.6	7.0	7.3	7.5	7.8	8.0	8.1	8.2	8.2	8.1	7.9	7.7
	E	8.5	8.1	7.7	7.3	6.8	6.4	5.9	5.7	5.7	6.1	6.7	7.4	8.1	8.7	9.1	9.4	9.6	9.8	9.9	9.9	9.8	9.6	9.3	8.9
	SE	8.3	7.9	7.5	7.0	6.6	6.2	5.8	5.4	5.3	5.4	5.8	6.4	7.0	7.7	8.2	8.6	9.0	9.2	9.4	9.4	9.4	9.2	9.0	8.6
	S	7.5	7.1	6.8	6.4	6.0	5.6	5.2	4.9	4.6	4.4	4.3	4.4	4.7	5.1	5.7	6.3	6.9	7.4	7.8	8.0	8.1	8.1	8.0	7.7
	SW	9.9	9.5	9.0	8.6	8.0	7.5	7.0	6.5	6.1	5.8	5.6	5.4	5.4	5.6	5.9	6.5	7.2	8.0	8.9	9.7	10.2	10.4	10.4	10.2
	W	11.0	10.6	10.1	9.6	9.0	8.4	7.8	7.3	6.8	6.4	6.2	6.0	6.0	6.0	6.2	6.6	7.2	8.1	9.1	10.1	10.9	11.4	11.5	11.3
	NW	9.2	8.9	8.5	8.1	7.6	7.1	6.6	6.2	5.8	5.5	5.3	5.2	5.2	5.3	5.5	5.7	6.1	6.7	7.5	8.3	9.0	9.4	9.5	9.4
Ⅷ	H	14.5	14.5	14.5	14.5	14.5	14.5	14.4	14.4	14.4	14.3	14.3	14.3	14.3	14.3	14.3	14.4	14.4	14.4	14.5	14.5	14.5	14.5	14.5	14.5
	N	5.3	5.3	5.3	5.3	5.3	5.3	5.3	5.3	5.3	5.3	5.3	5.3	5.3	5.2	5.2	5.2	5.3	5.3	5.3	5.3	5.3	5.3	5.3	5.3
	NE	6.9	6.9	6.9	6.8	6.8	6.8	6.8	6.8	6.8	6.8	6.8	6.8	6.8	6.8	6.8	6.8	6.8	6.8	6.8	6.8	6.8	6.8	6.8	6.8
	E	8.2	8.2	8.1	8.1	8.1	8.1	8.1	8.0	8.0	8.0	8.0	8.0	8.1	8.1	8.1	8.1	8.1	8.1	8.1	8.1	8.1	8.1	8.1	8.1
	SE	7.6	7.6	7.6	7.6	7.6	7.6	7.6	7.5	7.5	7.5	7.5	7.5	7.5	7.6	7.6	7.6	7.6	7.6	7.6	7.6	7.6	7.6	7.6	7.6
	S	6.3	6.3	6.3	6.3	6.3	6.3	6.3	6.3	6.3	6.3	6.2	6.2	6.2	6.2	6.2	6.3	6.3	6.3	6.3	6.3	6.3	6.3	6.3	6.3
	SW	7.9	7.9	7.9	7.9	7.9	7.9	7.8	7.8	7.8	7.8	7.8	7.8	7.7	7.7	7.7	7.7	7.7	7.8	7.8	7.8	7.8	7.8	7.8	7.8
	W	8.5	8.5	8.5	8.5	8.5	8.5	8.5	8.5	8.5	8.5	8.5	8.4	8.4	8.4	8.4	8.4	8.4	8.4	8.4	8.5	8.5	8.5	8.5	8.5
	NW	7.2	7.2	7.2	7.2	7.2	7.2	7.2	7.2	7.2	7.1	7.1	7.1	7.1	7.1	7.1	7.1	7.1	7.1	7.1	7.1	7.1	7.2	7.2	7.2

【주】 1)그늘진 벽면은 벽방위 N의 값을 이용한다.
2)형0의 값은(외기건구온도-설계실온)의 값이며, 유리창의 관류열과 투입공기 및 외기의 현열계산에 사용한다.
3)설계실온이 26℃와 다른 때는 표의 값에 (26-설계실온)을 더한다.
4)벽면의 흡수율 a=0.7이 아닌 경우에는 (그 시각의 ETD-형 0의 ETD)×(a/0.7)+형 0의 ETD로 보정한다.

[표 2.20] 실효 온도차(ETD) 산출을 위한 벽체 분류표

보통 콘크리트 두께(mm)	경량 콘크리트 두께(mm)	단층벽	내측단열재·합판 · 외측타일 · 글라스울			외측단열재·몰탈 · 내측플라스터 · 발포폴리스틸렌		
			25 mm	50 mm	100 mm	25 mm	50 mm	100 mm
-20	-20	I	II	III	IV	III	IV	V
20-70	20-60	II	III	IV	V	IV	V	VI
70-110	60-80	III	IV	V	VI	V	VI	VII
110-160	80-150	IV	V	VI	VII	VI	VII	VIII
160-230	150-210	V	VI	VII	VIII	VII	VIII	VIII
230-300	210-280	VI	VII	VIII	VIII	VIII	VIII	VIII
300-380	280-360	VII	VIII	VIII	VIII	VIII	VIII	VIII
380-	360-	VIII	VIII	VIII	VIII	VIII	VIII	VIII

[표 2.21] 내벽 및 중간층바닥 · 천장의 상당온도차

시각		08:00	10:00	12:00	14:00	16:00	18:00	
냉방	W1, W2, M1	1.7	3.0	5.0	6.8	7.5	7.5	τ=4.0 f=0.6
	W3, W4, W5	3.4	6.9	9.0	9.7	9.5	7.3	τ=1.2 f=0.96
난　방		실내외 온도차 × 0.6으로 한다.						

[표 2.22] 내벽 유리의 상당온도차

시각	08:00	10:00	12:00	14:00	16:00	18:00
냉방	2.2	4.9	6.3	6.8	6.8	5.0
난방	실내외 온도차 × 0.6 으로 적용 한다					

4) 지중온도

일반 공조에서 냉방의 경우 토양에 접하는 바닥 및 벽의 온도와 실내온도와의 차는 0℃로 한다. 반면에 항온항습실, 냉장고와 같은 특수공조에서 벽면의 경우는 지표로부터 지하실 바닥면까지 높이의 중간지점에서 지중온도와 실온과의 차로 하며, 바닥면의 경우는 바닥면에서의 지중온도와 실내온도와의 차를 취한다. 단, 정도가 ±2% 이하의 항온실은 일반 공조조건에 준한다. 열통과율 K는 벽체 구조만의 K를 사용한다.

(3) 내부 칸막이 부하 q[W]

비공조실과 접한 벽, 바닥, 천장을 통과하는 열부하는 다음 식에 의해 구한다.

$$q = K \cdot A \cdot \Delta t$$

여기서, $\Delta t = r \cdot (t_o - t_r)$

K : 벽체의 열통과율 [W/㎡·K]

A : 벽체의 면적 [㎡]

r : 인접 공간 온도차 계수(일반적으로 냉방시 0.4)

t_o : 외기온도 [℃]

t_r : 공조실 온도 [℃]

인접실이 고온인 경우 r=1로 하여 구하며 주방은 실온을 40℃ 보일러실은 복사열을 고려하여 55℃로 하여 계산한다.

(4) 틈새바람에 의한 취득열량 q_I [W]

$$q_I = q_{IS} + q_{IL}$$

$$q_{IS} = G_I \cdot C_P \cdot (t_o - t_i) = 1.2 \cdot Q_I \cdot C_P \cdot (t_o - t_i)$$

$$q_{IL} = r \cdot G_I \cdot (x_o - x_i) = 3{,}000 \cdot Q_1 \cdot (x_o - x_i)$$

여기서, q_{IS} : 극간풍에 의한 현열 취득열량 [W]

q_{IL} : 극간풍에 의한 잠열 취득열량 [W]

G_I, Q_I : 극간풍량 [g/s, l/s]

t_i : 실내온도 [℃]

t_o : 실외온도 [℃]

x_i : 실내 절대습도 [kg/kg(DA)]

x_o : 실외 절대습도 [kg/kg(DA)]

r : 0℃ 물의 증발잠열 ≒ 2.500 [kJ/kg] ≒ 2,500 [J/g]

C_P : 건공기의 정압비열 ≒ 1.006 [kJ/(kg·K)] ≒ 1 [J/(g·K)]

1) 틈새바람에 의한 풍량 계산식

하계의 풍향이 명확하면 바람이 불어오는 쪽의 창문, 도어에 대해서만 틈새바람을 계산한다. 겨울처럼 굴뚝효과는 고려하지 않아도 된다. 창문 주변 및 도어의 틈새바람은 [표 2.23]~[표 2.26]를 사용한다.

[표 2.23] 창에서의 틈새 바람 (창 면적 1 m^2에 대하여 [kg/h])

명 칭		소 형 창 (0.75 × 1.8 m)			대 형 창 (1.35 × 2.4 m)		
		바람막이 없음	바람막이 달림	기밀 샤시	바람막이 없음	바람막이 달림	기밀 샤시
하계	목제 샤시	2.6	1.6	1.3	1.7	1.1	0.8
	기밀성이 낮은샤시	7.3	2.3	3.7	4.7	1.4	2.3
	금속 샤시	4.9	2.2	2.5	3.1	1.3	1.6
동계	목제 샤시	5.2	3.1	2.5	3.2	2.0	2.0
	기밀성이 낮은샤시	14.6	4.6	7.3	9.2	2.9	16.3
	금속 샤시	9.7	4.2	4.9	6.1	2.6	11.0

【주】 바람막이는 weatherstrip 을 말한다.
외부 풍속 : 하계 3.5 m/s, 동계 7.0 m/s

[표 2.24] 창의 주변길이 1 m 당의 침입 공기량 [kg/h·m]

창의 종류	주변틈새 (mm)	옥외 풍속 (m/s)				
		2	4	6	8	10
목제 상하식 창문	1.6	1.0	2.0	3.8	5.5	7.8
	2.4	2.6	6.6	10.8	15.1	19.7
철제 상, 하식 창문	-	1.9	4.6	7.3	11.0	13.4
강제 회전 창문	1.6	5.3	11.2	17.3	23.6	30.2
철제 밀어내기 창문	1.2	1.9	5.0	8.5	12.1	16.1

[표 2.25] 하절기 도어의 개폐에 의한 틈새바람의 양

실 명	회전식 (지름 1.8 m)	한쪽 열기 (지름 0.9 m)	실 명	회전식 (지름 1.8 m)	한쪽 열기 (지름 0.9 m)
사 무 실	–	5.0	식 당	8.4	10.2
사 무 실	–	7.2	레스토랑	4.1	5.0
소규모 백화점	13.2	16.2	피혁상점	5.5	7.2
은 행	13.2	16.2	의류상점	4.1	5.0
병 실	–	7.2	이발소	8.2	10.2
약 국	11.4	14.4	담배 소매점	40.8	60.0

【주】 실내의 인원 1인당의 틈새 바람의 양 [kg/h.인]

[표 2.26] 동절기 입구 도어의 개폐로 인해 들어가는 틈새바람의 양

도어의 종류	도어를 통해 들어가는 틈새바람의 양 [kg/h·m²]			
	1~2층 건물	건 물 고		
		15 m	30 m	60 m
회전 도어	228	276	312	384
유리 도어	660	792	888	1092
목제 도어	288	336	384	480
소형의 공장 도어	312	-	-	-
가레이지. 하역장 도어	198	-	-	-

극간풍은 실내외의 압력 차이와 외부 풍압으로 침입 해 오는 것이며 공장의 경우에는 공조설비 이외의 배기 장치(노의 연돌, 도금의 국소 배기 등)가 많이 병용되므로, 급배기 밸런스 계산을 잘못사용하면 실내가 부압이 되기 쉽다. 더구나 공장은 단층으로 천장이 높고, 창문, 샷시, 지붕, 벽 등 건축 부재의 이음매가 많아서 극간풍이 증가하는 경향이 있다.

침입한 극간풍은 이음매 폭이 좁기 때문에 이음매를 통과할 때 층류가 되는 경우가 많아서 그 풍량은 일반적으로 다음 실험식으로 나타내고 있다.

$$Q = a \cdot \Delta P^{1/n}$$

여기서

Q : 극간풍량(m^3/h)

ΔP : 압력차(Pa)

a : 통기율($m^3/(h \cdot Pa)$)

n : 계수(층류의 경우 1.0)

이 식에서 알 수 있듯이 극간풍은 압력차 (ΔP)에 비례하여 침입해 온다. 따라서 ΔP의 1/2승에 비례하는 일반의 폐구부(난류역)와 비교하면, 매우 다량의 공기가 외

계에서 침입하게 되어 극간풍 부하가 예상보다 많아지는 경우가 있다. 이 같은 현상이 일어나는 것을 방지하기 위해 특수한 경우를 제외하고 실내를 다소 양압으로 하는 급배기 균형을 잡는 것이 바람직하다.

(5) 조명 및 인체에 의한 발열부하

실내의 조명등은 전기에너지가 빛을 내고 열에너지로 변화하여 실내의 냉방부하가 된다. 이때 조명기구로부터의 취득열량의 계산식은 다음과 같은 몇 가지의 방법이 있다.

1) 조명기구의 총 와트수가 알려져 있을 때

백열등 : $q_E = W \cdot f$

형광등(안정기가 실내에 있을 때) : $q_E = W \cdot f \cdot 1.2$

여기서 q_E : 조명기구로부터의 취득열량[W]

W : 조명기구의 총 와트[Watt]

f : 조명 점등율

1.2 : 형광등의 안정기가 실내에 있을 때에 발열량의 20% 가산

2) 조명기구의 총 와트수를 모를 때

백열등 : $q_E = A \cdot W \cdot f$

형광등(안정기가 실내에 있을 때) : $q_E = A \cdot W \cdot f \cdot 1.2$

여기서 A : 실면적[m^2]

W : 단위면적당 와트[Watt/m^2] (표 2.27 참조)

조명부하도 인체부하와 같이, 실제 점등 속도를 확실하게 확인할 필요가 있다. 공장에서는 일반 빌딩과 달리 창문에 의한 자연 채광률이 낮고, 전체적으로 조명기구에 의지하는 경우가 많다. 특히 정밀 기계 공장·전자 공장·제품 공장 등에 그 경향이 강하다. 절삭기계 공장 등에서 "수중등"을 많이 사용하고 있는 경우에, 절삭기계의 가동률에 따라 "수중등"도 점등율을 고려하여 냉방부하계산에 추가하는 등의 주의가 필요하다. 조명부하의 근본적 경감은 고효율 조명기구의 채용,자연 일광의 이용, 불필요한 부분의 소등, 조명기구 배열의 적극 배제에 따르면, 공장이라는 건물의 특수성을 생각하면 어려운 면도 있다. [표 2.28]에 최근 조명기구의 성능을 나타내지만, 조명 효과를 높이기 위해서는 건물 내장재의 반사 (반사 눈부심이 생기지 않는 범위에서)를 높이는 색상 소재를 채용하는 것이 중요하다.

[표 2.27] 조도와 실의 단위면적당 소비전력

건물종류		조도[lx]		조명전력[W/m^2]	
		일반	고급	일반	고급
사무소	사무실 은행영업실	400-500 750-850	700-800 1000-1500	20-30 60-70	50-55 70-100
극장등의 관객석로비	관객석 로 비	100-150 150-200	150-200 200-250	10-15 10-15	15-20 20-25
상점	점포내	500-600	800-1000	30-40	55-70
백화점과 슈퍼마켓	1층, 지하실 2층 이상	800-1200 600-1000		80-100 60-80	
학교	교 실	150-200	250-350	10-15	25-35
병원	객 실 진료실	100-150 300-400	150-200 700-1000	8-12 25-35	15-20 50-70
호텔	객 실 로 비	80-150 100-200	80-150 100-200	15-30 20-40	15-30 20-40
공장	작업장	150-250	300-450	10-20	25-40
주택	거 실	200-250	250-350	15-30	25-35

[표 2.28] 각종 조명기구의 발열량

종류	램프전력 (w)	입력전력 (w)	램프효율 (lm/w)
백열전구(일반용)	60	60	13.5
할로겐 전구	100	100	16.0
전구형 형광등			
전자점등-전구색	25	25	60.8
4본관형-주백색	23	23	67.4
일반형광등			
백색	40	43	69.8
백색(절전형)	36	39	76.9
형광수은램프	400	427	51.5
메탈라이트램프	400	444	90.1
고압나트륨램프	360	386	123.1

3) 인체발열

인체에 의한 발열성분에는 인체표면에서 대류와 복사에 의해 발산되는 현열과, 땀, 호흡 등에 의해 체외로 배출되는 잠열이 있다. 인체발열부하는 작업 상태와 실온에 의해 크게 차이가 있으며, 이를 정리하면 [표 2.29]과 같다. 같은 작업 상태에 대하여 전방열량은 실온의 영향에 관계없이 일정하나 현열, 잠열은 각각 실내온도에 크게 영향을 받는다. 설계시 재실인원수를 정확히 파악할 수 없는 경우에는 1인당 점유면적[m^2/인]을 [표 2.35]의 유효 바닥면적당 냉방부하를 구하는 산출조건에서 10 m^2당 재실자수를 이용하여 구한다. 다만 인체부하가 큰 비중을 차지하고 있는 극장 관람석, 강의연수실, 집회실 등은 좌석수에 의해 인원수를 파악하는 등의 방법으로 가능한한 정확한 인원을 산정하여야 한다.

특히, 전자기기를 제작하는 공장은 자동화·로봇화가 현저하고, 과거의 데이터에 의해 인원수를 결정하는 것은 위험하다. 반드시 공장의 작업 인원 계획표 등으로 확인하는 것이 필요하다. 일반적으로 공장은 작업장, 사무동, 식당, 후생건물 등으로 구성되는 일종의 복합건물이므로, 공장 전체의 총인원에 대한 시간별 동태를 정확하게 확인하지 않으면, 부하 계산상의 인원에 상당한 중복이 발생한다. 특히 중앙에 집중열원을 설치하는 공조설비에서는 냉열원 장비용량이 과대하게 될 우려가 있다.

[표 2.29] 인체에서의 발생열량 [W/인]

작업 상태	실 온		28(℃)		27(℃)		26(℃)		24(℃)		21(℃)	
	예	전발생열	SH	LH	SH	LH	SH	LH	SH	LH	SH	LH
정 좌	극 장	102	51	51	57	45	62	41	67	35	76	27
경 작 업	학 교	117	52	65	57	60	62	56	71	47	80	37
사무소, 경보행	사무실, 백화점	131	52	79	58	73	63	69	72	59	84	48
서거나 앉거나 경보행	은 행	147	52	94	58	88	64	83	74	72	85	62
주로 착석상태	레스토랑	162	56	106	65	97	72	90	83	79	94	62
착석작업	공장의 경작업	220	56	164	65	155	72	148	86	134	107	113
보통의 댄스	댄스 홀	250	65	185	72	62	80	170	95	155	117	133
보행(4.8 km/hr)	공장의 중작업	293	79	214	88	205	97	197	112	181	135	158
중 노 동	공장, 볼링장	424	131	293	136	288	141	284	154	271	178	247

【주】 1. 성인 남자 (위표)에 대하여 여자는 85%, 어린이는 75%를 적용한다.
2. 음식으로부터의 발열량은 1인당 현열(SH) 8.9 W/인, 잠열(LH) 8.9 W/인을 포함한다.

(6) 실내기구, 전동기기, 공장 기기류

1) 실내기구

전기, 가스 등을 사용하는 기구류에 의한 취득열량으로 커피포트, TV, 사무실에서의 복사기 및 OA기기 등의 여러 가지 발열원이 있으므로, 이들을 조사하여 냉방부하에 가산하며, 이들 실내기구로부터의 발생열을 [표 2.30]과 [표 2.31]에 그 예를 나타냈다.

2) 전동기기

실내에서 운전되는 전동기 또는 전동기에 의하여 구동되는 기기에서의 발열량 q_E [W]는 현열량으로 나타나며, 설치위치 또는 동시사용율에 따라 취득열량이 달라진다(표 2.32과 2.33 참조).

[표 2.30] 각종 기기로부터의 발열량 [W] (ASHRAE Handbook, 2008)

	명 칭	호칭입력 [W]	발생열량 [W]		
			후드 없음		후드 있음
			SH	LH	SH
조리기기	가스식 커피포트 12 L	2,910	1,020	440	290
	가스식 커피포트 20 L	4,420	1,540	660	440
	전열식 커피포트 12 L	1,980	750	250	290
	전열식 커피포트 20 L	3,000	1,130	360	470
	가정용 레인지 80×80×83 cmH	18,600	후드필요	후드필요	2,330
	음식점용 레인지(버너 2대당)	6,980	후드필요	후드필요	700
	음식점용 오븐(60×55×35 cm)	8,700	후드필요	후드필요	870
기타	Hair dryer(1.5 kW) blower type	−	700	120	−
	Permanent(1.5 kW)	−	250	50	−
	분젠 등(∅11 mm)	870	490	120	−
	전기멸균기 1.1 kW	−	190	40	−

[표 2.31] OA기기에서의 발생열

기기	발열량(현열)[W]
마이크로 컴퓨터주)	88-528
오피스 컴퓨터	2,270
워크스테이션	330
플로터주)	37
복사기주)	300-900

【주】 Faye C. McQuiston외 1, Cooling and Heating Load Calculation Manual, ASHRAE, pp.5.14-5.15

[표 2.32] 전동기에 의한 취득열량 qE

	예	qE
1) 전동기와 전동기로 구동되는 기계가 같이 실내에 있을 때	소형 냉장고, 선풍기, 일반 공장내의 기계	$\Phi1 \cdot \Phi2\ P/\eta_m$
2) 전동기는 실외에 있고, 실내의 기계를 구동할때	실외의 전동기로서 전동축을 통하여 구동되는 기계	$\Phi1 \cdot \Phi2\ P/\eta_m$
3) 동상일 때, 전동기가 있는 실내		$\Phi1 \cdot \Phi2$ $P((1/\eta_m)-1)$

【주】 P : 전동기 정격출력(명판 표시의 kW)

η_m : 전동기 효율(표 2.33참조),

Φ_2 : 전동기의 가동률,

Φ_1 : 소요동력 정격출력

[표 2.33] 전동기의 용량별 표준효율

kW	0~0.4	0.5~3.7	5.5~15	20이상
η_m	0.60	0.80	0.85	0.90

3) 공장 기기류

공장은 일반 건물과 달리, 큰 동력을 사용하는 기계, 가열로 등의 발열체가 있어, 이러한 발생열을 최대한 제거하여 냉방부하를 경감시키도록 노력할 필요가 있다. 공작기계 등 공장에 설치되는 기계장치의 정격용량은 그 값이 큰 경우에서도 다음과 같은 이유로 실내의 발생 열은 전력환산으로 정격의 30~40%가 되는 것이 많다.

- 절삭기계장치는 운전 중이라도 무부하상태가 길다.
- 일반 공장에서는 공작기계의 대수가 많아서 가동률이 높을 때 90%, 보통 70% 정도이다.
- 부하가 걸린 기계와 무부하상태의 기계와의 시간적인 중복은 대략 40~50%로 추측된다.
- 기계동력의 일부는 열로서 절삭유, 가공제품에 축열되어 실외에 반출된다. 따라서 이러한 기기발열을 어떻게 실정에 맞는 부하로 파악하는가가 중요하다. 또한, 기계, 장치 등의 실내발열을 난방부하의 경감에 이용하는 경우에는 그 효과를 빼고 생각하지 않으면 난방능력이 부족할 위험성이 있으므로 주의해야 한다. [표 2.34] 각종 공장의 냉방부하에서 차지하는 실내 기기발열 비율의 대표적인 예를 보여준다.

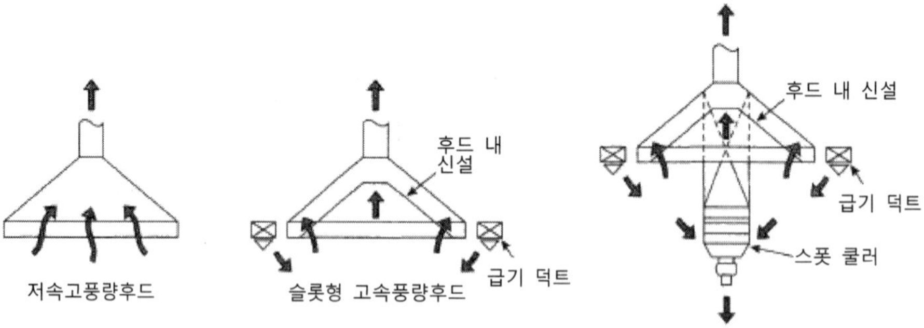

(a) 후드 (b) 급기병용후드 (c) 스폿쿨러병용후드

[그림 2.3] 각종 후드

주조공장 등에서 알루미늄 (Al)과 아연 (Zn)의 용광로가 있을 경우에는 노 자체를 열 차폐판 등으로 둘러싸 실내로 방열을 방지한다. 전면 작업공간에는 급기병용 후드나 후드 내에 스폿쿨러 설치 등의 조치가 필요하다(그림 2.23).

소형전기로 혹은 사출성형기나 다이캐스팅 금형과 같은 것의 냉각에 냉수취출형 압축냉동기 칠러의 이용이 늘고 있다. 때로는 칠러를 공랭식으로 하여 공장 내에 설치한 경우도 있지만, 반드시 실외에 설치한다거나 냉각탑을 사용하는 수냉식으로 해야 한다. 또한 공랭식으로 방열하는 기기에는 공조용공기와는 다른 계통으로 환기하는 것이 원칙이다.

이 경우에는 [그림 2.3(a)]와 같이 배기후드 설치가 효과적이다. 후드는 공기의 대류작용에 의해 발생가스나 증기 등을 동시에 제거할 수 있으므로 유기 용제가스가 발생하는 사출성형기 등에 특히 효과적이다.

[표 2.34] 냉방부하에서 실내 기기발열이 점유하는 비율의 예

열부하요소	사무소빌딩	일반제조공장	정밀기계공장	절삭기계공장
벽체통과	22.0	15.4	16.4	8.5
인체	14.7	3.7	2.4	3.3
조명	21.6	14.5	30.2	15.8
전동기 등	9.5	41.4	37.8	60.2
도입외기	32.2	25.0	13.2	12.2
합계	100.0	100.0	100.0	100.0

[표 2.35] 유효 바닥면적당의 냉방부하

방 의 종 류				단위 바닥면적당의 냉방부하 [W/m²]	단위 바닥면적당의 냉방부하 산출조건				
					환기회수 [회/h]	창면적/바닥면적 [%]	바닥면적 10㎡마다의 재실자 수	조 명 (형광등) [W/m²]	비 고
일 반 사무실	창 없 음		최상층	169	1	0	2	20	
			중간층	116					
	북 향		최상층	192	1	20	2	20	
			중간층	140					
	서 향		최상층	267	1	20	2	20	
			중간층	198					
일반상점	사람의 출입이 많다			209	2	40	3	40	햇볕이 닿지 않는다.
	사람의 출입이 적다			186	1				
호텔객실 병원객실	남 향			140	1	20	1	20	
	서 향			198					
다 방	환풍기 사용 않음			267	1	10	6	10	전열기 있음
	환풍기을 사용			349	4				
식 당	창이 좁다	환풍기 사용 않음	남향	221	1	10	6	20	주방의 열은 제외된다.
			서향	256					
		환풍기 사용	남향	302	4				
			서향	337					
	창이 넓다	환풍기 사용	남향	256	1	40	6	20	
			서향	349					
		환풍기 사용	남향	233	4				
			서향	430					
바 아	환풍기 사용 않음			221	1	10	6	10	밤
	환풍기 사용			297	4				
미 용 실				337	1	20	2	20	기구의 발열을 포함
이 발 소				267	1	20	2	20	기구의 발열을 포함
사 진 관				140	1	10	2	20	햇볕은 닿지 않는다.
주 택	양 식		남향	221	1	30	3	0	
			서향	267					

【주】 남향이란 외기에 접해있는 창이 남쪽에만 있는 것을 말한다. 서향, 북향도 같은 의미이다. 일본 공기조화위생공학지 VOL.39, NO.10 [실온 26℃로 환산].

(7) 실내 냉방부하의 집계

현열의 집계값에는 덕트 표면에서의 부하, 공기누설에 의한 부하 등을 고려한 여유계수를 1.0~1.1, 공조기와 팬코일유닛의 송풍기운전을 고려한 송풍기 부하계수를 1.05, 오전 9시에 일사의 영향을 받고 있는 면에 대하여는 예냉부하를 고려하여 간헐운전계수 1.1을 곱해서 보정한다.

(8) 외기부하

외기부하 q_0[W]는 도입외기량에 의한 외기와 실내공기와의 엔탈피 차를 곱하여 산출한다.

$$q_o = 0.33 \cdot Q_o \cdot (h_o - h_i)$$

여기서, Q_o : 외기량 $(= N \cdot Q_P)$ [㎥/h]

h_o : 외기의 엔탈피 [kJ/kg(DA)]

h_i : 실내공기의 엔탈피 [kJ/kg(DA)]

N : 인원수 [인]

Q_P : 1인당 외기량 (=30 일반 사무실의 경우) [㎥/h · 인]

공장환기의 목적은 일반 거실과 달리, 유해가스나 부유분진 등 공기오염물질을 제거할 수 있도록, 주로 환기용으로 도입 풍량이 매우 많아지고, 이것이 그대로 공조용 외기부하가 되는 경우가 있다. 이 외기부하를 줄이기 위해 다음과 같이 외기 도입량의 최적화 제어법이 있다.

공장환기에서 가장 기본이 되는 것은, 가능한 환기풍량을 줄이고 그것을 위해 필요한 풍량을 정확하게 파악하는 것이다. 공장 환기의 방법에는 전체 환기와 국소 환기가 있어, 필요외기량에 큰 차이가 난다. 예를 들어, 유해 가스의 발생량 Q=0.5 ㎥/h에서, 그 실내 허용 농도 C=5 ppm이면, 전체 환기에 필요한 환기량 V는

$$V = \frac{Q}{C} = \frac{0.5}{5 \times 10^{-6}} = 10^5 = 1000000 \ [\mathrm{m^3/h}]$$

로 되지만 후드 등을 이용하여 국소배기를 실시하면 발생량의 2000배인 배기량이라고 해도 불과 1000 m^3/h 정도로 해결되어서 실제로는 100분의 1로 감소한다. 이것은 극단적인 예이지만 일상에서도 국소환기에 의해 필요외기량을 전체환기의 경우

의 10분의 1 정도로 줄이는 것은 용이하므로 도입외기량을 줄이는 효과적인 방법이다.
공장에서도 일반 사무실, 실내 작업장, 창문이 없는 공장 등의 환기는 건축기준법이나 각지의 지방조례 등에 의해 규정되어 있다.

(9) 장치부하

1) 장치부하

장치부하는 다음 식으로 구한다.

$$q_T = q_S + q_L + q_F + q_D + q_B + q_R$$

여기서, q_T : 장치부하 [W]
q_S : 실내현열부하 [W]
q_L : 실내잠열부하 [W]
q_F : 외기부하 [W]
q_D : 덕트에 의한 열부하※ [W]
q_B : 송풍기 부하※ [W]
q_R : 재열부하 [W]
(※는 난방부하에서 계산하지 않음)

장치부하의 요소는 공조시스템에 따라 다르며 덕트계통에서의 열취득으로 인한 부하(q_D+q_B)는 일반적으로 실내 현열부하의 몇 %와 같이 간략하게 구한다. 급기덕트가 짧은 경우는 5%를 적용하고, 일반적인 경우는 10%, 고속덕트 등과 같이 송풍기정압이 높은 경우는 15%, 상세히 계산하고자 하는 경우는 덕트재료 통과 열취득량을 계산한다. 송풍기에 의한 부하의 계산은 [표 2.36]을 참고로 한다. 코일의 능력은 코일 내외면에 오염물질의 부착 등으로 인한 열교환성능의 저하와 장래의 부하증가에 대비하여 10~15%의 여유를 두는 것이 바람직하다.
장치부하를 현열과 잠열로 구분하면 다음과 같다.

$$q_{FS} = C_p \cdot \gamma \triangle t \cdot Q_F / 3600 \cdot (1-\eta)$$
$$q_{FL} = \gamma \cdot r \cdot \triangle x \cdot Q_F / 3600 \cdot (1-\eta)$$
$$q_F = q_{FS} + q_{FL}$$

여기서, Q_F : 외기량 [m^3/h]

q_F : 외기부하(전열) [W]

q_{FS} : 외기부하(현열) [W]

q_{FL} : 외기부하(잠열) [W]

γ : 공기의 비중량(=1.2) [kg/m^3]

C_p : 공기의 정압비열(=1006) [J/kg(DA)℃]

r : 물의 증발잠열(2500) [J/g]

△h : 실내외 공기의 엔탈피 차 [J/kg(DA)℃]

△t : 실내외 공기의 건구온도차 [℃]

△x : 실내외 공기의 절대습도 차 [g/kg(DA)]

η : 배기회수율을 고려한 전열교환기 효율

증기 가습방식의 경우 q_{FL}은 열원부하로는 되나, 공조기 가열코일부하는 되지 않는 것에 주의하여야 한다.

[표 2.36] 송풍기에 의한 열부하 (실내 현열에 대한 %임)

송풍기 전압 (mmAq)	실온과 급기온도차 (℃)					
	5	7.5	10	12.5	15	17.5
15	1.5	1.1	0.8	0.7	0.6	0.5
20	2.3	1.6	1.2	0.9	0.8	0.7
25	3.0	2.0	1.5	1.2	1.0	0.9
30	3.9	2.7	2.0	1.5	1.3	1.2
40	5.1	3.7	2.7	2.2	1.8	1.5
50	6.7	4.7	3.5	2.8	2.3	2.0
75	11.0	7.7	5.8	4.6	3.9	33
100	16.7	11.5	8.5	6.9	5.5	4.8
125	20.5	14.0	10.4	8.6	7.2	6.2
150	27.0	19.0	13.6	11.0	9.0	7.8
200	-	28.0	21.2	17.2	14.2	12.3

【주】 본 표는 중앙식 장치로서 송풍기 전압효율 70%의 경우와 송풍기용 모터가 공조공간 또는 케이싱 내에 설치되어 있지 않은 경우임

2) 덕트에 의한 열부하

덕트에 의한 열부하는 덕트재료(보온재 포함)를 통한 취득열량과 공기누설에 의한 손실이 있다. 전자는 덕트재료의 열통과율, 덕트 길이, 덕트 표면적 등에 의해 정상 전열식으로 계산이 가능하나, 계산이 복잡하여져 일반적으로 실내 현열부하에 대하여 1%~3% 정도로 추정한다. 덕트에서의 공기누설은 시공정밀도에 따라 크게 차이가 있으나 평균 5%정도이고, 많은 경우는 10%가 되는 경우도 있으므로 무시해서는 안되며, 누설에 대하여는 송풍량을 여유있게 설계하여 대응하여야 한다. 다만 덕트에서 누설은 공조실 통과부분에 대한 손실은 무시하고, 비공조실 통과부위에 대한 손실만 고려하여 이에 대한 풍량 할증율을 설정한다.

송풍기에 의한 발열량은 [표 2.36]에 의해 산출할 수 있으며, 송풍기전압이 높은 경우에는 실내 현열부하의 10% 이상이 되기도 한다. 재열부하의 유무와 크기는 공조시스템에 따라 다르므로 공기선도상의 상태변화를 검토하여 재열부하를 계산한다. 그 외에 흡입트로퍼의 제거열은 여기에 포함한다.

2.3 난방부하 계산

난방부하를 계산하기 위한 지역별 외기 조건은 표 2.37와 같다.

(1) 유리면 부하

투과 일사부하는 실내부하의 여유분으로 작용하므로 일반적으로 무시하며 관류열 부하는 냉방과 같은 방법으로 계산한다.

$$q_{GC} = A \cdot K \cdot (t_o - t_r)$$

여기서, q_{GC} : 관류열취득 [W]

A : 유리창 면적 [m^2]

K : 유리의 열통과율 [W/m^2·℃](표 2.10)

$(t_o - t_r)$: 외기온도와 실내온도의 차 [℃]

[표 2.37] 난방설계용 외기 조건

지 역 별	건 구 온 도(℃)	상 대 습 도(%)
서울	-11.3	63
인천	-10.4	58
수원	-12.4	70
춘천	-14.7	77
강릉	-7.9	42
대전	-10.3	71
청주	-12.1	76
전주	-8.7	72
광주	-6.6	70
대구	-7.6	61
부산	-5.3	46
울산	-7.0	70
목포	-4.7	75
제주	0.1	70

(2) 구조체 부하

1) 외벽 지붕

$$Q_W = K_1 \cdot \Delta t \cdot A \cdot K_2$$

여기서, Q_W : 침입열량 [W]

K_1 : 열통과율 [$W/m^2 \cdot ℃$]

Δt : 실내외 온도차 [℃]

A : 벽의 면적 [m^2]

K_2 : 방위계수 (표 2.38)

[표 2.38] 방위계수

북(N)	동(E),서(W)	남(S)	북동(NE),북서(NW)	남동(SE),남서(SW)	지붕(H)
1.2	1.1	1.0	1.15	1.05	1.2

2) 지면에 접하는 바닥 또는 지하층 주변 벽의 열손실

지면에 면한 바닥 혹은 벽의 부하계산은 실내온도와 해당 지역의 해당 깊이에 따른 지중 온도의 차에 의해 계산하며, 벽체에 있어서 지중 온도는 벽체 높이에서 중앙지점 깊이의 지중온도를 해당 지중온도로 한다.

$$Q_W = K_W \cdot \Delta t \cdot A$$

여기서, Q_W : 지중 벽체를 통한 침입열량 [W]

K_W : 지면에 면한 벽 혹은 바닥의 열통과율 [W/m^2·℃]

Δt : (실내온도 - 평균 깊이의 지중온도) [℃]

A : 벽 또는 바닥의 면적 [m^2]

[표 2.39] 난방 설계용 지역별 지중온도

지 명	월 평균 지표면 온도		동결 심도 (cm)	1월의 깊이에 따른 지중온도		
	최저	최고		0.5 m	2 m	3 m
속초	-0.1	25.9	47	0.19	6.5	8.6
춘천	-2.9	26.7	157	-5.3	2.8	5.5
강릉	-0.1	26.4	44	0.4	3.9	9.4
서울	-2.5	27.0	77	-0.2	5.6	8.1
인천	-1.3	27.0	65	-1.0	6.0	8.3
울릉도	1.4	26.1	14	2.2	8.1	10.1
수원	-1.5	26.7	117	-4.3	3.7	6.4
서산	-0.6	27.3	75	-1.7	5.8	8.3
청주	-1.7	27.8	98	-3.2	4.7	7.4
대전	-0.7	27.2	87	-2.1	5.6	8.2
추풍령	-1.2	27.1	79	1.9	5.5	8.0
포항	0.8	28.3	37	0.9	7.8	13.0
군산	0.7	28.6	43	0.5	7.5	9.9
대구	-0.1	28.9	59	-0.7	6.9	9.4
전주	0.6	28.7	58	-0.6	6.7	9.2
울산	2.4	28.4	37	0.9	7.9	11.0
광주	1.3	28.7	42	0.6	7.8	10.2
부산	3.0	28.4	7	2.8	9.1	11.2
충무	2.3	27.4	22	1.9	8.5	10.7
목포	2.1	28.0	15	3.5	9.4	11.5
여수	1.6	26.8	11	2.7	9.0	11.1
제주	4.9	30.1	-	5.9	11.6	13.5
서귀포	6.5	29.3	-	5.8	11.5	13.4
진주	0.8	27.1	59	-0.6	6.9	9.4

【주】 1970년부터 1979년의 10년간 통계치임.

3) 내부 칸막이부하

내부 칸막이로 인하여 발생하는 부하는 냉방부하와 같은 방법으로 계산한다. 인접실이 해당 실보다 고온일 경우는 무시하지만, 운전 시간대가 다르거나 인접실에서의 발열이 계산조건과 달라질 수 있을 때에는 내부 칸막이부하로 계산한다.

$$Q_{WI} = K \cdot \Delta t \cdot A$$

여기서, Q_{WI} : 내부 벽체를 통한 침입열량 [W]

K : 열통과율 [W/m^2· ℃]

Δt : (실내온도 - 인접실의 온도) [℃]

A : 벽 혹은 바닥의 면적 [m^2]

4) 극간풍 부하

냉방부하 계산방식과 동일하게 계산하며, 보통의 경우 잠열부하는 계산하지 않으나 실내 조건이 엄격한 실에서는 계산하여야 한다.

5) 실내 발열부하

난방에 있어서는 실내 발열부하가 일반적으로 부하의 안전 측에 해당하므로 계산하지 않으나 실내 발열부하가 많은 전산실이나 판매시설 등에서는 실내 발생부하를 검토하여 계절적으로 냉방 가동시기에 대한 검토가 필요할 경우도 있으며, 난방용 장비의 용량을 감소시키거나 대수 분할을 통하여 경제적인 장비 운전을 기할 수 있다.

2.4 부하별 계통 구분

(1) 공기조화 장비의 계통 구분

각 실별 부하계산 완료 후 냉난방 부하를 처리하기 위한 장비를 선정하기 위하여 적절한 단위로 계통을 분류하고 각 계통별 부하를 집계하여야 한다. 건축물의 냉난방을 위한 부하 계산법은 일반적인 경우 최대부하 계산법을 적용하게 되므로 각 실별로 계산된 결과 값을 합산하여 장비를 선정하게 되면 각 건축물에서 실제로 필요로 하는 장비보다 과대한 장비가 선정되게 된다. 따라서 공조 방식에 따라 부하 집계의 방식 및 배관 직경과 덕트 규격을 산정하는 방식을 달리할 필요가 있다.

(2) 전공기방식

건축물의 냉난방을 전공기방식으로 적용하는 경우에 공조부하 처리방식은 다음과 같다.

1) 필요에 의해 세분화된 각 계통별 부하집계 시에 공조기 가동을 필요로 하는 전체 시간대를 통하여 변동이 없는 부하와 변동이 있더라도 동일계통 전체가 동일한 변화율을 가지는 부하의 합산(q_1)을 구한다.

2) 각 시간대별로 부하의 패턴이 변하는 부하는 각 시간대별, 방위별로 집계한다.(표 2.40 참조)

3) 공기조화기 처리용량은 예를 들면 $q_1 + q_{16}$(시간대별 최대값) 이 된다.

4) 계통내 각 실별(방위별) 공급 풍량

공기조화기에서 각 시간대별로 공급하여야 하는 각 실별(방위별) 풍량은 각 시간대별로 변화가 없는 (q_1)에 의한 공급량에 각 방위별로 시간대에 따라서 변화하는 최대 부하값인 N_{MAX}, E_{MAX}, W_{MAX}, S_{MAX}에 의한 공급량의 합산값이 된다.

이 경우 방위별 최대값인 N_{MAX}, E_{MAX}, W_{MAX}, S_{MAX}가 동시에 작용하지 않으므로 공조기 공급 풍량은 3)항의 풍량이 되며, 각 방위별 공급량이 시간에 따라 변화하므로 변풍량방식이 된다.

5) 각 방위별 공급 온도제어

4) 항에서 공급 풍량은 변화시키지 않고 3)항의 풍량으로 산정하고, 각 방위별로 변화하는 부하는 각 방위별로 공급되는 분기덕트에 재열(냉각 혹은 가열) 코일을 설치하여 재가열하여 공급할 수 있다. 이 경우 덕트 계통이 복잡하게 되며, 각 방위별로 조절밸브를 필요로 한다.

[표 2.40] 공조부하의 방위별 집계의 예

시각별	N	E	W	S	계
08:00	65	100	50	75	290(q_{08})
12:00	75	85	75	90	325(q_{12})
14:00	70	70	100	75	315(q_{14})
16:00	70	70	120	70	330(q_{16})
방위별 최대값	75(Nmax)	100(Emax)	120(Wmax)	90(Smax)	

(3) 수공기방식

건축물의 냉·난방을 수공기 방식으로 적용하는 경우의 공조부하 처리방식은 다음과 같다.

1) 필요에 의해 세분화된 각 계통별 부하 집계시에 공조기 가동을 필요로 하는 전체 시간대를 통하여 변동이 없는 부하와 변동이 있더라도 동일계통 전체가 동일한 변화율을 가지는 부하의 합산값(q_1)을 구한다.

2) 각 시간대별로 부하변화의 패턴을 달리하는 경우는 각 시간대별로 각 방위별로 집계한다.

3) 이 경우 공기조화기 처리용량은 q_1이 된다.

4) 이 경우 공조기 공급 풍량은 그 계통이 필요로 하는 최소 환기회수를 만족 시켜야 한다.

5) 각 시간대별로 부하변화 패턴이 상이한 경우(주로 외주부부하)는 FCU 등 별도의 장비를 설치하여 처리하도록 한다.

6) 외주부 FCU용 배관은 동일계통으로 하여 각 기기별 조절밸브를 설치하거나 시간대별 부하변동에 동일성이 있는 부분은 별도의 존(주로 방위별)으로 하여 배관을 분리하여 방위별 조절밸브를 설치한다.

7) 방위별 관경은 방위별 최대부하시의 부하를 제거하기 위한 관경이 되어야하며 층별 혹은 계통별 주 배관 관경은 각 시간대별 부하를 합산하여 최대부하 시간대(표 2.40에서 16시)의 부하값으로 산정한다.

2.5 열원부하

2.5.1 열원설비 계획

건축물의 냉난방 및 가습, 급탕용 열원의 선정은 국가 및 지방자치단체의 규제 및 권장사항을 확인하고 주변의 에너지원 공급사항을 조사한 후 각 에너지원별 경제성 검토를 통하여 가장 경제적이고 안정적인 공급이 확보될 수 있는 에너지원을 선정한다. 열원장비의 선정은 최대부하 운전시는 물론이고, 일정 시간대별로 발생할 수 있는 부분부하시를 고려하여 적정용량 및 대수로 분리하여 설치한다.

(1) 에너지원 선정시 고려사항

1) 공급 가능 에너지원 파악 : 전력, 오일, 가스, 지역 냉난방열원

2) 자연에너지 이용 가능성 파악

3) 폐열 이용가능성 파악

(2) 열원방식 검토기준

1) 시설규모

2) 초기투자비

3) 운전비

4) 용량 제어성

5) 설치면적

6) 유지

7) 적법성, 관리성

8) 에너지절감 및 환경친화성

2.5.2 열원부하

(1) 열원부하

열원부하는 다음 식에 의해 구한다.

$$q_{RM} = q_T + q_P + q_{PM} + q_{SA}$$

여기서, q_{RM} : 열원부하 [W]

q_T : 장치부하 [W]

q_P : 배관의 열손실 [W]

q_{PM} : 펌프부하 [W] (난방부하 계산 시에는 포함하지 않음)

q_{SA} : 장치 축열부하 [W]

배관계의 열부하와 장치 축열부하(q_P+q_{PM}+q_{SA})는 일반적으로 장치부하의 2%~3% 정도로 하며, 상세하게 검토하는 경우는 아래의 내용을 참고한다.

(2) 공조 조닝과 열원부하

대규모 건물에는 다수의 공조 존을 하나의 열원시스템으로 담당하며, 각 존의 부하 변동 패턴은 동일하지 않다. 따라서 열원부하는 각 공조 존 최대부하의 합계값이 아니라 각 존부하를 매시간 집계하여 이의 최대값을 기초로 하여 결정한다.

(3) 배관재 통과 열부하

배관에서 주위로의 단위길이 당 열손실은 다음식으로 구한다.

$$q_{P} = (t_i - t_r)/R$$

$$R = \frac{1}{2\pi}\left(\frac{1}{r_0 \cdot \alpha_1} + \frac{1}{\lambda_0} ln\left(\frac{r_1}{r_0}\right) + \frac{1}{\lambda_1} ln\left(\frac{r_2}{r_1}\right) + \cdots + \frac{1}{\lambda_n} ln\left(\frac{r_{n+1}}{r_n}\right) + \frac{1}{r_{n+1} \cdot \alpha_2}\right)$$

여기서, q_p : 단위길이 당 배관으로부터의 열손실 [W]

t_i, t_r : 배관내의 온도, 주위온도 [℃]

R : 배관의 열통과 저항 [m^2· ℃/W]

α : 배관내, 외측의 표면 열전달률 [W/m^2· ℃]

r_0, r_1 : 원관의 내외반경 [m]

r_n : 각 보온재의 외부 반경 [m]

λ_0 : 배관의 열전도율 [W/m· ℃]

λ_n : 각 보온재의 열전도율 [W/m· ℃]

통상 내부유체가 물·포화증기이고 배관재가 금속인 경우 $\frac{1}{r_0 \cdot \alpha}$과 $\frac{1}{\lambda_0} ln\left(\frac{r_1}{r_0}\right)$는 0으로 한다.

(4) 펌프부하

펌프가 소비하는 에너지 전체가 배관내의 물에 전달되어지므로 펌프의 부하는 송풍기와 같이 다음식으로 구한다.

$$q_{PM} = 860 \cdot \frac{\gamma \cdot Q \cdot H}{\eta_p \cdot 6120}$$

여기서, q_{PM} : 펌프에서의 열부하 [W]

γ : 물의 비중량 [kg/m^3]

Q : 수량 [m³/min]

H : 양정 [m]

η_p : 펌프효율

(5) 장치 축열부하

장치 축열부하는 다음 식에 의해 구한다.

$$q_{SA} = C_W \cdot (t_{W1} - t_{W2}) / \triangle\tau + C_A \cdot (t_{A1} - t_{A2}) / \triangle\tau$$

여기서, q_{SA} : 장치 축열부하 [W]

C_W : 기기와 배관의 열용량 [kJ/℃]

C_A : 공조계통(덕트 등)의 열용량 [kJ/℃]

t_{W1}, t_{A1} : 운전개시 전 장치 내 수온과 덕트 내 공기온도 [℃]

t_{W2}, t_{A2} : 정상운전 후 장치 내 수온과 덕트 내 공기온도 [℃]

$\triangle\tau$: 장치의 예냉 또는 예열시간 [h]

배관내의 t_{W1}은 배관계의 평균을 이용하여 [표 2.41]로부터 구한다. 냉동기내의 t_{W1}은 배관계의 t_{W1}과 같은 값으로 한다. 야간 보일러실의 공기온도와 운전시 보일러내의 증기 또는 온수온도는 평균온도를 택하며, 덕트내의 t_{A1}은 주위온도와 같은 온도로 하고(여름 : 28℃ 전후, 겨울 : 20℃ 전후), t_{A2}를 공조시의 송풍온도로 한다. C_W와 C_A는 열원장치, 공조장치 내용에 따라 많은 차이가 있으나 각종 건물로의 통계자료를 이용하여 구한 값은 [표 2.42]과 같다.

[표 2.41] 예열 예냉 개시시의 배관내 수온 [t_{w1}:℃]

구 분	운전 정지 시간 (h)	배관 평균 직경 (A)			
		100	150	200	250
예 냉	12	26.1	22.8	20.3	18.5
	14	26.7	24.0	21.4	19.5
	16	27.1	24.7	22.4	20.5
예 열	12	22.9	27.8	31.6	34.3
	14	22.0	26.0	29.9	32.7
	16	21.4	24.9	28.4	31.3

【주】 1. 냉방시 t_w=8℃, t_a=28℃ 난방시 t_w=50℃, t_a=20℃

2. 암면 50 mm 보온 기준

[표 2.42] 연면적당 장치의 열용량 (보온재, 물 포함 [W/m^2])

C_W	냉동기 또는 보일러	배 관	합 계
냉방시	0.33	3.64	3.97
난방시	4.02	2.39	6.41

C_A	공 조 기	덕 트	합 계
	0.25	2.39	2.64

2.6 공조시스템의 선정

2.6.1 공장 공조의 개념

공장 공조는 작업자의 작업 환경 유지를 목적으로 하는 작업 공조와 제품의 품질과 수량의 확보를 위해 프로세스 환경유지를 목적으로 하는 공업 프로세스 공조로 구분된다.

(1) 작업 공조

공장의 종류에 따라 작업환경에는 많은 차이점이 있다. 동일한 기계공장에서도, 절삭 공정에서는 열, 오일미스트, 분진 등이 실내 공기에 많이 포함되어 있으며, 세정 및 조립공정에서는 유기용제가 많이 포함된다. 식품공장 및 제약공장에서는 냄새, 유해가스, 분진, 미생물 등 다양한 물질이 공기 중에 포함되어있다. 이러한 환경에서 일하는 근로자의 건강을 유지하기 위해서는 적절한 환기를 할 필요가 있다. 유해가스가 발생하는 경우에는 국소배기 설비 등을 마련해 배기량에 따른 신선한 외기를 도입할 필요가 있다. 작업 공조는 확실한 환기 확보 등의 이유로 일반적으로 정풍량(CAV) 단일 덕트방식인 전공기방식이 선택되는 경우가 많다.

냉수, 증기 또는 온수를 열매로 하는 공기조화기(AHU)를 중앙 기계실에 설치하기도 하지만, 냉동기 및 가열코일 등의 냉온 열원을 내장한 패키지형 에어컨을 생산기계와 동등하게 취급하여 설비비 저감 등을 위해 실내에 설치하는 경우도 많다. 패키지 형식은 생산 설비의 레이아웃 변경에 따라 이전 할 수 있어 편리하다.

변풍량(VAV) 단일 덕트 방식은 실내 열부하의 변화에 따라 송풍 동력의 에너지 절약을 도모할 수 있다는 장점이 있다. 그러나 실내 부하의 감소에 따라 송풍량이 줄어들고 환기에 필요한 적정 외기량을 밑도는 경우가 있다. 또한 VAV 유닛 1대당 처리 풍량이 비교적 작기 때문에 큰 공장 공간에서는 대수가 많아지고, 설비비용이 증가하거나 보수 관리에 시간이 걸리는 등의 이유로 작업 공조에서는 별로 사용되지 않는다.

팬코일유닛 방식이나 멀티형 에어컨디션 방식은 특수한 형식의 것을 제외하고는 외기를 도입 할 수 없기 때문에 환기와 습도 조절을 목적으로 외기 공급 공조기를 별도로 설치해야 한다. 또한 공장 규모와 부하 용량 등에 따라 실내에 설치하는 유닛 대수도 많아지고, 생산 기계의 설치 상황 등에 따라 천장에 설치해야 할 경우도 생긴다. 따라서 설비비나 유지 관리에 있어 문제가 많아 사용이 많지 않다.
그러나 실내 부하 중에서 생산기계에 의한 발열 부하가 매우 크고, 전공기방식의 경우 공조용 풍량이 너무 많은 경우에는 열반송 능력이 우수한 물을 냉열원으로 하는 팬코일유닛을 함께 사용 한다. 이 경우 팬코일유닛은 공조 열매반송에 소요되는 에너지를 절약할 수 있다.

작업 공조를 계획할 때는 다음 사항을 고려해야 한다.

1) 국소배기는 가능한 한 효율적인 장치로 배기량을 억제하여 도입 외기량을 최소로 한다.
2) 천장높이 또는 지붕 트러스를 포함하여 공간이 큰 공장에서는 작업영역으로 바닥으로부터 높이 2~4 m정도를 고려하면 좋다.
3) 작업자의 행동 범위가 한정되어 있다면, 그 범위만을 국소 공조하면 좋다
4) 온습도 설정은 허용 가능한 정도로 완화한다.
5) 배기와 도입외기 사이에 전열교환 또는 현열교환의 가능 여부를 검토한다.

(2) 공업 프로세스 공조

공업 프로세스 공조는 제조되는 제품의 종류 등에 따라 요구되는 실내 공기 조건, 취출 공기 상태 등이 다양하다. 작업 공조에 비해 실내 온습도의 허용 변동폭이 작고, 연중 일정한 온습도 유지를 요구하는 경우가 많다. 또한 반도체나 정밀 기계 공장 등은 프로세스 과정에서 실내 온습도 조건뿐만 아니라 부유분진 및 가스상 물질에 대한 청정도 관리도 엄격하게 요구한다.
이러한 경우 공조시스템은 기본적으로 정풍량 단일 덕트 방식이 채용된다. 이것은 실내 온습도 및 청정도 조건을 유지하는 데 필요한 최소 송풍량 또는 환기 횟수를 확보하고, 실내의 정압 유지 및 프로세스 배기에 맞는 외기 도입이 필요하기 때문이다.
공업 프로세스 공조는 엄격한 온습도 조건을 유지하기 위해 과냉각과 재열이 필요하며, 에너지 절약의 관점에서 보면 바람직하지 않은 제어를 하기도 한다.
그러나 프로세스에 요구되는 조건을 확보 하기 위해서는 어느 정도 부득이한 경우도 많다. 이러한 경우에는 배기와 도입 외기의 열교환에 의한 열에너지 회수, 국부 공조(냉각 터널, 클린 터널 등)의 방법을 사용함으로써 가능한 에너지 절약을 도모하고, 설비 용량이 증가하지 않도록 해야 한다.

2.6.2 열의 분배 방식에 의한 공조시스템 분류

(1) 중앙식

각 실이나 존에 공급할 냉온수 혹은 냉온풍을 중앙 기계실의 공조기로부터 공급하는 방식으로, 열매의 종류에 따라 전공기방식, 공기수방식, 전수방식으로 분류된다.
중앙식은 보일러나 냉동기, 공조기 등이 설치되어 있는 중앙기계실로부터 덕트나 배관을 통해 냉온수 혹은 냉온풍을 각 실로 공급해야 하므로 덕트 혹은 배관 설치공간 등이 확보되어야 한다. 중앙식의 특징은 다음과 같다.

1) 송풍량이 많으므로 실내공기의 오염이 적다.

2) 공조기가 기계실에 집중되므로 관리 · 보수가 용이하다.

3) 대형건물에 적합하며 외기냉방이 가능하다.

4) 덕트가 대형이고 개별식에 비해 설치공간이 크다.

5) 송풍동력이 크고 유닛병용을 제외하고는 개별 제어가 곤란하다.

(2) 개별식

개별식은 각 층 또는 각 존에 공기조화 유닛을 분산 배치하므로 개별 제어성이 좋고, 국소운전이 가능하여 에너지 절약적이다. 그러나 각 유닛마다 냉동기를 갖추고 있어 소음과 진동이 크고, 아울러 외기냉방을 할 수 없으며 유지관리가 불편하다는 단점이 있다.

1) 개별제어성이 우수하다.

2) 설치가 간단하나 외기냉방을 할 수 없고, 유지관리가 불편하다.

3) 각 유닛에 설치된 냉동기에 의한 소음 및 진동, 실내 청정도 열화의 우려가 있다.

2.6.3 열운송 매체에 의한 공조시스템 분류

(1) 전공기방식

실내의 냉난방 부하를 공조기에서 처리한 냉온풍을 송풍기 및 덕트로 실내에 공급하여 처리하는 방식이다. 전공기방식의 특징은 표 2.43와 같다.

[표 2.43] 전공기방식의 특징

장　　　점	단　　　점
• 송풍량이 많으므로 실내공기의 청정화 • 중간기에 외기냉방 가능 • 취출구를 천정에 설치하면 유효공간 확대 • 수배관이 없으므로 누수 · 부식이 없음 • 연면적 1 000 m^2이하의 소규모 건물에 대해서는 공기-수 방식보다 설비비가 저렴	• 덕트의 설치공간이 필요 • 냉온풍의 운반에 소요되는 동력이 냉온수를 운반하는 경우보다 크다 • 공조기의 설치면적이 넓다.
• 1 000 m^2이하의 소규모 건축물 • 대공간의 극장이나 중규모 이상의 다층건물의 외부존 • 병원 수술실, 클린룸 등 공기청정이 극히 요구되는 곳	

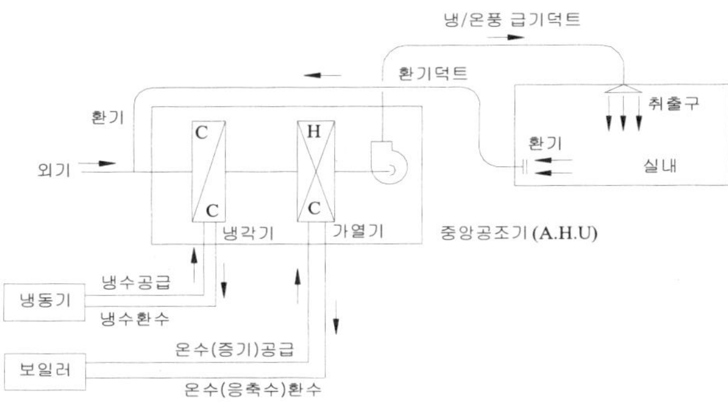

[그림 2.4] 전공기 방식

(2) 전수방식

실내의 냉난방부하를 열원기기에서 처리된 냉온수를 배관을 통해 실내에 공급하는 방식으로, 대표적인 것으로서는 팬코일유닛 방식이 있고, 주요 특징은 표 2.44과 같다.

[표 2.44] 전수 방식의 특징

장　　　점	단　　　점
• 극간풍이 있을 때는 외기도입 가능 • 개별제어가 가능 • 덕트설치공간 불필요	• 공기가 도입되지 않으므로 실내 공기의 오염 • 중규모 이상의 건물에는 부적합

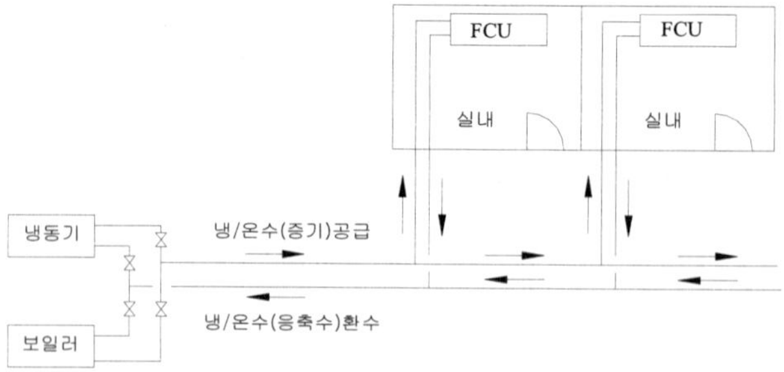

[그림 2.5] 전수 방식(FCU : 팬코일유닛)

(3) 공기수방식

공기수방식은 공기방식과 수방식을 병용한 방식이다. 이 방식은 전공기방식과 전수방식의 장점을 가지고 있으며, 서로의 단점을 보완한 방식이다. 즉, 외부존은 수배관에 의한 팬코일유닛으로 냉난방부하를 처리함으로 덕트 설치공간이 감소된다. 또한, 유닛 1대로 극소의 존을 만들 수 있어 존 구성이 용이하고, 수동으로 각 실의 온도제어를 쉽게 할 수 있으며 열운반 동력은 전공기방식에 비해 적게 든다. 그러나, 유닛 내의 필터가 저성능이므로 공기 청정에 불리하며, 필터를 정기적으로 청소해야 하는 번거로움이 있다. 또한, 실내에 수배관이 있게 되므로 누수의 우려, 유닛의 소음 및 설치 공간이 필요하다.

[표 2.45] 공기-수 방식의 특징

장　　점	단　　점
• 외부존의 부하를 수방식으로 처리 • 덕트 설치공간의 감소 • 존의 구성이 간단 • 수동 제어성이 우수 • 유닛 한 대로 소규모 설비 가능	• 실내공기의 청정도 악화 • FCU의 필터성능 열화(필터 관리) • 실내 수배관에서의 누수 염려 • 실내 유닛의 소음 및 설치공간 필요
• 사무실 건물, 호텔, 병원 등의 다실 건축물의 외부존은 수방식, 내부존은 공기방식	

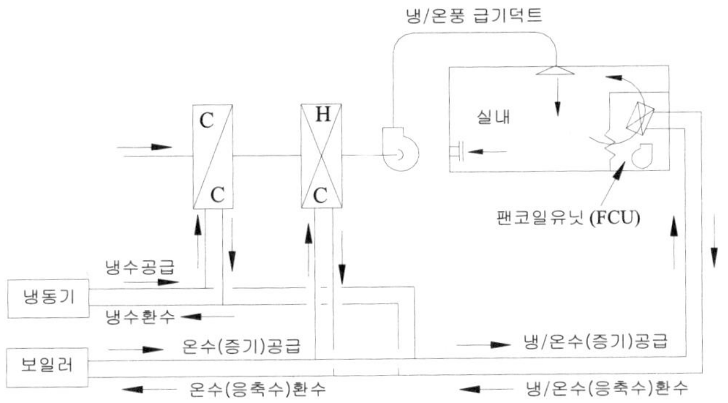

[그림 2.6] 공기수방식(덕트 병용 팬코일유닛 방식)

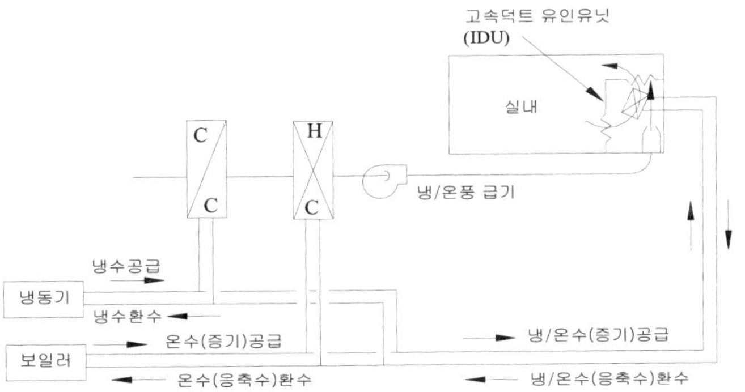

[그림 2.7] 공기수 방식(유인 유닛)

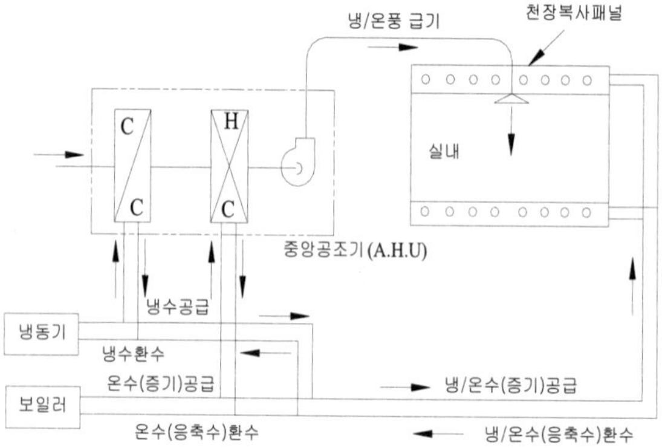

[그림 2.8] 공기수방식(덕트병용 복사 냉난방)

(4) 냉매방식

냉동 사이클을 이용한 개별방식으로 냉동기 또는 히트펌프 등의 열원을 갖춘 패키지 유닛을 사용하는 방법으로, 룸쿨러, 멀티유닛형 룸쿨러, 패키지형 등이 있으며, 사용 목적에 따라 냉방용과 냉난방용 등이 있다. 이 유닛에는 설치 위치에 따라 벽걸이형, 바닥설치형, 천장매립형이 있으며, 응축기의 냉각방법으로는 공랭식, 수냉식이 있다.

[표 2.46] 냉매방식의 특징

장　점	단　점
• 설치 및 철거가 간편 • 운전조작이 쉽고, 유지관리 간단 • 제품 규격화 및 용도, 용량에 따른 선택 • 히트펌프식은 냉난방 겸용 • 개별제어가 간단	• 설치장소의 제한(창문, 벽) • 실내 유닛의 설치면적 필요 • 실내 유닛이 분리되지 않은 경우, 소음 및 진동 • 주위 건물에 피해(응축기의 열풍) • 외기량이 부족

2.7 공조방식

2.7.1 정풍량 단일덕트 방식

(1) 시스템의 특징

정풍량 단일덕트 방식의 송풍량은 실현열 부하에 따라 다음식으로 구할 수 있다.

$$Q \fallingdotseq \frac{SH}{1.2(t_R - t_s)}$$

Q : 송풍량 (m^3/h)
SH : 실현열부하 (kJ/h)
t_R : 실내온도 (℃)
t_s : 취출 공기온도 (℃)
1.2 : 공기의 비열 1.006 kJ/(kg·K)×공기의 밀도 1.2 kg/m^3
≒1.2 kJ/(m^3·K)

중앙의 공조기와 공조 대상실을 덕트로 연결하는 전공기방식으로 다음과 같은 장점을 가지고 있다.

1) 장점

- 전공기방식으로 환기량을 정상적으로 충분히 확보할 수 있다.
- 환기팬을 설치하면 중간기 혹은 겨울철에 실내보다 낮은 외기를 도입하여 냉방하는 외기냉방이 가능하다.
- 전공기방식 중에서 가장 간단한 방식으로 설비비가 싸고 보수관리도 용이하다.
- 풍량이 충분하고 일정하기 때문에 부하특성이 거의 같은 존에서는 온습도, 공기질, 기류분포 등이 안정하여 질 높은 공조를 할 수 있다.

2) 단점

- 부하특성이 다른 실이나 존에 적용하면 부하변동에 대응할 수 없다.
- 실마다 부분적인 공조의 운전이나 정지를 할 수 없다.
- 써모스탯의 부착 위치를 결정하기 어렵다.
- 용도변경, 부하증가 시 대응이 곤란하다.
- 열운반을 모두 공기로 하기 때문에 덕트 샤프트가 크게 된다.
- 송풍량은 연간 최대부하 시의 대풍량이기 때문에 반송동력비가 크다.

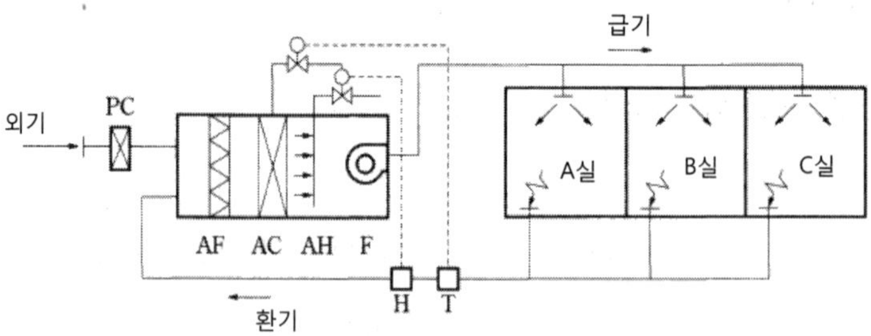

【주】 AF : 에어필터 AC : 공기코일 AH : 공기가습기 F : 송풍기
PC : 외기예열(예냉)기 T : 온도검출단 H : 습도검출단

[그림 2.9] 정풍량 단일덕트 방식

(2) 시스템 구성

[그림 2.9] 정풍량 단일덕트의 구성을 나타낸 것이다. 공조기는 공기필터, 공기냉각코일, 공기가열코일, 공기가습기, 송풍기 및 필요에 따라 외기 예열(또는 예냉)기나 코일 바이패스로 구성된다. 정풍량 단일덕트방식에는 변형으로 존 리히트 방식, 터미널 리히트 방식, 멀티존 방식 등이 있지만 실제로는 각실, 각 영역의 부하특성(현열비 등)이 다르기 때문에 전체 실이나 전체 영역의 실내 상태를 동일하게 하는 것은 어렵다. 따라서 설계 또는 설정 실내조건의 편차가 허용 범위를 초과하는 경우에는 존 구성 및 제어 방법의 재검토가 필요하다.

(3) 시스템 제어

정풍량 단일덕트 방식의 자동 제어는 공조기의 공기 코일(냉온수, 증기) 유량 제어, 코일 바이패스 댐퍼 제어, 급기 재열제어 등 3가지 방식이 있다. 공기 코일로 보내는 냉수, 온수, 증기의 유량제어에 따라 실내온도는 설정값을 유지할 수 있지만, 상대습도는 설정값으로 유지하는 것이 어렵다. 따라서 습도유지가 엄격하게 요구되는 경우에는 별도로 가습기와 재열 등의 제어를 추가할 필요가 있다.

공기 코일 바이패스 댐퍼 제어는 바이패스 댐퍼의 개도제어를 코일 유량제어와 함께 실시하여 특히 냉방 시 바이패스 공기에 의한 재열효과가 있기 때문에, 코일 유량제어보다 상대습도의 제어특성이 양호하다.

재열제어는 냉각코일 출구 공기노점온도를 제어하는데 재열기에서 냉풍을 가열 제어하는 것으로, 습도의 제어특성은 우수하지만, 에너지 절약적인 측면에서는 바람직하지 않다.

(4) 적용

전공기 정풍량 단일덕트 방식을 공장에 적용하려면 공장의 배기에 맞는 도입 외기량을 확보하면서도 급기량을 최소화하여 송풍동력을 절약하는 에너지 절약방안을 도모해야한다.

[그림 2.10]은 천장이 높은 공장의 작업공조에서 실내상부에 기계와 작업영역에서 발생하는 고온공기가 모여 만들어지는 성층현상을 이용하여 작업영역의 부하경감을 도모하고, 급기량을 줄이는 방법을 나타낸 것이다. 송풍구는 작업공간의 바닥에서 2~3 m 높이에 설치(배기량에 따라 다르지만)하고, 작업영역에 비해 3~11℃ 정도 고온의 상층부 공기를 배기하여 공조부하를 줄일 수 있다. [표 2.47]은 고온 성층에 따른 작업영역의 냉방부하의 경감비율의 기준을 나타낸 것이다.

정밀기계부품 등의 제조공장에서 이중 바닥 구조를 채용 하는 경우 바닥취출 공조도 성층공조의 방법으로 유효하다. 인쇄공장, 담배공장, 섬유공장 등과 같이 생산 기계에서 발열이 크고, 실내에 비교적 높은 상대습도가 필요한 경우 전공기식 공조방식을 사용하면 풍량이 증가한다. [그림 2.11]은 이러한 경우를 공기선도로 나타낸 것이다. 이와 같은 경우 실내에서 직접 물분무 가습을 하여 분무 물방울의 증발에 의해 실내현열부하를 잠열로 변환하여 실온을 낮추도록 하면 [그림 2.12]와 같이 송풍량을 줄여 송풍동력을 줄일 수 있다. 그러나 물분무를 위한 압축공기동력이 필요하므로 미리 두 가지에 대한 소요동력량을 비교할 필요가 있다. 그리고 실내에서 분무하는 양에는 한계가 있으므로 이 방법을 채택할 때 주의해야 한다.

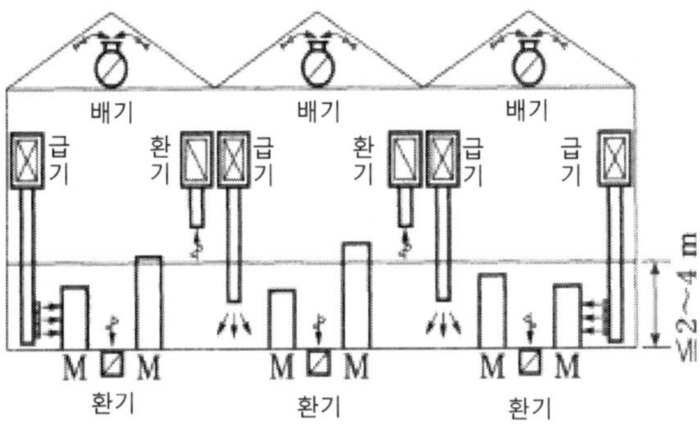

【주】 M : 기계

[그림 2.10] 성층공조

[표 2.47] 성층공조에 의한 실내 냉방 경감 효과

지붕	— 20%
벽 (4.5 m 이상의 부분)	— 32%
백열등	— 16%
형광등	— 40%

【주】 바닥 위 4.5 m 이상에 있는 열부하 중의 대류취득비율에 (1~0.2)를 곱한 값 단, 0.2는 급기로 유인되는 것으로 본 비율

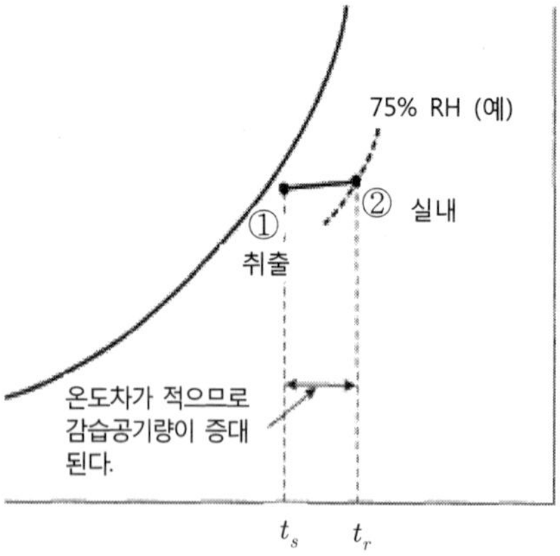

[그림 2.11] 고습도시 전공기 방식의 송풍량

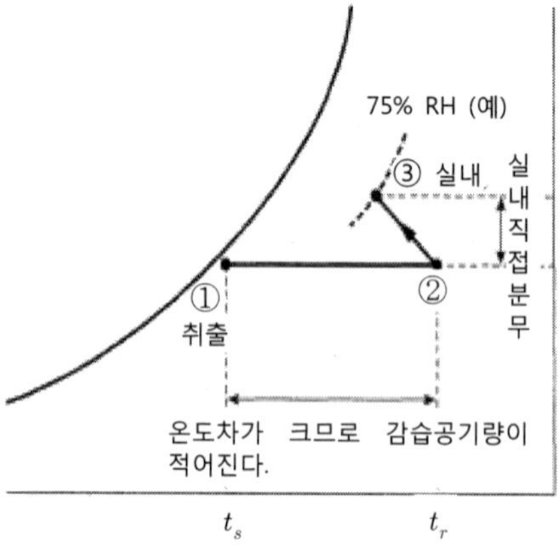

[그림 2.12] 직접 물분무에 따른 송풍량 삭감

2.7.2 변풍량 (VAV) 단일 덕트 방식

(1) 시스템의 특징

변풍량 단일덕트 방식은 공조 대상실의 현열부하 증감에 따라 공조용 급기량을 조절하여 실내를 설정된 온도로 유지하는 방식이다. 이 방식은 송풍 온도차($t_R - t_S$)를 항상 일정하게 유지하고 분자의 현열부하 SH의 변동에 따라 송풍량 Q를 바꾸는 것이다. 변풍량 방식은 다음과 같은 장단점이 있다.

1) 장점

- 변풍량 유닛을 실 혹은 존마다 배치하므로 개별제어, 존제어가 가능하다.
- 동시부하율을 고려하여 기기용량, 덕트치수를 결정할 수 있기 때문에 정풍량 단일 덕트에 비해 설비용량을 줄일 수 있다.
- 부하변동을 예측하여 실온을 유지하기 때문에 열원설비용 에너지의 낭비를 줄일 수 있다.
- 송풍기의 풍량제어를 함으로 부분부하 시의 반송 에너지 소비를 경감시킬 수 있다.
- 전폐형 변풍량 유닛을 사용하면 사용하지 않는 실에 대한 공조를 정지시켜 에너지 낭비를 방지할 수 있다.

2) 단점

- 송풍량이 감소할 때 실내의 기류분포가 악화되지 주의해야 한다.

• 공조기는 송풍량이 줄어들어도 필요외기량을 확보할 것. 즉 외기덕트에 정풍량 덕트를 설치하여 송풍량의 변동에 관계없이 일정량의 외기를 도입하도록 한다. 혹은 외기용으로 전용 송풍기를 설치한다.
• 송풍량의 감소에 따른 기류분포, 실내청정도의 유지에 문제가 없도록 한다.
• 풍량이 변해도 변풍량 유닛의 발생소음을 허용치 이내로 억제한다.

(2) 시스템 구성

대표적인 변풍량 단일덕트 방식의 구성을 [그림 2.13]에 나타내었다. 정풍량 단일덕트 방식과 달리 실내 현열부하의 감소에 따라 취출 풍량을 감소시키는 변풍량 유닛(VAV 유닛)을 설치해 현열부하에 따라 송풍기의 풍량제어를 실시하고 에너지 절약을 도모한다.

최대 송풍량을 결정하기 위한 실내현열 부하는 대상 영역에 대해 동시 부하율을 고려한 값으로 한다. 실내로 취출하는 최소 풍량은 환기 및 기류 분포를 악화시키지 않는 최소 필요풍량과 부하로부터 구해지는 최소 풍량을 비교하여 큰 쪽으로 결정한다. 이 경우에 주의해야 할 것은 도입외기량의 필요 최소량을 확보할 필요가 있다. [그림 2.13]에 나타낸 것처럼 외기 덕트에 외기 도입용 송풍기를 별도로 설치하거나 외기도입 덕트 내부에 풍속 검출단을 설치하여 최소 외기량 확보를 위한 풍속을 항상 유지하도록 외기 댐퍼 개도를 제어하는 자동 제어 루프를 만드는 것 등을 고려해야 한다.

변풍량 유닛은 변풍량 단일 덕트 방식중에서 가장 중심적인 역할을 하는 중요한 장치이다. [그림 2.14]에 변풍량 유닛의 구조와 동작 개요를 나타내었다. 유닛의 풍량조절기구 원리가 제조사에 따라 특징도 다양하며 설비비, 운전비 모두 다르므로, 실의 용도, 부하특성, 건축상의 제약조건 등을 충분히 고려하여 선택해야 한다.

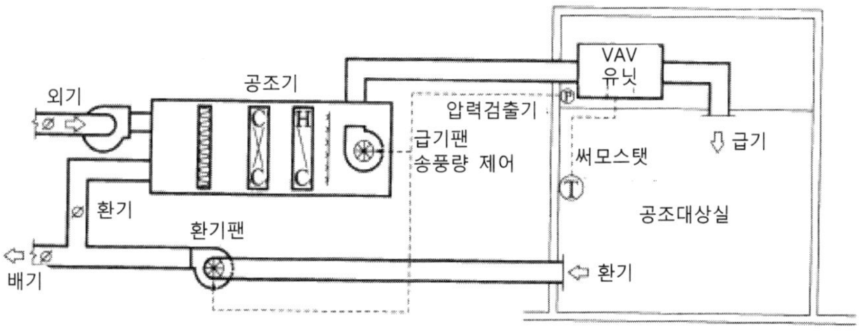

[그림 2.13] 변풍량 단일덕트 방식

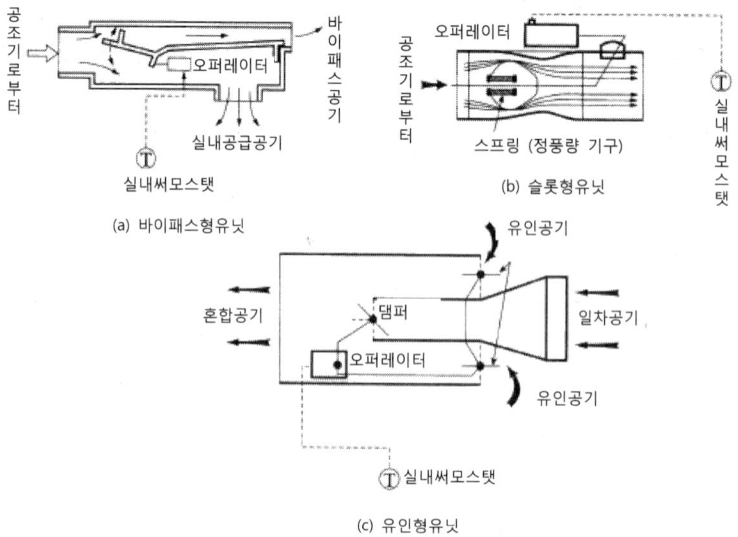

[그림 2.14] 변풍량 유닛 종류와 구조

(3) 시스템 제어

변풍량 단일덕트 방식은 실의 현열 부하의 변동에 따라 변풍량 유닛으로 실내 급기량을 제어한다. 주로 공조기 송풍기의 풍량제어를 통해 에너지 절약을 도모한다. 송풍기 풍량제어에는 다음과 같은 방법이 있다.

1) 송풍기 토출구 댐퍼 제어

2) 송풍기 입구 베인 제어

3) 송풍기 회전수 제어

4) 송풍기 가변핏치 제어

송풍기의 성능이 풍량에 따라 변화하지 않는 것으로 가정하면, 송풍기 동력은 풍량의 3승에 비례하기 때문에 최근에는 송풍기용 전동기 인버터에 의한 회전수 제어가 널리 채용되고 있다. 이를 위해 모든 변풍량 유닛의 전풍량 검지방법으로 주 송풍덕트 내부에 정압검출단을 설치하여 풍량 변동에 관계없이 규정 정압을 유지하는(송풍기 운전이나 댐퍼의 개도를 제어 하는) 방법이 제안되어 왔다. 그러나 실제로는 항상 적절한 제어를 할 수 없기 때문에 현재는 전 변풍량 유닛의 개도 지시를 중앙에 모아 그 속에서 최대 개도를 나타내는 단위의 개도를 유지하도록 송풍기의 운전을 제어하는 방법이 선택되는 경우가 많다.

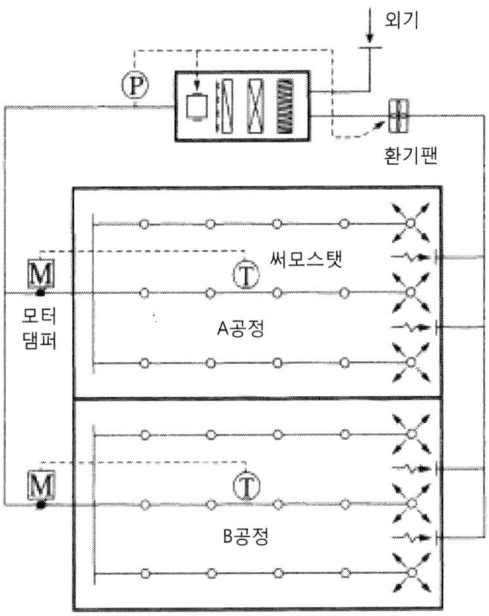

[그림 2.15] 존 VAV 방식

(4) 적용

생산공장과 같이 제조 기계 등의 발열이 큰 경우는 설계 최대송풍량이 커지고 VAV 유닛의 대수도 증가해 설비비용이 높아지고, 유지 관리가 번거로운 등의 문제가 있다. 따라서 [그림 2.15]와 같이 존마다 덕트의 분기주관에 자동댐퍼를 설치하여 존 VAV방식으로 하는 경우도 있다. 이와 같은 경우 댐퍼에서 취출구까지 덕트 내부의 공기 압력 균형이 유지 되지 못하면, 각 취출구에서 취출되는 풍량의 밸런스를 잡기 어려운 경우가 많다.

이것을 방지하기 위해 각 취출구까지의 덕트 길이를 거의 동일하도록 배치하는 방법도 있지만, 덕트시스템이 복잡해지고 비용도 늘어나 문제가 많다. 변풍량방식은 기본적으로 실내 현열부하의 변동에 대처하여 송풍량을 변화시키는 것으로, 냉방시에는 송풍량의 감소와 함께 취출 공기에 의한 제습능력이 줄어든다.

그 결과 상대습도가 상승하기 때문에, 프로세스 공조 같이 엄격한 온습도가 요구되는 경우 적절한 방식은 아니다.

2.7.3 팬코일유닛 방식

(1) 시스템의 특징

팬코일유닛은 에어필터, 냉온수 코일, 전동기 직결 소형송풍기를 일체형 케이스에 통합한 실내용 소형공조기로 내장된 코일에 열매로써 냉온수를 공급하여 공조를 하는 것으로, 장단점은 다음과 같다.

1) 장점

- 각 실의 유닛은 수동으로 제어할 수 있고, 개별제어가 쉽다.
- 유닛을 창문 밑에 설치하면 콜드 드래프트(cold draft)를 줄일 수 있다.
- 전공기방식에 비해 유닛의 위치 변경이 쉽다.
- 펌프에 의해 냉온수를 공급하므로 송풍기에 의한 공기의 이송 동력보다 적게 든다.
- 덕트의 설치공간 및 중앙기계실의 설치면적이 감소한다.
- 공기식에 비해 열에너지의 50%를 물에 의존하므로 에너지 절감 효과가 있다.

2) 단점

- 각 유닛의 수배관에서의 누수 염려가 있다.
- 외기량이 부족하여 실내 오염의 우려가 있다.
- 유닛의 필터 관리 및 팬으로부터의 소음이 발생한다.

이러한 장단점으로 인해 주택, 호텔, 사무소, 개인실 등 개별제어 원하는 장소에서 잘 이용되고 있다. 또한 열부하 밀도가 높은 방송국, 전산 센터, 상점, 연구소, 병원 등에서 보조적으로 부하를 처리하기 위해 채택하는 경우도 있다.

(2) 시스템 구성

실내 재실자에 대하여 환기와 실내습도 조절을 위해 중앙공조기로부터 덕트에 의해 일차 공기를 실내에 보낸다. 실내유니트는 냉온열원 장치로부터 펌프에 의해 냉수 또는 온수를 공급하여 실내 온습도를 제어한다. [그림 2.16]에 대표적인 시스템의 개념도를 나타낸다. 냉수 또는 온수를 공급하는 배관방식은 2관식과 4관식의 2 종류가 있다. 2관식은 냉수 또는 온수를 절환하여 이용하는 단일 열원방식으로 냉방기에는 냉동기의 냉수를, 난방기에는 보일러의 온수를 사용한다. 4관식은 냉수와 온수를 항상 장치에 공급하여 사용할 수 있도록 한 것이다. 다중 열원방식으로 실의 요구에 따라 냉방 및 난방 모두를 할 수 있도록 장치 전후의 밸브에서 냉온수를 절환하여 이용한다. [그림 2.17] 및 [그림 2.18]에 2관식 및 4관식의 개념도를 나타냈다.

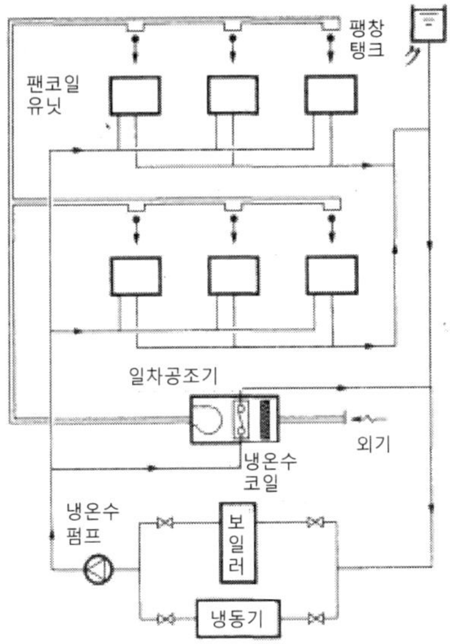

[그림 2.16] 팬코일유닛 방식

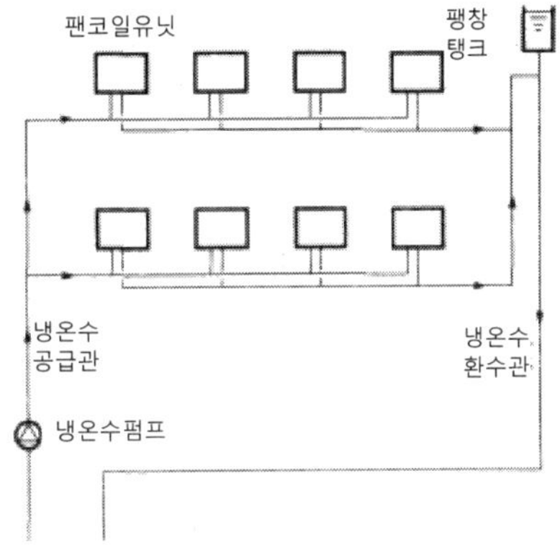

[그림 2.17] 2관식 팬코일유닛 방식

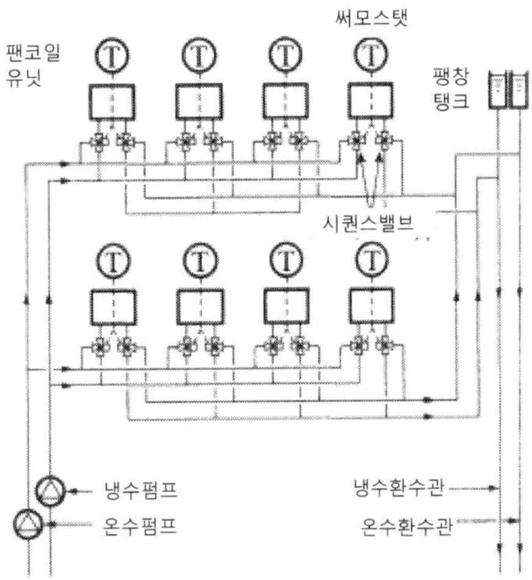

[그림 2.18] 4관식 팬코일유닛 방식
(Single coil)

(3) 시스템의 제어

팬코일유닛의 제어방법은 자동 또는 수동으로 송풍기의 온오프 또는 회전수 제어, 2관식에서는 냉온수 이방밸브 또는 삼방밸브 제어, 4관식에서는 팬코일유닛 출입구 배관에서 냉온수 이방절환 밸브에 의한 유량제어가 있어 개실 제어를 할 수 있다. [그림 2.19], [그림 2.20], [그림 2.21]에 2관식 존제어 방식, 개별제어 방식, 정유량 존제어 방식의 개념도를 나타냈다.

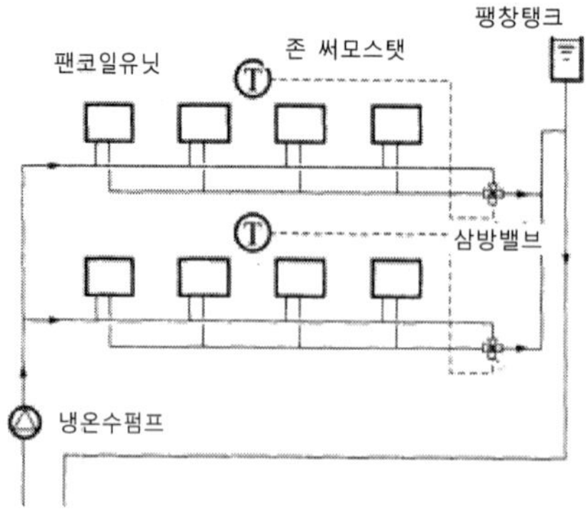

[그림 2.19] 2관식 존제어 방식

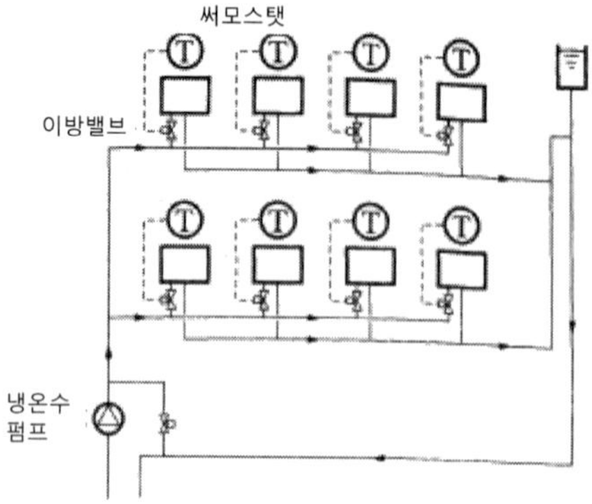

[그림 2.20] 2관식 개별제어 방식

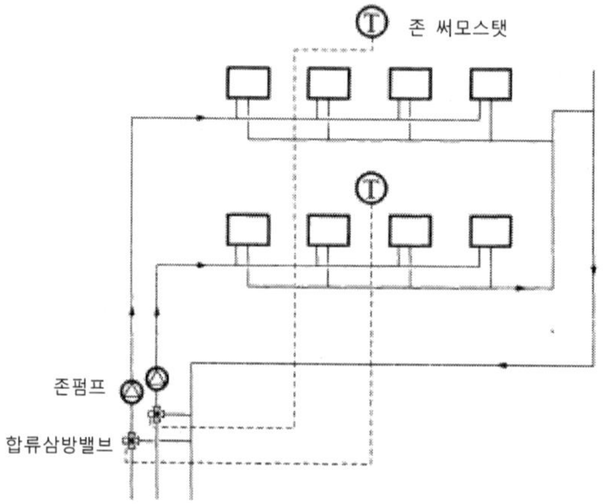

[그림 2.21] 2관식 정유량 존제어 방식

(4) 적용

공장이나 연구소 등에서는 발열이 큰 기계나 장치가 일시적 또는 지속적으로 운전 또는 사용된다. 이러한 부하를 모두 공기로 처리하려고 하면 풍량이 증가하고, 설비 비용도 높아진다. 또한 공조기, 덕트 설비의 공간 문제, 운전 정지시 공조 설비의 제어에 문제가 생길 수 있다. 그러나 팬코일유닛을 함께 사용하면 균형 잡힌 제어성이 좋은 공조시스템을 계획할 수 있다. 이러한 이유로 생산기계의 발열이 많은 공장의 냉방부하를 처리하기 위해 팬코일유닛 방식이 채용되는 경우가 많다. 대부분의 공장에서는 국소배기를 한다. 따라서 그에 따른 외기 도입이 필요하기 때문에 팬코일유닛은 환기의 역할을 하지 않고, 생산기계의 발열 처리 등을 위해 보조로 사용된다. 공장에서는 팬코일유닛은 천장에 매다는 것이 많지만, 배관이나 유닛은 가능한 천장 아래에 노출시켜 설치하는 것이 장래의 생산기계 이전·증설에 대응하기 쉽고, 보수 관리도 양호하다. 그러나 유지보수 및 누수시의 경우를 생각하면, 생산기계의 바로 위에 설치 및 배관공사를 하는 것은 가능한 피하고 통로 상부에 설치한다. 분진이 많은 실에서는, 코일, 에어필터에 막힘이 생기기 쉽고, 또한 산성의 부식성 가스 등이 많이 포함되는 실에서는 코일의 핀에 부식이 발생하기 쉬우므로 주의해야 한다.

2.7.4 패키지형 에어컨디션 방식

(1) 시스템의 특징

패키지형 에어컨디션은 케이스 속에 소용량 냉동기, 에어필터, 송풍기, 제어장치, 가열코일 및 가습기 등을 컴팩트하게 조립한 공조기이다. 원래 중소상점이나 사무실용으로 표준화된 중소 용량의 기종이지만, 작고 취급이 간단한 것으로부터, 각종 건물, 공장 등에 넓은 범위에서 이용되고 있다. 최근에는 압축기 용량이 0.75~100 kW 정도로 냉방 전용기(난방시 증기 또는 온수 코일, 전기 히터)와 수열원 또는 공기열원 히트펌프 형식이 있다. 단순히 공기조절이 요구되는 경우는 공기열원 히트펌프 형식이 널리 사용되어지고 있다. 중앙식으로 주로 사용되는 패키지형 에어컨디션은 냉동기의 압축기 용량이 7.5 kW 이상으로 비교적 대형 기종이다.

1) 장점

- 공장 생산품이므로 품질이 균일하고 작고 취급이 쉽다. 또한 설치 공사기간이 짧다.
- 기계실 면적이 적다.
- 유닛마다 운전·정지가 가능하다. 사용하지 않는 존은 공조 정지를 통해 에너지 절약을 도모하기 쉽다.

2) 단점

- 냉동기 및 송풍기의 용량 범위가 한정되어 있기 때문에 범위에서 벗어난 부하 특성을 가진 실의 경우는 온습도 제어 정밀도가 떨어지는 경우가 있다.
- 직접 팽창코일(Direct expansion coil: DX코일)에 의해 공기를 냉각하기 때문에, 냉동기의 용량제어는 온오프 제어가 되고 온습도 제어의 정밀도가 떨어진다.
- 송풍기의 능력에 제한이 있기 때문에 공기 저항능력을 초과하는 경우, 부스터 팬을 설치하는 등의 대책이 필요하다.
- 고성능 에어필터를 사용하기 어렵다.
- 공조 대상 실내 또는 실에 인접한 기계실에 설치하는 경우에는 소음문제가 있다.

공장에서 패키지형 에어컨디션을 채용하는 것은 온습도 제어에 대한 요구가 그다지 엄격하지 않은 실, 설비기계의 가동이 불규칙하여 발열이 비정상적인 실, 공장내부의 각 직장 단위로 운전 및 유지 보수 관리를 하는 실 등에서 채용하는 경우가 많다. 또한 저온 창고용, 전산실 등 특수 목적용으로 개발된 기종과 같이 다양한 용도에 대응할 수 있도록 되어있다.

(2) 시스템 구성

패키지형 에어컨디션 방식은 기본적으로 정풍량 단일덕트 방식이지만, 직접 실내에 설치하는 경우에는 덕트를 설치하지 않고, 플리넘 챔버로부터 직접 공기를 실내에 취출하고, 환기도 설치한 실에서 바로 흡입하도록 하고 있다.

[그림 2.22]에 대표적인 중앙식의 패키지형 에어컨디션 방식의 개념을 나타냈다. 가열 코일, 가습 스프레이는 추가적으로 부가된 기능이며, 제어기구는 전기식이 사용되고 있다. T_0는 냉동기의 운전제어를 위한 실내온도 검출단으로 실내에 설치한다. T_1는 난방시 가열코일 제어용 온도 검출단, H는 난방시 실내습도 검출단이다.

패키지형 에어컨디션은 냉동기의 압축기 온오프 운전이 기본이기 때문에 흡입 공기의 습구온도가 15℃ 전후보다 낮은 경우 압축기 운전 중 입력에 따라 증발 온도가 낮아져 증발기에 서리가 생기거나, 저압 압력 스위치에 의한 보안회로가 동작하여 압축기가 정지하는 등 정상적인 운전을 할 수 없는 경우가 있으므로 주의할 필요가 있다.

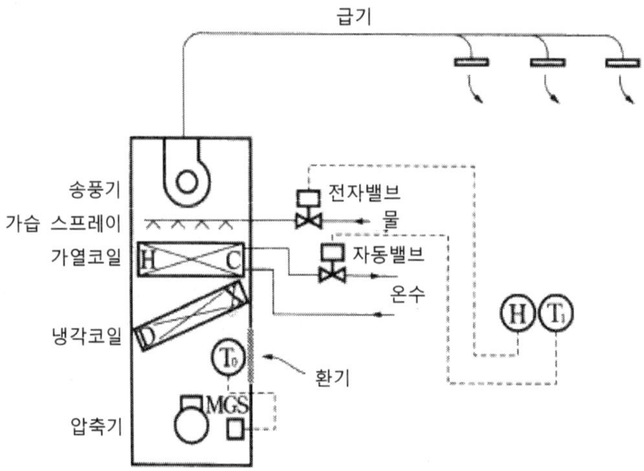

[그림 2.22] 중앙식 패키지형 에어컨디션 방식

또한 최근에는 난방도 동일한 기기로 하는 공랭 히트펌프식 패키지형 에어컨디션의 이용이 많아지고 있다. 이 방식은 실외기와 실내기 사이에 냉매배관이 있는 경우 냉각탑 및 배관이 불필요하다. 히트 펌프식은 보일러 등의 열원이 없더라도 난방이 가능하므로 편리하다. 그러나 실내 온습도 제어가 엄격하게 요구되는 장소의 경우 적합하지 않다, 특히 냉매 배관이 긴 경우 능력이 떨어져 보조 히터가 필요하다.

공기열원 히트펌프식과 냉각탑을 가진 수냉식 패키지형 공조기 및 보일러를 별도로 설치한 방식 중 어느 방식이 전체적으로 에너지 절약이 될지 판단하기 위해, 설치 장소의 기후와 운전 조건 등을 충분히 고려할 필요가 있다.

(3) 적용

공장 냉방부하는 생산기계에서 현열, 잠열발생의 대소, 국소 배기에 에어밸런스를 잡기 위한 도입 외기부하의 대소, 공정에 요구되는 온습도 등에 따라 크게 특성이 다르므로 패키지형 에어컨디션 방식을 적용하는 경우 현열과 잠열의 처리 능력에 대해 주의해야 한다. 공장이나 연구소의 항온항습실에서 이 방식을 채용하는 경우 제어 예를 [그림 2.23]에 나타냈다. 이것은 노점제어 및 재열·가습 제어의 조합 변형으로 압축기가 안정되어 연속 운전이 가능하다. 패키지 입구공기의 습구온도가 낮게 되지 않도록 외기 예열 제어도 설치되어 있다. 이 방식은 에너지 절약성은 부족하지만, 공장 전체의 총에너지 소비량에서 차지하는 비중이 작은 경우 초기 투자비의 절약을 고려하여 사용한다.

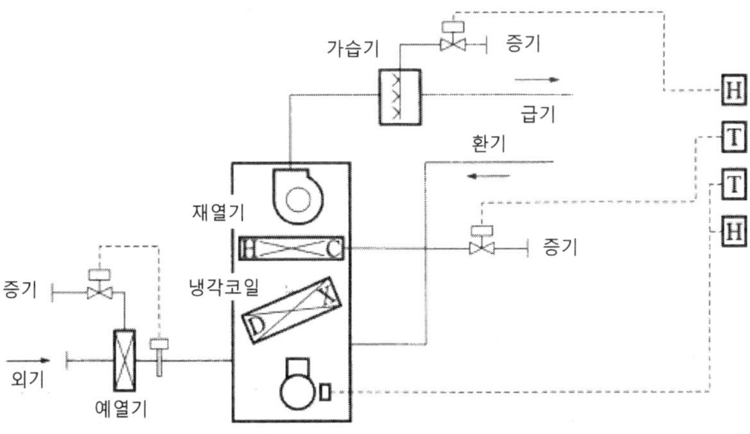

[그림 2.23] 패키지형 에어컨디션을 사용하는 항온항습장치

2.7.5 터미널 유닛식

(1) 시스템의 특징

압축기, 응축기, 증발기, 송풍기, 에어 필터 등이 내장되어 있는 소형 공조기 유닛을 실내에 설치하는 점에서 중앙식 패키지형 에어컨디션과 같은 특징을 가지고 있다. 소형이기 때문에 실내에 설치할 수 있으며, 천장형, 바닥 설치형 또는 노출형, 은폐형 등이 있다. 개별제어가 가능한 점에서 팬코일유닛의 특징도 가지고 있어 장점 및 단점도 동일하다. 이 장치는 소형 유닛을 히트펌프형으로 하여 내부발열이 많은 실에서 열을 회수하고, 이 열을 페리메타 측의 난방에 이용하여 에너지 절약을 도모하는 것도 가능하다. 이와 같은 특징을 고려하여 연구소와 같이 냉방을 필요로 하는 실과 난방을 필요로 하는 많은 실이 혼재된 건물에 이용되고 있다.

(2) 시스템 구성

[그림 2.24]은 시스템의 기본 개념도를 나타낸다. 수공기 히트펌프 유닛, 방열기 (냉각탑), 가열기(보일러), 열원순환 펌프를 배관을 통해 연결한 것이다. 어느 실이 난방될 때 유닛(히트 펌프)을 통해 배관 내부의 물로부터 열이 실내로 보내진다. 냉방의 경우 실내의 열이 유닛을 통해 배관 내부의 물로 옮겨진다. 따라서 건물 내부의 다른 실이 각각 동시에 냉방 또는 난방을 요구하는 경우 냉방 부하가 많은 경우는 냉각기가 작동하고, 난방 부하가 많은 경우는 가열기가 작동한다. 건물 내부에서 냉방부하와 난방부하가 균형을 이루면 냉각기 및 가열기가 함께 작동하지 않아도 된다. 순환수의 온도는 15~45℃이고, 시스템의 난방부하와 냉방부하의 비율에 따라 최적온도가 선정된다.

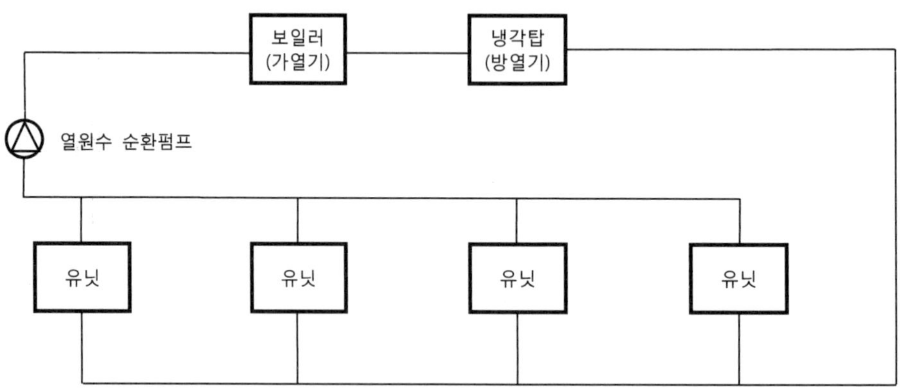

[그림 2.24] 터미널 유닛식

(3) 시스템 제어

시스템의 유닛측은 실내온도 검출단에 따라 냉난방 절환을 하지만, 실내의 여러 대 유닛마다 검출단을 설치하면 동일한 실내에서도 냉방운전과 난방운전 유닛이 동시에 나타날 수 있다. 이것은 실내공기의 혼합 손실을 초래해 에너지 절약적이지 않기 때문에 하나의 온도 검출단으로 다수의 장치를 제어하면 좋다.

또한 제어 기기의 고장 및 기타 사고로 열원수 온도가 보일러보다 80℃이상 상승하면 냉매 압력이 상승하여 냉매 배관계의 파괴 위험성도 있다. 따라서 열원수의 온도 제어시스템은 경제적인 운전뿐만 아니라 안전성 측면에서도 중요하다.

(4) 적용

이 방식을 공장내부의 생산 라인과 같은 넓은 공간에 적용하면 유닛의 대수가 너무 많아 보수 및 운전관리에 문제가 많다. 또한 국소배기가 있는 경우 그에 맞는 외기를 별도로 단일덕트 방식 등으로 도입해야 하기 때문에 설비비도 높다.

그러나 냉난방에 대한 요구가 혼재되어 있는 공장의 연구소 등에 적용하면 경제적인 경우가 있다.

2.7.6 멀티형 에어컨디션식

(1) 시스템의 특징

멀티형 에어컨디션식은 터미널 유닛에서 직접 냉매를 이용하는 방식이다. 실외기는 공랭식의 응축 및 증발기를 가진 냉동기를 이용하고, 실내기의 공기 열교환기는 냉방시에는 증발기로, 난방시에는 가열기로 이용한다. [그림 2.25] 시스템 전체의 구성을 보여준다.

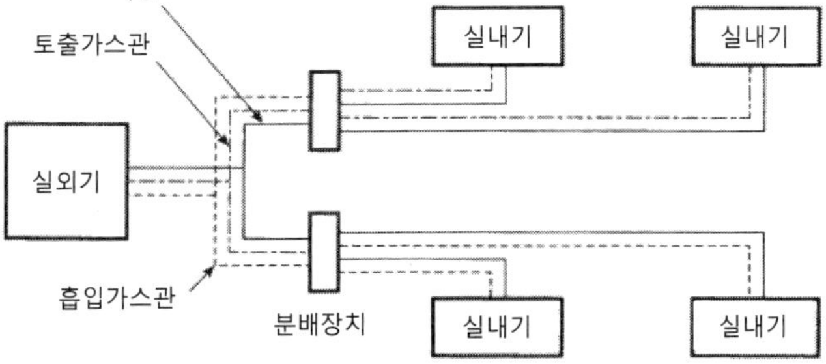

[그림 2.25] 멀티형 에어컨디션 방식

실외기에서 실내기로 액체 냉매 및 고온 가스 냉매배관을 연결하고, 대상실의 열 부하 조건에 따라 냉방 또는 난방을 선택 운전할 수 있게 되어 있다. 실내기는 천장, 바닥 등 다양한 형식이 이용되고 있다. 이 방식은 다양한 용량의 실외기와 실내기가 준비되어 있어, 조합에 따라 다양한 부하 용량에 대응할 수 있는 유연성이 특징이다. 그러나 실외기와 실내기를 연결하는 냉매 배관 길이 및 실외기와 실내기의 설치 높이 차이에 따라 냉매의 압력 손실 문제가 있어 설치상 주의가 필요하다. 실내기의 장단점 대부분은 터미널 유닛식과 거의 같지만 다양한 열부하가 존재하는 각 실에 대하여 최대 용량의 기종을 설치할 필요가 있기 때문에 열부하의 감소에 따른 변풍량(VAV)의 대응이 불가능하므로 송풍기의 동력 에너지 절약이 어렵다. 부하 변동에 대한 실외기, 실내기의 용량제어 등은 모두 자동으로 이루어진다.

(2) 적용

열부하가 다른 작업장과 연구실의 공조에 있어서는 다양한 용량의 실내기를 선정할 수 있으므로 사용하기 쉬운 방식이다. 또한 설비비가 비교적 싸고, 설치 공사도 간단하므로 열부하가 바뀌어도 교체 공사가 비교적 쉬운것이 장점이다. 그러나 실내습도 제어, 환기용 외기의 도입에 문제가 있다. 급배기를 위해 별도로 외기를 도입하는 경우에는 도입 외기로 실내습도를 제어한다. 연면적 7000 m^2정도 이하의 건물에 이용하기 쉬운 방식이다.

2.7.7 복사 냉방 방식

(1) 시스템 개요

복사 냉방방식은 일반적으로 단독으로 사용되는 것은 거의 없고, 덕트방식에 의한 공조와 함께 이용되기 때문에 패널-에어 방식이라고도 한다. 천정이나 벽을 냉각면(패널)으로 하여 실내부하를 흡수하는 본래의 방식과 선루버와 수냉각 조명기구처럼 태양 복사열 및 조명 배열이 실내 부하가 되기 전에 직접 제거하는 응용방식이 있다. 전자는 냉동기의 냉수를 사용하고 후자는 냉각탑의 냉각수를 사용하는 경우도 있고 경제적이다. 또한 후자의 경우는 제거되는 열을 회수열로 이용할 수 있으면 에너지 절약이 된다. 천장, 벽 패널 설계는 다음과 같은 점에 주의하여야 한다.

1) 실내 설계조건

실의 용도, 재실자의 작업강도 등에 의한 실내 온습도 상태와 패널을 포함한 실내 표면의 복사온도를 고려한다.

장치의 경제성 측면에서 건구온도를 높이고 습구온도를 낮게 설정하면 실온과 패널 표면온도의 온도차가 증대되어 패널 면적을 작게 할 수 있다. 평균복사온도를 낮게 하면 실온을 높이더라도 양호한 쾌적감을 얻을 수 있다.

2) 열부하 계산

환기를 위해 공급되는 공기의 온도가 실온보다 높은 경우에는 패널의 냉각부하로 계산하고, 반대로 낮으면 패널의 냉각부하에서 뺀다.

3) 평균 수온

냉수의 온도는 결로방지를 위해 실내 설계 공기 노점온도보다 높게 해야 한다.

4) 수량

복사 패널성능은 패널로 보내는 물의 평균온도로 정해진다. 패널 입구 냉수온도는 실내 노점온도에 제한된다. 수량을 늘리면 출구 수온이 낮아지므로 평균 수온은 낮아지고 패널의 냉각 능력은 증가한다.

5) 일차 공기

패널에서 실내 현열의 일부 또는 전부를 제거하기 때문에 전공기식의 경우보다 송풍량은 적어진다. 단, 실내 잠열부하를 흡수하기 위한 저습공기와 재실자에게 필요한 환기를 확보하기 위한 풍량이 필요하다.

(2) 적용

일반적으로 공장은 발열 부하가 크고 패널만으로는 실내 현열부하를 처리할 수 없기 때문에, 국소배기 및 공기균형의 측면에서 도입 외기량이 많이 필요하다. 또한 실내 잠열부하 제거가 어렵기 때문에 공기식 공조설비를 설치하는 경우도 많다. 고온 방열체가 있는 장소에서 국소냉각에 이용하는 경우를 제외하고 이 방식을 단독으로 이용하는 것은 거의 없다.

2.7.8 복사 난방방식

(1) 시스템 개요

복사 난방방식은 천장, 바닥, 벽 또는 개별 방열면을 가열하여 실내의 난방 현열부하의 일부를 복사에 의해 보충하는 것으로, 방열면을 복사패널이라고 한다. 복사 난방은 복사패널의 종류에 따라 다음과 같이 분류할 수 있다.

1) 표면온도 : 저온식, 고온식, 적외선식

2) 위치 : 천장패널, 바닥패널, 벽패널

3) 구조 : 파이프 매설식, 덕트식, 유닛패널식

[표 2.48] 패널표면 허용최고 온도

가열면의 종류	허용최고온도
천정 플라스터 마감	43
바닥 일반	31
실둘레	43
복도, 통로	43
벽 플라스터 마감	43
철판패널 증기	82
온수	71

패널 표면온도에 의한 분류에서 저온식은 표면 온도를 30~45℃정도로 유지하며, 패널내부에 매설된 배관코일에 온수를 통과시키는 것이 많아 주택, 사무실, 빌딩, 공장의 개인실 등의 천장, 바닥, 벽 등이 패널로 이용된다. 고온식은 강판에 파이프 코일을 부착한 유닛패널을 이용한다. 파이프 내부에 고온수 및 증기를 통과시켜 표면 온도를 유지하는 것으로, 공장, 창고, 체육관 등 대공간 천장패널로 설치된다. 적외선식은 연소가스와 전열를 사용하여 패널 표면온도를 800~1000℃ 정도로 유지하고 표면에서 복사되는 적외선을 직접 인체가 받아 난방효과를 얻는 것으로, 공장, 창고 등의 내부, 옥외의 적하장, 백화점 입구, 옥외 국소난방 등에 이용된다.

패널 구조로 파이프 매설식은 천장과 바닥의 콘크리트 등에 파이프를 직접 매립하는 방식으로 패널 표면온도의 최고온도 한계, 코일과 콘크리트 등의 열팽창의 차이에 대한 고려, 패널 후면의 단열 등을 고려해야 한다. [표 2.48]에 패널표면의 허용 최고온도를 나타냈다. 덕트식은 중공타일이나 콘크리트 덕트를 바닥내부에 매립하고 그 안에 온풍을 통과시키는 것이다.

(2) 공장에 적용

[그림 2.26]과 같이 복사난방을 이용한 경우 실내 수직온도 분포는 다른 난방에 비해 매우 좋다. 따라서 온습도 조건이 엄격하게 요구되지 않는 대공간이나 천장이 높은 실(대형 기계 공작공장, 판금공장, 조립공장) 등에서 고온 유닛패널에 열매로 증기나 고온수를 이용하는 방법이 채용되고 있는 예가 많다. 기계공장에서는 천장에 주행 크레인이 설치되어 있기 때문에 패널, 배관, 공장 제반설비와의 배치에 주의해야 한다.

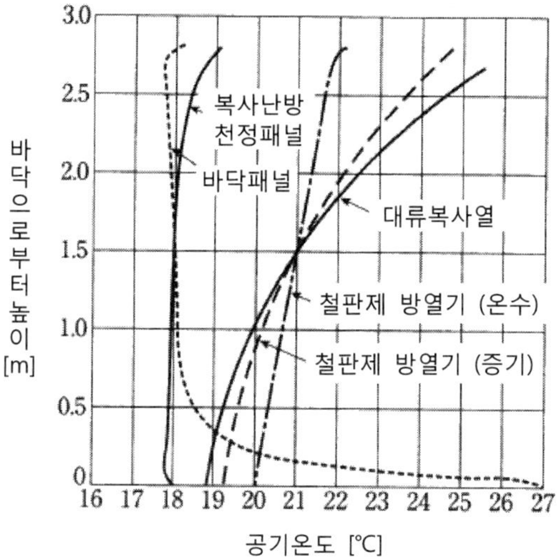

[그림 2.26] 각종 난방방식과 실내 수직온도분포 비교

이 방식을 채용하고, 에너지 절약을 도모하는 경우 유의사항은 다음과 같다.

1) 유닛패널은 효율이 좋은 것을 사용한다.
2) 열매조건을 무리하지 않도록 선정하고 열원설비의 운전에너지 낭비를 적게 한다.
3) 패널의 위치를 가능한 거주공간에 가까이한다.
4) 패널의 배치는 실별, 공정별 등으로 존을 나누고, 배관도 존별로 나눈다. 사용하지 않을 때는 열매체 공급을 중지하도록 한다.

2.7.9 바닥 취출공조

은행의 초기 대형 전자계산기실은 이중 바닥에 전기배선과 함께 공조용 공기도 바닥에 설치된 덕트를 통해 바닥에서 실내에 취출하거나 또는 냉각을 위해 냉풍을 전자계산기 내부에 직접 보내는 경우도 있었다. 최근에는 건물의 IT화에 따라 이중 바닥구조로 바닥 아래에 전기배선통신용 케이블, 공조용 덕트 등을 설치하여 바닥에 설치한 취출구에서 공조용 공기를 취출하는 방식이 채용되는 경우가 많아지고 있다. 이러한 공조방식을 바닥 취출공조라 한다.

바닥 취출공조는 [그림 2.27]과 같이 바닥에 설치한 취출구에서 공조공기를 직접 실내에 취출하는 것으로 취출공기가 실내 거주공간에서 충분히 실내공기와 혼합및 확산되도록 취출구에 여러가지 방법이 고려되고 있다. 취출공기는 바닥에 직접 공급하는 방식과 덕트를 이용하여 보내는 방식이 있다. 냉방시 취출공기 온도는 19℃정도로 한다.

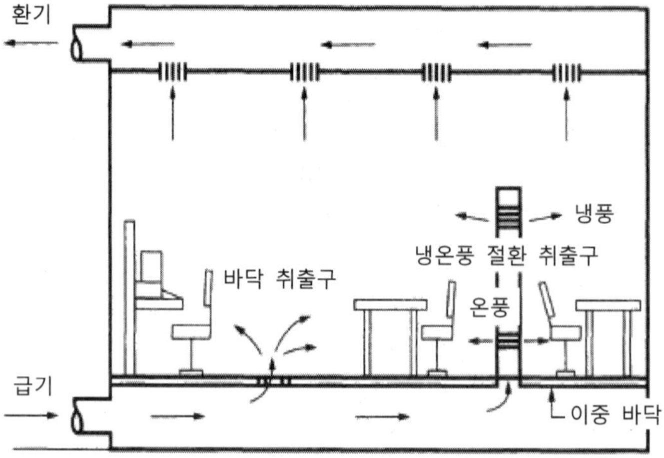

[그림 2.27] 바닥 취출공조 방식

직접 바닥에 공급하는 경우, 바닥 표면온도의 허용한계를 초과하지 않도록 해야 한다. 경험적으로 냉방시 22℃이상, 난방시 33℃이하 정도이다. 송풍구에 덕트를 연결하는 방식은 바닥의 높이가 500 mm정도 필요하므로 그다지 사용되고 있지 않다.

취출된 공기에 따라 바닥에 침하·부착한 진애 등의 재비산이 우려되지만, 일반 사무실 정도의 사용상태라면 재비산에 의한 실내공기의 분진농도가 비정상적인 상승 등의 문제를 발생시키지 않는다.

2.7.10 대온도차 공조시스템(저온송풍공조)

축열방식은 전력피크부하를 줄이고 야간의 비교적 저렴한 잉여전력을 이용하여 에너지 절약과 경제효과를 도모하는 방식으로 수축열 방식과 빙축열 방식이 있다. 빙축열 방식은 축열탱크 용량이 적어 설치 장소의 문제가 적고, 냉수온도차를 기존의 5℃에서 10℃정도로 크게 할 수 있기 때문에 순환 냉수량이 줄어 펌프동력을 줄일 수 있다. 그러나 얼음을 만들기 위해 냉동기의 증발 온도를 0℃ 이하로 해야 하므로 일반 공조장치에서 사용되는 7℃ 냉수 취출형태의 냉동기에 비해 성적계수는 1이상 감소하는 단점이 있다. 일반적인 보건공조에서 취출온도는 13~15℃정도로 실온과 온도차이는 10~12℃정도가 채용되고 있지만, 미국에서 저온송풍시스템은 11℃이하의 송풍온도로 정의하고 있다. [그림 2.28]은 대온도차 공조시스템과 일반공조 시스템의 차이를 나타낸 것이다.

(a) 대온도차 공조시스템

(b) 종래 공조시스템

[그림 2.28] 대온도차 공조시스템과 종래 공조시스템의 개념도

빙축열 방식은 얼음의 융해 때 얻을 수 있는 3~5℃정도의 냉수를 이용하여 공조용 취출공기온도를 4~11℃정도로 하여 송풍온도차를 20℃전후로 하여 송풍량을 기존의 1/2 정도 줄인 것이다. 저온송풍시스템에서는 취출공기의 노점온도가 낮기 때문에 실내 상대습도도 낮아진다. 같은 쾌적한 느낌을 얻기 위하여 실내 상대습도가 떨어지면 건구온도를 올릴 수 있다. 빙축열을 이용한 저온송풍시스템은 설계 실내 건구온도를 올리고 실현열 부하를 줄일 수 있다. 또한 송풍온도 차이를 크게 채택할 수 있어 송풍량과 송풍기동력 절감을 기대할 수 있다.

저온송풍시스템에서 송풍온도가 낮아지기 때문에 덕트와 취출구 표면의 주변 공기와 접촉하는 부분에서는 결로의 위험이 있다. 이를 방지하기 위해서 덕트 보온재 두께를 증대하거나, 주변의 실내공기 유인을 방지하기 위한 취출구를 채용하는 것 등이 필요하다.

2.8 공조부하 경감과 공조방식에 따른 동력비 비교

2.8.1 외벽 관류열의 경감 대책

(1) 관류열 감소 방법

일사가 외벽에 흡수되면 외벽의 온도가 올라간다. 그 효과와 외기온도를 합한 것을 상당외기온도라고 한다. 상당외기온도 (Sol-air Temperature)는 다음 식으로 표현된다.

$$t_e = t_o + \frac{aI_o}{a_o}$$

여기서,

t_e : 상당외기온도 [℃]

t_e : 외기온도 [℃]

a : 외벽일사흡수율

I_o : 외벽에 대한 일사량 [kJ/(m^2·h)]

a_o : 외벽 외측표면 열전달률 [kJ/(m^2·h·K)]

건물의 구조체는 열용량에 따라 열통과에 있어 시간지연과 진폭감쇠가 있다. 15 cm 정도의 철근콘크리트 벽은 약 3시간의 시간지연과 실내외 최대온도차에 대해 40~50%의 진폭감쇠가 발생한다. 따라서 상당외기온도 또는 실제 외기온도와 실내온도와의 차이가 직접 열부하가 되어 나타나는 것은 아니다.
철판이나 슬레이트와 같은 벽에서는 시간지연과 진폭감쇠가 거의 없고, 건물 외부의 기상조건(외란)에 영향을 받게 되며, [그림 2.29]와 같이 공조장치의 열부하가 커진다. 이러한 이유로 관류열을 줄이는 기본 방법은 다음과 같다.

1) 열용량이 큰 부재 (철근콘크리트, ALC판)를 사용하는 경우

2) 철판이나 슬레이트의 경우에는 유리섬유 등의 단열재를 붙이는 경우

외벽 부분에 단열재를 설치하는 방법에는 외단열과 내단열이 있으며, 간헐공조의 경우는 외단열의 효과가 크지만, 공장의 경우는 철판이나 슬레이트 등 열용량이 작은 외벽이 일반적이기 때문에 내단열로도 충분하다.

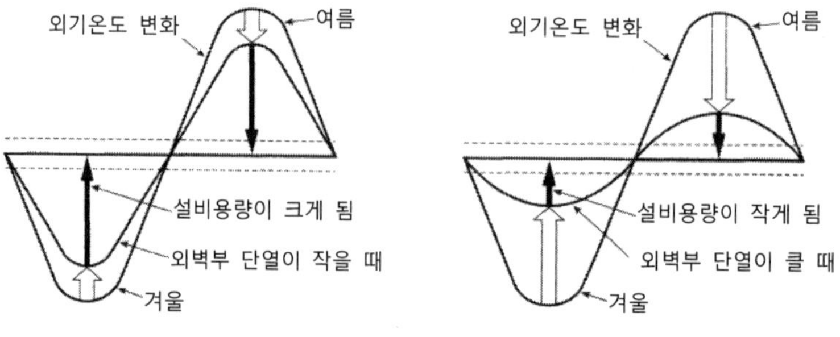

(a) 외벽부 단열이 작은 경우 (b) 외벽부 단열이 큰 경우

[그림 2.29] 건축단열과 설비용량의 관계

(2) 유리창 통과 일사 감소 대책

창면적이 많은 사무실 빌딩 형식의 공장에서는, 유리창의 구조, 유리의 종류에 유의할 필요가 있다. 유리창을 통한 열부하는 다음의 두가지 형태가 있다.

1) 유리를 투과하여 침입하는 일사부하

2) 실내외 온도차에 의한 전도 열부하

일사는 여름에는 냉방부하의 증대, 겨울철에는 난방부하의 경감으로 이어져, 공조부하로서의 이해득실을 생각하면, 일사를 방지하는 유리창이 유리하다고만 할 수 없다. 일반적으로 유리창 내측에 베네시안 블라인드를 설치하고, 여름에 일사를 받을 때 블라인드는 닫고, 겨울에는 여는 기본적인 사용법으로 부하경감에 도움이 된다.

유리의 일사 투과율은 유리 두께가 두꺼울수록 작아진다. 일사 차폐효과를 높이는 방법으로 일사조정필름(고분자계막에 알루미늄 분말을 증착한 것)을 직접 유리창 내면에 부착하면 일사의 차폐 계수가 30%정도가 된다고 알려져 있다 (보통 투명유리 안쪽 블라인드의 차폐 계수는 60% 정도). 전도에 의한 열부하는 유리의 두께를 증가해도 유효하지만, 보다 더 효과를 발휘하려면 이중유리를 이용하는 것이 좋다.

2.8.2 외기 부하 완화와 외기의 이용

환기란 실내공기의 청정도를 인간의 건강을 위해 필요한 상태로 확보하는 것을 목적으로 하는 것이다. 일반 거실의 경우 환기를 위한 외기부하는 공조부하의 30~50%를 차지하므로 외기량의 감소는 에너지 절약의 큰 요인이 된다.

공장환기는 일반 거실과 달리 유해 가스나 부유 분진 등 공기오염 물질을 제거하는 것이 주요한 목적이므로, 환기용으로 많은 도입풍량이 공조용 외기부하가 되는 경우가 있다.

(1) 전열 교환기

전열교환기는 [그림 2.30]과 같이 회전형(로터형)과 고정형(판형)이 있다. 회전형은 난연지에 염화리튬과 같은 흡수제를 함침시킨 것으로 알루미늄 시트의 표면에 실리카겔 같은 흡착제를 도포한 것, 혹은 미세한 구멍이 있는 산화알루미나 층을 형성시킨 것을 열교환표면의 재질로 한 벌집 모양의 로터를 이용하고 있다. 로터는 1시간에 10회전 전후로 회전시키면서 배기와 외기와의 사이에서 열교환시키는 것으로 통과 공기에 의해 전열면의 가열·냉각으로 현열교환을 하고, 또한 함침시킨 흡수제, 흡착제로 공기 중의 수증기를 이동 시킴으로써 잠열교환을 한다.

고정형은 종이의 투습성 (플레이트형)등을 이용한 것으로 배기와 외기가 직교로 흘러 분할면 양쪽에서 외기와 배기와의 전열교환을 한다.

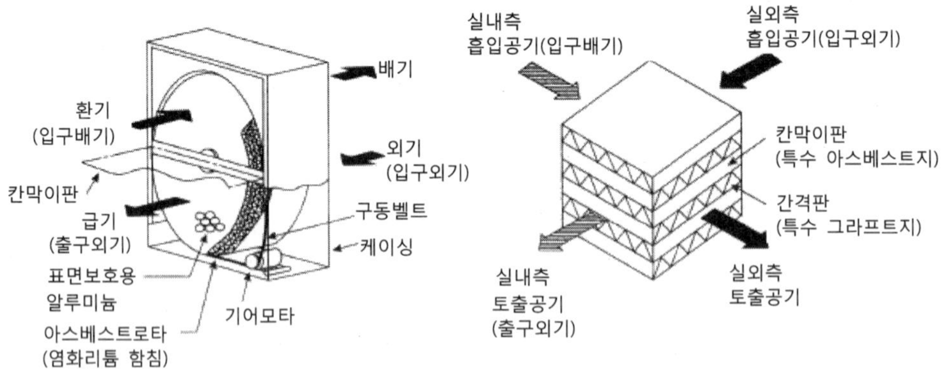

[그림 2.30] 전열교환기

전열교환기의 열교환 효율 η는 다음 식으로 주어진다.

$$\eta = \frac{h_O - h_D}{h_O - h_E}$$

여기서,

h_O : 입구 외기 비엔탈피 [kJ/kg(DA)]

h_E : 입구 배기 비엔탈피 [kJ/kg(DA)]

h_D : 출구 외기 비엔탈피 [kJ/kg(DA)]

열교환 효율 η는 [그림 2.31]과 같이 전열교환기의 통과풍속과 통과공기의 풍량 비율에 따라 달라진다.

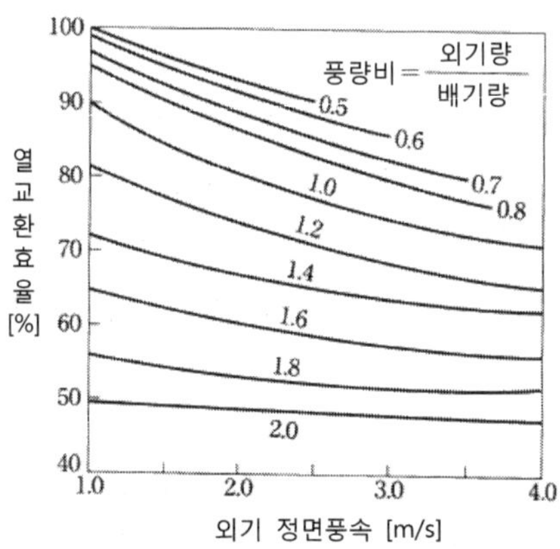

[그림 2.13] 회전형 전열교환기의 성능 예

(2) 현열 교환기

현열 교환기의 열교환 효율은 50~60% 정도이지만 공조설비에서 외기부하의 경감량은 10% 전후로 전열 교환기에 비해 그 효과가 작다. 또한 공조기의 구성상 설치 공간이 커지고 비용도 높아서 특별한 경우를 제외하고 공조용으로서는 거의 사용되지 않는다.

2.8.3 외기냉방

실내 발열이 많은 봄과 가을 등에서도 냉방이 필요한 경우에는 외부공기를 직접 냉각원으로 이용하여 냉동기의 운전시간을 단축하여 에너지를 절감할 수 있다. 이것을 외기냉방이라고 한다.

외기냉방 공조기에는 급기용 송풍기 외에 환기용 송풍기를 설치한다. 외기냉방을 하는 경우는 환기의 일부를 직접 외부로 배출하여 급배기의 균형을 취하도록 조정할 필요가 있다. 외기냉방은, 공기선도 상에서 [그림 2.32]와 같이 설정 실내공기 조건의 건구온도, 절대습도 및 비엔탈피보다 외기의 값이 작은 경우에 가능하다. [그림 2.32]에서 영역 D부분에서는 외부공기만으로 송풍 온도가 내려가므로 환기와 외기와의 혼합으로 적절한 송풍 상태를 만들도록 한다. 영역 B, C에서는 전외기에 의한 공조일지라도 냉동기의 운전을 필요로 한다. 외기의 절대습도가 낮은 겨울철에 대량의 외기를 도입하면 가습부하의 증대를 초래하여 에너지 절약 효과가 손실될 수 있으므로 주의해야 한다.

외기냉방 효과는 지역특성, 실내온습도조건, 실내발열밀도 등에 크게 영향을 받지만 일반 건물에서는 5~15%의 에너지 절약을 도모할 수 있는 것으로 알려져 있다.

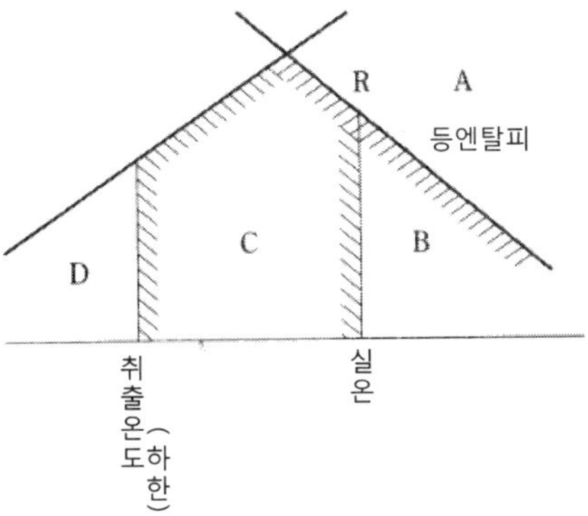

[그림 2.14] 외기냉방 가능 영역

2.8.4 전공기 방식과 직접 물분무 가습을 병용하는 경우의 동력비 비교

실내 습도가 높은 ○○공장에서 원료 처리 가공 공정에 대한 공조를 전공기방식으로만 하는 경우와 실내에 직접 물분무 가습을 병용하는 경우의 소비동력을 계산하여 비교한다.

(1) 설정 조건

1) 설계 외기조건 : 건구온도 34 ℃, 습구온도 27.5℃, 엔탈피 87.5 kJ/kg
2) 설계 실내조건 : 건구온도 27℃, 상대습도 75%, 엔탈피 70.0 kJ/kg
3) 공조 대상 면적 : 약 4500 ㎡
4) 실내 현열부하 : 1976 MJ/h
5) 실내 잠열부하 : 260 MJ/h
6) 실내 전열부하 : 2236 MJ/h
7) 입 외기량 : 44000 ㎥/h

(2) 전공기방식의 경우

[그림 2.33]은 전공기방식의 프로세스를 공기선도에 나타낸 것이다.

1) 냉각기 출구 상태

건구온도 22.5℃, 상대습도 96%, 엔탈피 64.5 kJ/kg

2) 감습 공기량 (급기량)

$$\text{감습 공기량} = \frac{1976000}{1.2 \times (27 - 22.5)} = 365900\ \mathrm{m^3/h}\ \ (81.3\ \mathrm{m^3/(m^2 \cdot h)})$$

3) 냉각부하

외기부하=44000×(87.5-64.5)×1.2=1214.4 MJ/h
환기부하=(365900-44000)×(70.0-64.5)×1.2=2125 MJ/h
∴ 냉각부하 (1214.4+2125) MJ/h=3339.4 MJ/h=264 USRt
(1USRt=12.66 MJ/h)

4) 동력

송풍기 : 풍량 365,900 ㎥/h, 전압 700Pa, 전압효율 60%

$$\text{송풍기동력} = \frac{QP_{\mathrm{t}}}{3600\eta_{\mathrm{f}}} = \frac{365900 \times 0.7}{3600 \times 0.6} = 118.6\ \mathrm{kW}$$

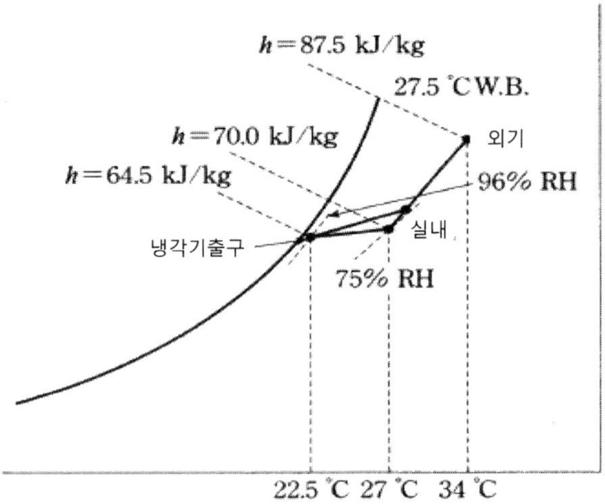

[그림 2.33] 전공기 방식의 공기선도

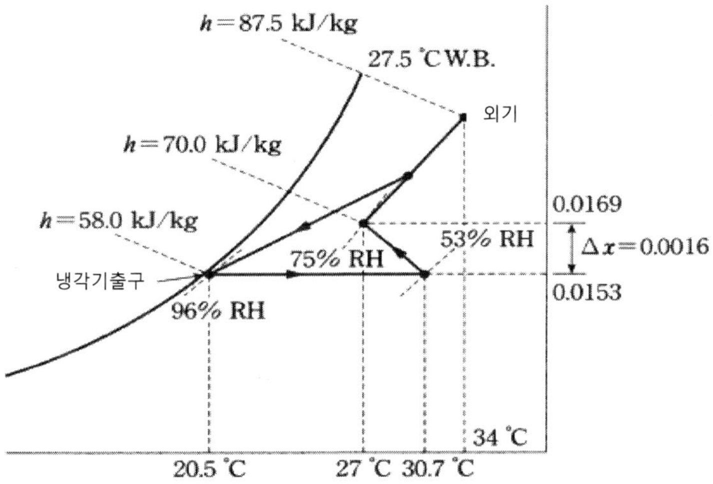

[그림 2.34] 실내 직접 물분무 가습의 경우

(3) 실내에 직접물분무 설비를 병용한 경우

[그림 2.34]는 직접 물분무 설비를 병용한 프로세스를 공기선도에 나타낸 것이다.

1) 절대습도 차이 Δx

직접분무 수량을 실내 상대습도 75%일 때 한계치 $\Delta x = 0.0025$ kg/kg의 2/3 정도인 $\Delta x = 0.0016$ kg/kg로 한다.

2) 직접 물분무를 중지하는 경우 가상의 실내상태

설계실내조건 건구온도 27℃, 상대습도 75%에서 공기의 절대습도 x는 공기선도로부터 0.0169 kg/kg이므로, 취출공기의 절대습도는 다음과 같다.

$$0.0169-0.0016=0.0153 \text{ kg/kg}$$

근사적으로 물분무 가습시 공기의 상태변화를 습구온도 일정의 변화라고 가정하면 실내 조건의 점으로부터 인출된 습구온도 일정선과 절대습도 0.0153 kg/kg과의 교점을 구하면 물분무 가습 전에 필요한 공기상태가 공기선도로부터 다음과 같이 얻을 수있다.

건구온도 30.7℃, 상대습도 53%,

3) 냉각기 출구상태

건구온도 20.5℃, 상대습도 96%, 엔탈피 58 kJ/kg

4) 감습공기량

냉각기 출구 상태의 공기와 가습 전 공기로 실내 현열부하를 처리할 필요가 있으므로 급기량(감습공기량)은 다음과 같이 된다.

$$\text{감습공기량} = \frac{1976000}{1.2\times(30.7-20.5)} = 161400 \text{ m}^3/\text{h} \quad (35.9 \text{ m}^3/(\text{h}\cdot\text{m}^2))$$

5) 냉각부하

외기부하=44,000×(87.5-58)×1.2=1557.6 MJ/h

환기부하=(160,000-44,000)×(70-58)×1.2=1670.4 MJ/h

∴ 냉각부하=1557.6+1670.4 MJ/h=3228 MJ/h

=255 USRt (717 kJ/(h·㎡))

6) 실내 직접물분무량

압축공기로 분무하는 방식으로 한다.

$$160000 \text{ m}^3/\text{h} \times 0.0016 \text{ kg/kg} \times 1.2 \text{ kg/m}^3 = 307 \text{ kg/h}$$

7) 동력

송풍기 : 송풍량 160,000 ㎥/h, 전압 700Pa, 전압효율 0.57, 동력 54.6 kW

공기 압축기 : 22 kW

(4) 동력비 비교

전공기방식으로 하는 경우와 실내에 직접 물을 분무하는 병용 방식의 경우 동력비 비교를 [표 2.49]에 나타내었다.

[표 2.49] 항목별 동력비 비교

	전공기방식	실내 물분무 병용방식
송풍량 [m^3/h]	365900	161400
냉각부하 [USRt]	264	255
분무수량 [kg/h]	—	307
소비동력 [kW]	송풍기 118.6	송풍기 54.6 압축기 22 계 76.6

2.8.5 전열교환기 설치 유무에 따른 동력비 비교

여름에 전외기로 급기 및 배기를 실시하고 있는 공조시스템에 전열교환기 설치 유무에 따른 공조 소비동력을 비교한다.

(1) 설정 조건

1) 외기 설계조건 : 건구온도 34℃, 습구온도 27.5℃, 엔탈피 87.5kJ/kg
2) 실내 설계조건 : 건구온도 26℃, 상대습도 50%, 엔탈피 53kJ/kg
3) 송풍량 : 42,000 m^3/h
4) 도입 외기량 : 42,000 m^3/h (100%)
5) 배기량 : 37,800 m^3/h
6) 냉각기 출구상태 : 건구온도 14.5℃, 상대습도 95%, 엔탈피 39 kJ/kg

(2) 전열 교환기를 설치하지 않는 경우

[그림 2.35]는 전열교환기를 설치하지 않는 경우를 공기선도에 나타낸 것이다.

1) 냉각부하

$$42,000 \times (87.5 - 39) \times 1.2 = 2,444.4 \text{ MJ/h} = 193 \text{ USRt}$$

2) 설비동력

냉동기 (원심식) : 125 kW
냉각탑 : 5.5 kW

냉각수 펌프　　: 15 kW
냉수 펌프　　　: 15 kW
합계　　　　　: 160.5 kW

3) 보급수량

냉각수 순환량의 2%로 하면 약 40 L/min이 된다.

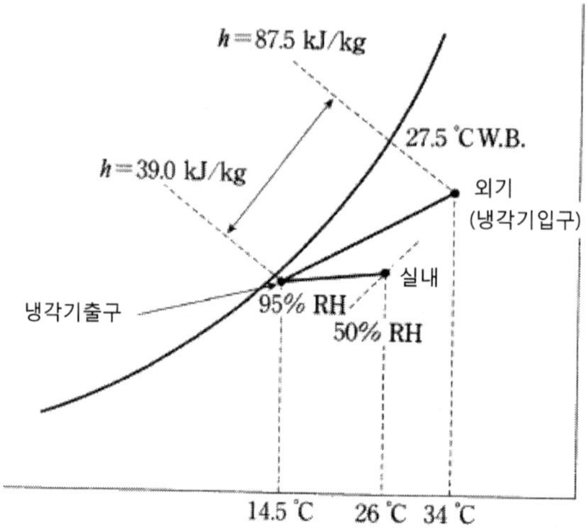

[그림 2.35] 전열교환기를 설치하지 않은 경우

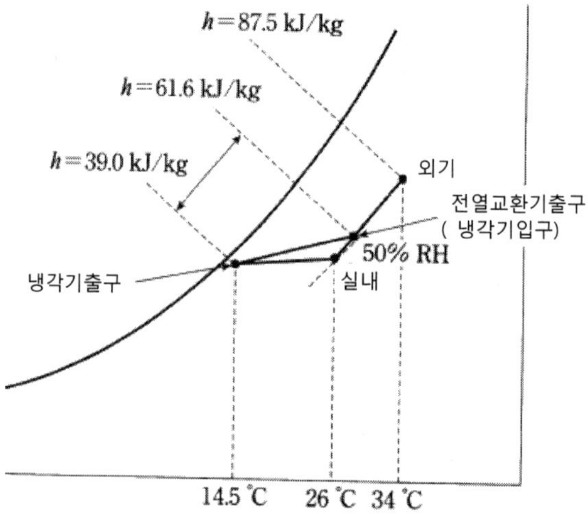

[그림 2.36] 전열교환기를 설치한 경우

(2) 전열교환기를 설치하는 경우

[그림 2.36]은 전열교환기가 설치된 경우 공기 선도를 나타낸 것이다.

1) 전열교환기 출구상태

전열교환기의 열교환 효율을 75%로 하면 출구공기 상태는 다음과 같다.

건구온도 = 34-(34-26)×0.75 = 28.0℃

엔탈피 = 87.5-(87.5-53)×0.75 = 61.6 kJ/kg

2) 냉각부하

42,000×(61.6-39)×1.2 = 1,139 MJ/h = 90 USRt

3) 설비동력

냉동기 (칠링 유닛 타입) : 72 kW
냉각탑 : 2.2 kW
냉각수 펌프 : 7.5 kW
냉수 펌프 : 7.5 kW
급기팬 : 7.5 kW
배기팬 : 7.5 kW
합계 : 104.2 kW

4) 보급수량

냉각수 순환량의 2%로 하면 18 L/min이 된다.

(3) 비교

전열교환기 설치 유무에 따른 동력비 비교를 [표 2.50]에 나타내었다.

[표 2.50] 항목별 동력비 비교

	전열교환기 (×)	전열교환기 (○)
송풍량 [m^3/h]	42000	42000
배기량 [m^3/h]	37800	37800
냉각부하 [USRt]	193	90
동력 [kW]		
냉동기	125	72
냉각탑	5.5	2.2
냉각수펌프	15	7.5
냉수펌프	15	7.5
급기팬		7.5
배기팬		7.5
계	160.5	104.2

참고문헌

[1] 千葉孝男 編著, 改訂 工場空調, 財團法人 省エネルギーセンター

[2] 국토해양부, 건축기계설비 설계기준(2010)

[3] 空調設備基準委員會中間報告 :「空調設備省エネルギー技術指針案」空気調和 · 衛生工学, Vol.51-5, (1977.5), p.8 (社) 空気調和 · 衛生工学会

[4] (社) 空気調和 · 衛生工学會編 : 空気調和 · 衛生工学便覽 第 13 版, Ⅲ, 空気調和設備設計編. (2001), 19 頁以降, 空気調和 · 衛生工学会

[5] 금종수 외 2인 역, 백만인의 공기조화, 태훈출판사

[6] 정광섭 외, 건축공기조화설비, 성안당

Chapter 3

공조시스템의 자동제어

3.1 자동제어의 종류와 제어 동작

3.1.1 자동제어의 종류

현대사회에서 사용되고 있는 여러 가지 장치, 기계, 설비 등은 산업용, 업무용, 가정용을 불문하고 대부분 자동제어 운전을 하고 있다. 주택용의 룸에어컨이나 초고층 빌딩의 공조설비, 또는 생산프로세스용 공조설비도 주위의 열 환경 조건이 변동하더라도 재실자에게 쾌적한 실내 온·습도를 유지하고 또한, 제품의 품질에 있어서 최적의 주위 공기 조건을 유지하기 위해 자동제어가 채용되고 있다. 뿐만 아니라 공조장치 전체의 운전, 보수, 관리도 자동제어에 의존하고 있는 것이 많다.

이와 같은 자동제어는 목적에 따라 다음과 같이 분류할 수 있다.

(1) 피드백제어

예를 들어 쾌적한 공조를 하고있는 사무실 빌딩의 공조설비를 [그림 3.1]에 나타내었다. 사무실에 공조를 하는 경우 외기의 온도, 습도, 일사량은 시시각각 변하고 있으며, 재실자의 수, 개인용 컴퓨터 등 사무기기의 운전상태도 일정하지 않다. 이와 같이 공조 공간에 출입하는 열은 끊임없이 변동하고 있으므로 이 변동에 대응해서 실내 온도와 습도를 일정하게 유지하기 위해 급기의 온도와 습도 그리고 송풍량을 자동제어 장치를 사용하여 조절하고 있다. 이와 같이 실내 공기의 온도와 습도를 제어대상, 그 양을 제어량이라 하고 유지해야 할 온도와 습도 조건의 값을 목표값이라 하며, 또한 온도와 습도의 변동 원인이 되는 것을 외란(disturbance)이라 한다.

예를 들면, 사무실 빌딩의 공조설비 자동제어 장치에서는 실내에 설치된 실내 온도 검출기(또는 서모스탯)나 실내 습도 검출기(또는 휴미디스탯)로 실내 온도와 습도를 측정하고 그 값과 목표값을 비교해서 냉방 시에는 공조기의 공기 냉각 코일에 보내는

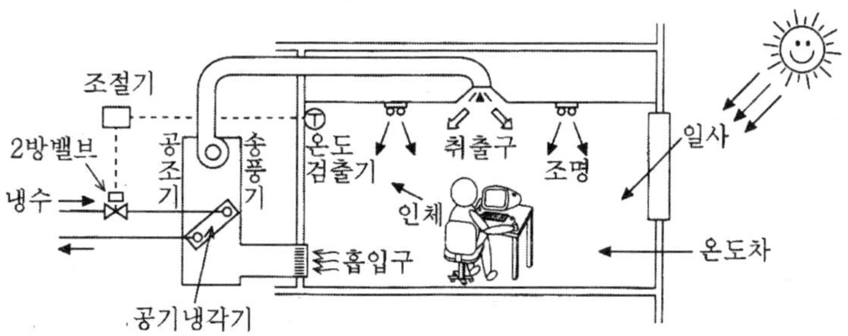

[그림 3.1] 공조설비와 자동제어 장치

냉수량을 자동제어 밸브로 조절하여 실내 온도와 습도가 목표값에 수렴하도록 한다. 실내 온도 검출기나 실내 습도 검출기와 같이 제어대상의 값을 검출하고 그 값을 신호로서 출력하는 장치를 검출부, 검출부로부터 보내져온 값과 제어대상의 목표값의 차를 비교 계산해서 자동제어 밸브의 움직임을 지시하는 신호를 내는 기구를 조절부, 조절부로부터의 신호에 따라 공기 냉각 코일에 보내진 냉수량을 조절하는 2방밸브 등을 조작부라 한다. 냉수량과 같이 조작부에서 실제 제어되어지는 것을 조작량이라 한다. 또한, 검출부에서 직접 온도와 습도 그리고 압력 등을 계측하는 요소를 검출단이라 부르는 경우가 많다.

이와 같이 주어진 목표값과 실제 실현하고 있는 값과를 비교해서 목표값에 일치하도록 수정 동작을 행하는 제어를 피드백제어(feedback control)라 한다. 피드백제어계의 구성은 [그림 3.2]와 같이 폐루프(closed loop)로 되어 있다. 자동제어라고 하면 일반적으로 이 피드백제어를 지칭하는 경우가 많다.

피드백제어에서 어떤 제어장치의 출력신호에 따라 다른 제어장치의 목표값을 변경시키는 제어가 있는데 이를 캐스케이드제어(cascade control)라 부른다.

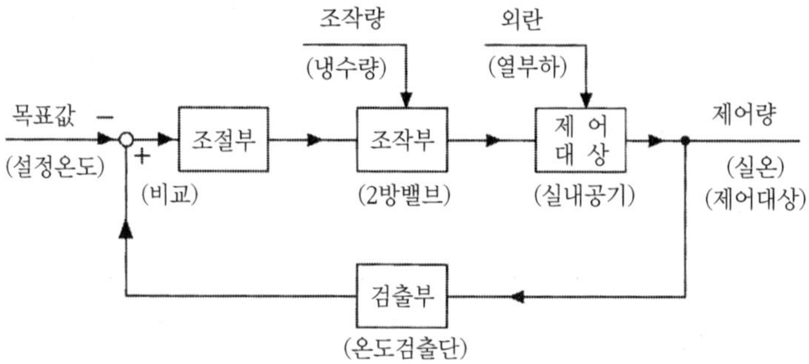

[그림 3.2] 피드백제어

(2) 피드포워드제어

사무실 빌딩에서 개관(開館) 전의 이른 아침의 바깥 기온이나 일조(日照)의 추이로부터 개관 후의 실온 등을 예측해서 공조기의 운전 개시 시각을 결정하거나, 외란의 급격한 변동에 의해 송풍 온도가 크게 바뀌는 것을 억제하거나 또는 생산공장에서 생산공정 도중의 제품 상태로부터 그 후 공정에서의 공조 조건을 설정, 제어하는 것과 같이 외란의 영향이 제어대상에 나타나기 이전에 필요한 정정동작을 행하는 것을 피드포워드제어(feedforward control)라 한다. [그림 3.3]과 같이 제어계는 개루프(open loop)로 되어 있고 피드포워드제어는 피드백제어와 병용하는 것이 일반적이다.

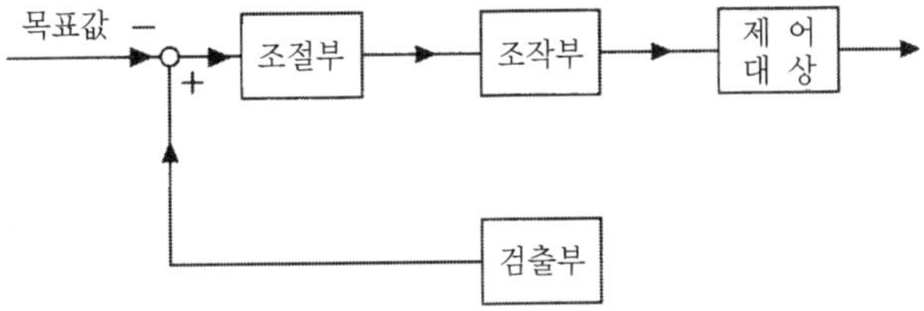

[그림 3.3] 피드포워드제어

(3) 시퀀스제어

시퀀스(sequence)는 연속 또는 계승하여 이어받기 등의 의미를 갖는 영어이다. 사무실 빌딩에서 여름날 아침에 공조설비 전체의 운전을 시작할 때는 [그림 3.4]에 나타낸 바와 같이 우선, 공조기의 송풍기를 운전하고, 다음 냉각탑의 송풍기, 냉각수 펌프, 냉수 펌프, 냉동기의 순으로 기동을 해간다. 또, 예냉 운전을 행하는 경우는 외기 흡입 댐퍼를 완전히 닫아서 불필요한 부하가 냉동기에 걸리지 않도록 하는 것이 일반적이다.

이와 같이 설비 전체를 구성하는 기기의 운전 순서를 미리 정해 두고 그 순서에 따라서 기기의 운전이나 정지를 행하는 제어를 시퀀스제어(sequence control)라 한다. 시퀀스제어를 행하는 각 기기 간에는 연휴 동작(인터록, interlock)을 행하는 관계가 유지되고 있다.

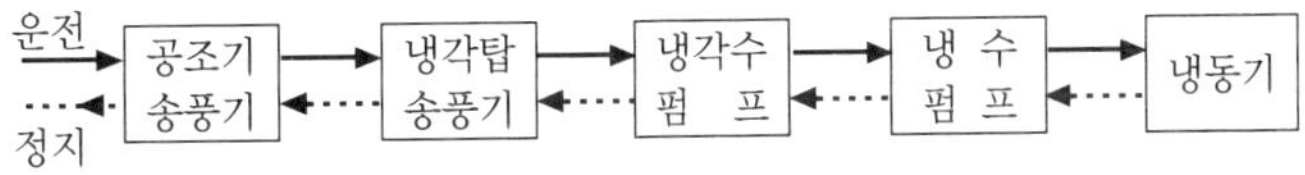

[그림 3.4] 시퀀스제어(sequence control or sequential control)

(4) 그 외의 제어

최근 전자계산기가 소형, 대용량화 하여 어려운 문제의 해결도 비교적 간단히 대응할 수 있도록 되어 있다.

그 결과 자동제어 설비에서도 목표값을 미리 정해놓은 대로 변동시키는 프로그램제어, 제어대상을 자동적으로 최적의 상태로 유지시키는 최적제어, 인간의 경험을 활용하여 최적의 제어를 행하는 전문가시스템, 퍼지제어나 뉴로제어라 불리는 학습제어 등의 새로운 제어 이론이나 시스템이 탄생하여 실용화 되고 있다.

3.1.2 제어 동작의 기본

본서에서는 주로 피드백제어를 다루기로 한다.

피드백제어에는 다음과 같은 기본적인 제어 동작이 있다.

① 2 위치 동작, ② 다 위치 동작, ③ 단 속도 동작, 다 속도 동작, ④ 비례 동작, ⑤ 적분 동작, ⑥ 미분 동작, ⑦ 비례·적분·미분 동작

아래에 이들 제어동작에 대해 설명한다.

(1) 2 위치 동작

증기 난방장치로 실내를 난방할 때, 실내에 설치된 온도 검출단으로부터 지령에 따라 방열기 입구에 부착된 증기나 온수의 자동제어 밸브의 완전 열림 또는 완전 닫힘만으로 실온을 제어하는 것으로, 조작부가 2개의 위치밖에 취하지 않는 제어동작을 2 위치 동작(two position action)이라 하고, 온-오프 동작(On-Off control action)으로도 불리고 있다.

이 경우의 실온 변화는 [그림 3.5]에 나타낸 바와 같이 시간과 더불어 파 형태로 변화하고, 실온이 정해져 있는 상한값에 도달하면 제어 밸브가 닫히고, 또 실온이 설정값 이하로 되면 제어 밸브가 열린다. 제어 밸브가 완전 열림, 완전 닫힘을 하는 온도 범위를 동작 간극(differential)이라 한다. 또한, 실제의 실온은 온도 검출기, 밸브, 방열기, 실내 공기의 열용량 등의 영향을 받게 된다. 예컨대 공기 가열 코일의 온수제어 밸브가 완전히 닫힌 후에도 실온은 조금 상승하고, 다음 실온이 내려가기 시작하여 실온이 동작 간극의 최저온도에 달하고, 제어 밸브가 열린 후에도 실온이 계속해서 내려가기 시작한다.

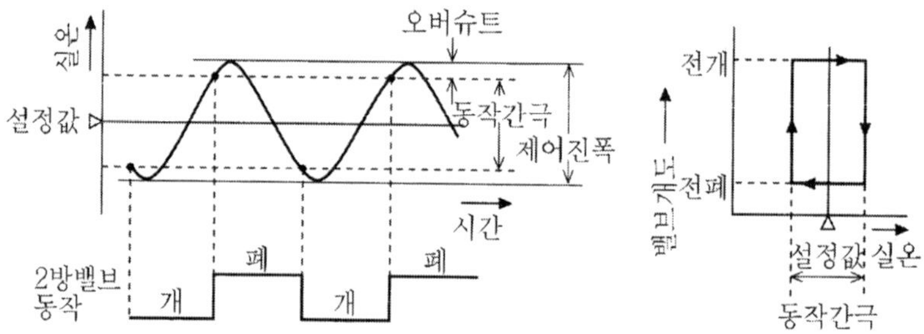

(a) 실온의 변화 (b) 밸브개도

[그림 3.5] 2 위치 제어

제어장치를 구성하는 각 부의 시간적인 동작 지연을 시간 지연(time lag)이라 한다. 시간 지연과 시정수가 짧을수록 응답이 빠르다.

[그림 3.6]에 보인 바와 같이 계단상의 입력(예를 들면 공조기 냉각 코일의 제어 밸브 개도를 급격하게 0%로부터 100%까지 개방)을 주었을 경우 출력(냉각 코일 출구 공기온도) 변화의 시간적인 추이로서, 입력 신호를 인가하고부터 출력 신호가 나오기까지의 시간이 시간 지연으로 출력이 최종 출력의 63.2%에 도달하기까지의 시간이 시정수이다. 또한, 실제로 발생하는 온도차를 제어 진폭이라 한다.

2 위치 동작의 동작 간극을 작게 하면, 온 오프 동작이 빠르게 되고, 운전이 안정하게 되지 않는 경우가 발생한다. 이와 같은 현상을 사이클링(cycling)이라 한다.

공조설비의 용량이 지나치게 크면 제어량의 작은 변동에 대해서도 조작량이 크게 변동해서 응답하게 된다. 역으로 용량이 지나치게 작으면 조작량이 조금밖에 변동하지 않게 되므로 어떤 경우에도 제어성이 좋게 되지 않는다. 따라서 공조설비는 실제로 발생하는 공조부하에 대해서 적절한 용량의 것을 설정하는 것이 중요하다.

2 위치 동작은 공조설비에서는 온수 분무 가습이나 룸에어콘과 같은 단순한 설비에 자주 이용되어지고 있다.

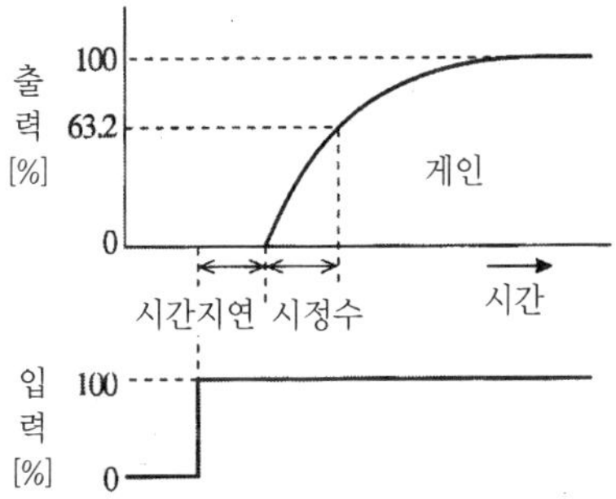

[그림 3.6] 계단상 입력과 응답(시간 지연, 시정수)

(2) 다 위치 동작

2 위치 동작에서 조작부의 조작량은 0%와 100% 두 가지밖에 없었지만 0부터 100%까지의 간극을 예컨대 0, 50, 100% 또는 0, 25, 50, 75, 100%와 같이 3단계나 5단계 등 다수의 단계로 나누어 제어하는 방법을 다 위치 동작(multi position action)이라 한다.

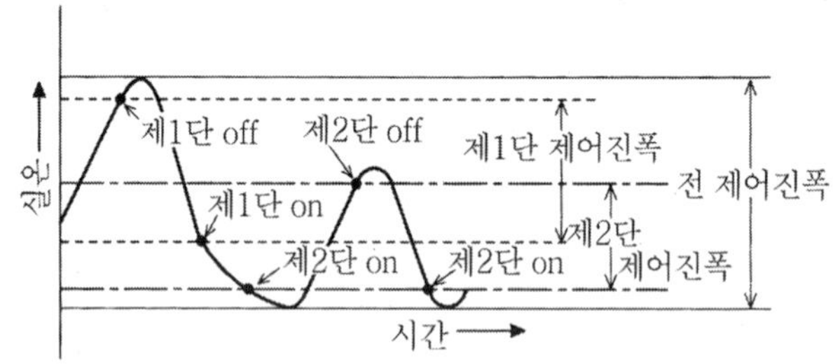

[그림 3.7] 다 위치 동작

예를 들면, 전열기에 의한 공기 가열에서, 실내 온도검출기의 지령에 의해 여러 대로 분할한 전열기의 스위치를 부하에 따라서 순차 입력하거나, 끊는 방법이 이에 해당한다. [그림 3.7]에서와 같이 난방시에 실온이 내려가고, 실내 온도 검출단의 지령에 의해 제1단 전열기의 스위치가 들어가고, 그래도 실온이 설정값에 도달하지 않으면 제2단 전열기의 스위치를 넣는 식으로 순차 스위치를 입력해 간다. 이와 같은 제어를 스텝제어(step control)라 한다. 난방부하의 조건에 따라 전열기가 1단 운전의 경우도 있고 모든 전열기가 운전하게 되는 경우도 있다.

다위치 동작의 예로서는 위에 표시한 전열기에 의한 공기 가열 외에 왕복동식 압축기의 대수 제어 운전, 보일러의 오일 버너 연소량 제어 등이 있다.

다위치 동작에서 단수가 증가함에 따라 점차로 비례제어에 점근한다.

(3) 단 속도 동작

단 속도 동작(single speed floating action, 이하 단속도)은 [그림 3.8]에서와 같이 2 위치 동작의 동작 간극에 상당하는 편차를 중립대로 하고, 조작 신호가 어떤 사이에 있는 경우, 조작부는 일정 방향으로 전개 또는 전폐로 일정 속도로 움직이고 신호가

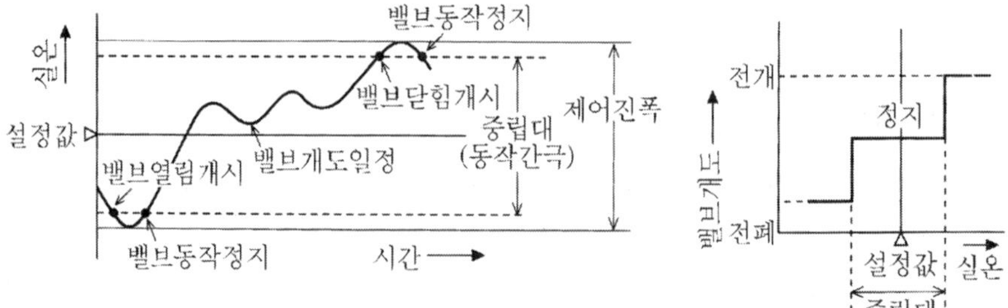

(a) 실온의 변화 (b) 밸브 개도

[그림 3.8] 단 속도 동작

중립대의 중간에 있으면 조작부는 그 순간의 위치에서 정지하도록 한 동작으로 플로팅 동작 또는 3 위치 동작 등으로도 불리고 있다.

단속도 동작은 설정값과 실제로 나타내고 있는 값과의 차(이것을 편차라고 한다)의 양에 무관한 속도로 수정 동작을 행하고, 또 동작 간극도 작게 설정 가능하지만, 동작 속도가 너무 늦게 되면 부하의 변동에 추종이 불가능하게 되고, 너무 빠르면 2 위치 동작으로 되어 버리는 결점이 있으므로 온도제어에는 그다지 이용되지 않는다. 동작 속도가 둘 이상의 것을 다 속도 동작이라고 한다.

(4) 비례 동작

조작부의 움직임이 목표값과 실제값의 차의 편차에 비례해서 동작하는 것을 비례 동작(Proportional action, P 동작)이라 하고 P 동작(이하 비례 동작)이라고도 한다. 정확하게는 편차에 비례한 조작 신호를 내는 비례 동작과 조작부가 온과 오프의 2 위치만을 취하고, 1주기의 온과 오프 상태의 시간 비율을 편차에 비례해서 가변하는 시간 비례 동작이 있지만, 일반적으로 비례 동작이라고 하면 위치 비례 동작을 나타낸다. 예를 들면, 온도제어의 경우에 [그림 3.9]에서와 같이 목표값으로서의 설정 온도를 중심으로 비례대라 불리는 어떤 온도 폭을 설정하고, 그 범위를 넘으면 제어밸브 등의 조작부가 모두 닫힘 상태에서 모두 열림 상태로 또는 그 역방향으로 움직이는 동작을 한다.

예컨대 공기 냉각 코일 출구에 설치한 냉수용 2방밸브를 고려해 보자. 설정온도 X_0 에서의 밸브 개도 Y_0 를 50%로 하고, 실내 온도가 X인 때의 밸브 개도를 X로 하면, 비례제어 경우의 밸브 개도는 설정값과 측정값의 차(편차)에 비례해서 다음 식으로 나타나게 된다.

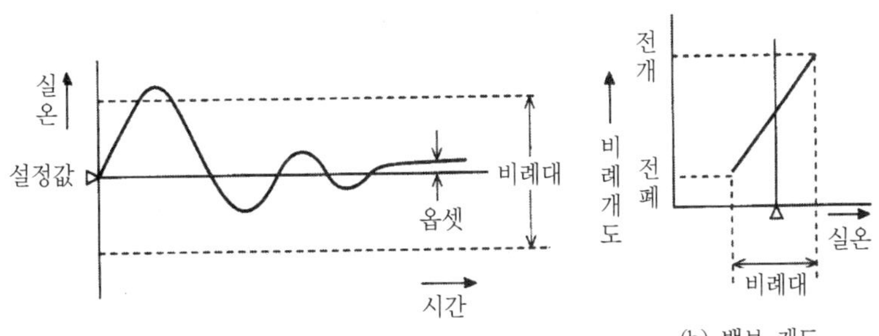

(a) 실온의 변화 (b) 밸브 개도

[그림 3.9] 비례 동작(P 동작)

$$Y = -K_p(X - X_0) + Y_0 \tag{3.1}$$

여기서 K_p를 비례감도라 한다.

난방부하가 증가해서 실온이 설정값으로부터 벗어나면 위 식에서 밸브 개도가 Y로 되고, 그대로 부하가 변동하지 않으면 밸브 개도도 움직이지 않고 $Y = Y_0$인 채로 멈추고, 실온의 편차 $(X - X_0) \neq 0$로 되어 실온은 설정값 X_0로부터 벗어난 곳에서 평형해 버리고 만다. 이와 같이 비례 동작이 끝난 후에 남는 편차량을 잔류편차 또는 옵셋(offset)이라 한다. 비례 동작에 있어서 옵셋이 발생하는 근거에 대해서는 3.2절에서 설명한다.

이와 같이 비례 동작에서는 동작 개시 시의 제어량(이 경우는 온도)이 설정값과 일치하고 있지 않은 경우에는 제어 동작이 끝난 후에도 설정값으로 되지 않은 채로 안정해 버리고 마는 결점이 있다. 비례대를 작게 하면 옵셋도 작게 되지만, 조작부의 동작이 격렬하게 되어 불안정하게 되고 비례대를 크게 하면 제어성은 안정하지만 옵셋이 크게 된다.

비례 동작은 일반 공조설비의 냉각 코일이나 가열 코일의 자동제어에 널리 채용되어지고 있다.

(5) 적분 동작

비례 동작에서 발생하는 옵셋을 없애기 위해서는 수동으로 밸브 개도를 변경하여 제어량을 설정값에 일치시키도록 수동 리셋 기구를 갖출 필요가 있다. 이에 대해서 편차가 발생하면 편차가 0으로 되지 않는 한, 조작량이 변화하도록 입력의 시간 적분값에 비례하는 크기를 출력하도록 하는 동작을 적분 동작(Integral action, I 동작)이라 한다. 적분 동작은 리셋 동작으로도 불리는 일이 있다. 따라서 적분 동작에서의 밸브 개도는 다음 식과 같이 나타내어진다.

$$Y = -K_i \int (X - X_1)dt \tag{3.2}$$

여기서 K_i를 적분 동작 계수라고 한다.

비례 동작과 적분 동작을 조합하면 [그림 3.10]에서와 같이 옵셋이 없어지므로 이와 같은 동작을 비례·적분 동작(PI 동작)이라고 한다. PI 동작을 식으로 나타내면 다음과 같다.

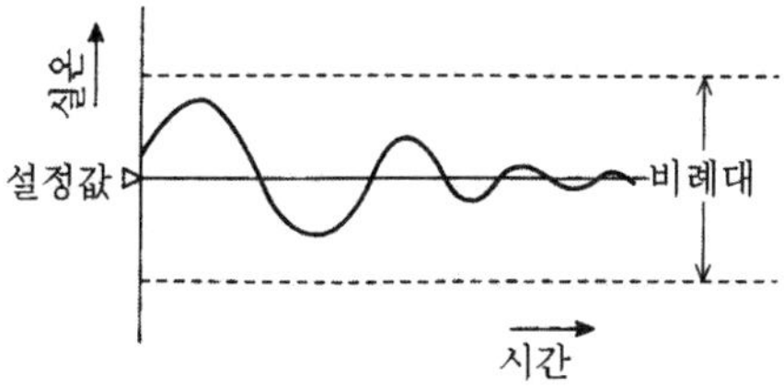

[그림 3.10] 비례적분 동작(PI 동작)

$$Y = -K_p(X - X_1) - K_i\int(X - X_1)dt + Y_0 \tag{3.3}$$

위 식의 우변 제2항은 설정값의 시간 적분에 대한 보정을 해주는 것으로 이에 의해서 옵셋을 해소하고 있다. 옵셋의 소멸 근거에 대해서는 3.2절에서 설명한다.
시간 t를 0부터 t까지 취하고 $(X - X_1) = Z$로 하면, 위 식은 다음과 같이 된다.

$$Y = -K_pZ - K_iZt + Y_0 \tag{3.4}$$

위 식에서 비례 동작의 출력과 적분 동작의 출력이 일치하는 시간, 즉 $K_pZ = K_iZt$로부터 $t = K_p/K_i$로 되는 시간을 적분시간(또는 리셋시간)이라 하고 단위는 분으로 나타내고 있다. 또, 적분시간의 역수를 리셋율이라 한다. 적분시간을 짧게 하면 큰 수정량이 작동하게 되어 사이클링(cycling)을 일으키게 되고, 너무 짧으면 지속적으로 사이클링을 반복하여 제어 동작이 안정하지 않는 헌팅(hunting)을 일으키게 된다.

(6) 미분 동작

PI 동작의 사이클링을 작게 하기 위해서는 비례 동작의 비례대를 크게 하고 적분시간을 길게 해야만 한다. 그러나 이와 같이 하면 부하 변동에 대해서 큰 편차를 발생하고 설정값에 도착할 때까지의 시간이 길게 되어 버린다.
이러한 때에 편차값 변동량의 시간 미분에 비례해서 제어동작을 일으키면 제어량의 변동이 압축되어 과도시간도 과도오차도 작게 만드는 것이 가능하다. 이와 같은 제어동작을 미분 동작(Derivative action, D 동작)이라고 하고, 위 예에서 밸브 개도는 다음과 같은 식으로 나타낼 수 있다.

단, $(X-X_1)=Z$로 한다. 또, K_d를 미분 동작 계수라 한다.

미분 동작에 의한 제어 동작과 비례제어에 의한 제어 동작이 동일하게 되는 시간을 미분시간(또는 레이트 시간)이라 한다. 미분시간을 길게 하면 할수록 미분 동작은 강하게 작용하지만 지나치게 길면 작은 편차에 대해서도 큰 조작량이 작용하여 제어 동작이 사이클링을 일으킬 경우가 있다.

(7) 비례·적분·미분 동작

미분 동작은 단독으로 이용되지는 않고, PI 동작과 조합으로 비례·적분·미분 동작(PID 동작)으로 이용되어지고 있다.

PID 동작은 위에 서술한 세동작의 조합이므로 다음 식으로 나타낼 수 있다.

$$Y=-K_pZ-K_i\int Zdt-K_d\frac{dZ}{dt}+Y_0 \tag{3.5}$$

PID 동작을 이용하면 [그림 3.11]에 나타낸 것과 같이 적분 동작으로 비례 동작의 옵셋을 없애고, 미분 동작으로 안정성을 증가시켜 응답을 빠르게 할 수 있으므로 공업 프로세스제어에 널리 이용되어져 왔다. 단, 보통의 공조설비에서는 응답이 비교적 느리므로 미분 동작을 공조설비의 제어에 이용하는 일은 거의 없었다. 그러나 최근에는 컴퓨터 기술의 발전에 의해 DDC제어(Direct Digital Control, 직접 디지털제어)의 일환으로서 일반 공조설비에도 널리 채용되게 되었고, 간혹 미분 동작이 채용되어 있지 않은 경우에도 PID 동작으로 칭하기도 한다.

P 동작, PI 동작 및 PID 동작을 채용한 경우의 시간 경과에 따른 제어량의 변화 상태를 나타내는 그림으로부터, P 동작에서는 옵셋이 남고, PI 동작에서는 옵셋은 없지만 안정될 때까지의 시간이 PID 동작보다도 길어지는 것을 알 수 있다.

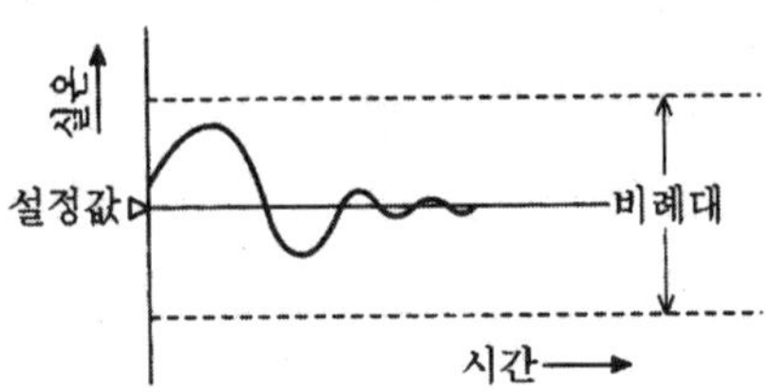

[그림 3.11] 비례·적분·미분 동작(PID 동작)

$$Y=-K_d\frac{dZ}{dt} \tag{3.6}$$

3.2 자동제어 기초 이론

3.2.1 라플라스 변환

(1) 과도응답의 대표적인 입력 파형

자동제어계에 대해서 외란이 인가되었을 때, 전체 계가 어떻게 거동할 것인가 그 성질을 조사하기 위해 입력 신호에 대한 출력 신호의 과도적인 상태를 나타내는 응답(과도응답: 過渡應答)을 과도특성 또는 동특성(動特性)이라고 한다.

이에 대해서 정상상태(定常狀態)에 들어선 이후의 특성을 정상특성 또는 정특성(靜特性)이라고 한다.

과도응답을 조사하기 위한 대표적인 입력 파형으로는 다음과 같은 것들이 있으며, [그림 3.12]에 나타내었다.

1) 스텝 입력(step input)

2) 임펄스 입력(impulse input)

3) 램프 입력(ramp input)

4) 정현파 입력(sinusoidal input)

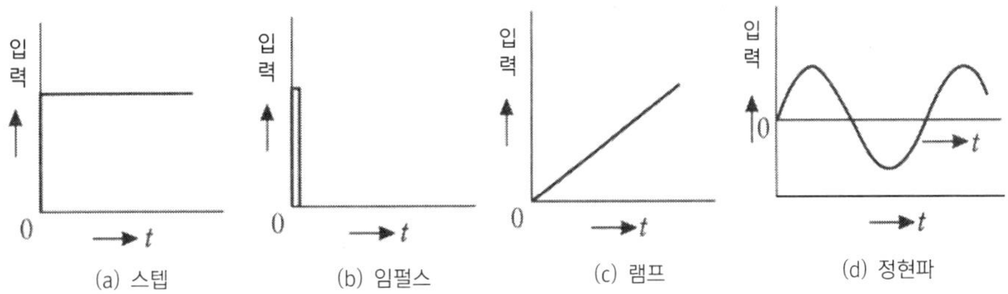

[그림 3.12] 과도응답의 대표적인 입력 파형

스텝응답은 과도특성을 조사하기 위해 계에 가해지는 입력의 형태가 [그림 3.12(a)]와 같은 계단 형태의 것을 말하고, $t \geq 0$에서 그 크기가 1인 스텝 입력을 주었을 때의 출력 응답을 특별히 인디셜응답(indicial response)이라 한다.

임펄스 입력은 [그림 (b)]와 같이 극히 짧은 시간에 매우 큰 값의 파형을 입력하는 것을 말하고, 램프 입력은 [그림 (c)]와 같이 시간에 비례한 값의 파형을 입력하는 것을 말한다.

입력으로서 시간과 더불어 [그림 (d)]와 같은 정현파형(sin 또는 cos 형의 파형)을 입력하여 그 출력이 정상상태에 들어선 이후의 정현파형으로 된 때의 결과를 얻는 것을 주파수응답이라고 한다.

주파수응답에서는,

$$\text{입력신호 : } a = A sin(\omega t + \theta_1) \tag{3.7}$$

$$\text{출력신호 : } b = B \sin(\omega t + \theta_2) \tag{3.8}$$

로 한 때의 진폭비 B/A, 위상차 $\theta(\theta_2 - \theta_1)$ 등을 조사한다.

주파수응답은 입력이 정현파인 경우, 출력도 정현파로 되는 선형 요소에만 적용이 가능하다. 또한 이 책에서는 주파수응답에 관해서는 더 이상 언급하지 않는 것으로 한다.

(2) 라플라스 변환

일반적으로 자동제어계의 입력과 출력의 관계는 미분방정식으로 주어지지만 그 미분방정식을 푸는데 있어서 비교적 간단하게 해를 구하는 수법으로서 라플라스 변환이 이용되어지고 있다.

라플라스 변환은 연산자법이라고 하는 기호적 해법을 사용하여 미분방정식의 문제를 대수방정식 문제로 푸는 방법이다.

라플라스 변환은 $t \geq 0$의 구간에서 정의되는 어떤 변수 t(예컨대 시간)의 함수 $f(t)$를 다른 복소 변수 s의 함수로 변환하고, 이 변환된 후의 함수를 $F(s)$로 하여 이것을 $\mathcal{L}\{f(t)\}$로 나타내면 $F(s)$는 다음 식으로 구해진다.

$$\mathcal{L}[f(t)] = F(s) = \int_{-\infty}^{\infty} e^{-st} f(t)dt \tag{3.9}$$

또 $F(s)$로부터 역으로 $f(t)$를 구하는 과정을 역변환이라 하고 기호 $\mathcal{L}^{-1}$를 사용해서

$$f(t) = \mathcal{L}^{-1}F(s) \tag{3.10}$$

로 나타낸다. (라플라스 변환의 역변환 기호를 $\mathcal{L}^{-1}$로 나타내기로 한다.)

미분방정식에 사용되고 있는 d/dt를 s로 두면, 함수 $f(t)$의 미분은 라플라스 변환에 의해 다음과 같이 표현할 수 있다.

$$\frac{d}{dt}f(t) = sF(s) \tag{3.11}$$

이와 같이 라플라스 변환을 사용하면, 미분방정식을 보통의 대수방정식으로 나타낼 수가 있고 여러 가지 제어 동작에서의 입력에 대한 출력을 비교적 용이하게 구할 수 있다. 또 라플라스 변환에서는 적분 기호 $\int dt$도 $1/s$로 치환할 수 있다. 따라서 예를 들면 입력 신호와 출력 신호와의 사이에

$$b(t) = k_1\{a(t)\} + k_2\frac{d\{a(t)\}}{dt} + k_3\int a(t)dt \tag{3.12}$$

의 관계가 있는 경우, 이것을 라플라스 변환하면 다음과 같은 대수식의 형태로 된다.

$$B(s) = k_1 \cdot A(s) + k_2 \cdot s \cdot A(s) + k_3 \cdot \frac{1}{s} \cdot A(s) \tag{3.13}$$

또 [그림 3.12]에서 보인 스텝 입력 함수의 라플라스 변환은 $f(t)$는 $t \geqq 0$의 구간에서 1이므로 다음 식과 같이 된다.

$$\mathcal{L}[1] = \frac{1}{s} \tag{3.14}$$

같은 방법으로 임펄스 입력의 경우는 다음과 같이 된다.

$$\mathcal{L}[\delta(t)] = 1 \tag{3.15}$$

여기서 $\delta(t)$를 델타함수라고 한다.
또 램프 입력의 경우는 다음과 같이 된다.

$$\mathcal{L}[At] = \frac{A}{s^2} \tag{3.16}$$

간단한 함수의 라플라스 변환의 예를 [표 3.1]에 보인다. 여러 가지 함수의 라플라스 변환에 대해서는 자동제어 관련 책자에 표로서 나타나 있는 것이 대부분이므로 상세한 내용은 그 쪽을 참조해 주기 바란다.

[표 3.1] 간단한 함수의 라플라스 변환

	$f(t)$	$F(s)$		$f(t)$	$F(s)$
1	A	$\frac{A}{s}$	8	$A\cos\omega t$	$\frac{As}{s^2+\omega^2}$
2	σ 함수($t=0$ 일 때, 임펄스)	1	9	$A\sin(\omega t+\varphi)$	$\frac{A(\omega\cos\varphi+s\sin\varphi)}{s^2+\omega^2}$
3	$Ae^{-\sigma t}$	$\frac{A}{s+\sigma}$	10	$\frac{df(t)}{dt}$	$sF(s)-f(0)^*$
4	At	$\frac{A}{s^2}$	11	$\frac{d^n f(t)}{dt^n}$	$s^nF(s)-s^{n-1}f(0)^*$ $-s^{n-2}f(0)^*\cdots-f^{n-1}(0)^*$
5	At^n	$\frac{An!}{s^{n+1}}$	12	$\int f(t)dt=f^{-1}(t)$	$\frac{F(s)}{s}+\frac{f^{-1}(0)}{s}$
6	$At^ne^{-\sigma t}$	$\frac{An!}{(s+\sigma)^{n+1}}$	13	$f(t-L)$ 부동작시간 L이 있는 경우	$e^{-SL}F(s)$
7	$A\sin\omega t$	$\frac{A\omega}{s^2+\omega^2}$			

다음에 [표 3.1]의 사용법의 예를 보인다.

예 제 1

$(2+e^{-3t})$의 라플라스 변환을 구하라.

❖ **해** : [표 3.1]의 1란 및 3란을 참조해서 다음과 같이 된다.

$$\mathcal{L}(2+e^{-3t}) = \mathcal{L}2+\mathcal{L}e^{-3t} = \frac{2}{s}+\frac{1}{s+3} = \frac{3(s+2)}{s(s+3)} \tag{1}$$

예 제 2

입력 신호 $a(t)$와 출력 신호 $b(t)$와의 사이에

$$a(t) = 0.5b(t) + 2\frac{db(t)}{dt} \tag{1}$$

의 관계가 있고, 입력으로서 [표 3.1]의 1란과 같은 계단상의 크기 $A=5$의 신호를 주었을 때의 출력 $b(t)$를 구하라.

❖ **해** : 우선 주어진 식을 라플라스 변환하면 다음과 같이 된다.

$$A(s) = 0.5B(s) + 2sB(s) \tag{2}$$

또 $A(s)$는 [표 3.1]의 1란으로부터 $5/s$로 되므로 다음과 같이 된다.

$$B(s) = \frac{1}{0.5+2s}A(s) = \frac{1}{0.5+2s} \cdot \frac{5}{s} \tag{3}$$

이 $B(s)$의 라플라스 역변환이 $b(t)$로 된다.

역변환을 하기 위해, 식 (3)을 분해해서 다음과 같이 합의 형태로 고친다.

$$\frac{1}{0.5+2s} \cdot \frac{5}{s} = \frac{K_1}{s} + \frac{K_2}{s+\sigma} = \frac{(K_1+K_2)s + K_1\sigma}{s^2+\sigma s} \tag{4}$$

한편 식 (3)은 다음과 같이 고쳐 쓸 수 있다.

$$\frac{1}{0.5+2s} \cdot \frac{5}{s} = \frac{5}{2s^2+0.5s} = \frac{2.5}{s^2+0.25s} \tag{5}$$

식 (4)와 식 (5)의 우변은 같으므로 다음과 같이 된다.

$$\frac{(K_1+K_2)s+K_1\sigma}{s^2+\sigma s}=\frac{2.5}{s^2+0.25s} \tag{6}$$

이것이 항등적으로 성립하기 위해서는 이 식을 만족하는 K_1, K_2, σ의 값을 구하면 된다. 결과로서, $K_1=10$, $K_2=-10$, $\sigma=0.25$가 얻어진다.
이들의 값을 식 (4)의 중간식에 대입해서 [표 3.1]을 참조하여 라플라스 역변환을 행하면 다음과 같이 된다.

$$b(t)=\mathcal{L}^{-1}\frac{10}{s}-\mathcal{L}^{-1}\frac{10}{s+0.25}=10-10e^{-0.25t}=10(1-e^{-0.25t}) \tag{7}$$

3.2.2 전달 요소와 전달함수

(1) 전달함수

예를 들면 공조설비의 에어핸들링 유닛(Air Handling Unit : AHU)에서는 설정 실온(室溫)과 실제로 실현하고 있는 실온과의 차를 입력으로 하여 냉수코일로 보내는 냉수량을 2방밸브로 조절함으로써 실내의 송풍 온도를 제어하고 있다.
이 경우에 냉수코일로의 공급 냉수량을 입력$u(t)$, 송풍 온도를 출력$y(t)$로 하였을 때, 이들 사이에 다음과 같은 고계의 선형 미분방정식으로 표현되는 수식 모델이 성립하며 이것을 미분방정식 모델이라고 한다.

$$a_n\frac{d^n y(t)}{dt^n}+a_{n-1}\frac{d^{n-1}y(t)}{dt^{n-1}}+\cdot\cdot\cdot+a_1\frac{dy(t)}{dt}+a_0 y(t)$$
$$=b_m\frac{d^m u(t)}{dt^m}+b_{m-1}\frac{d^{m-1}u(t)}{dt^{m-1}}+\cdot\cdot\cdot+b_1\frac{du(t)}{dt}+b_0 u(t) \tag{3.17}$$

이와 같은 미분방정식은 위에서 설명한 라플라스 변환 수법을 이용하면 비교적 쉽게 해를 구할 수가 있다.
초기값이 0인 경우의 입력 신호의 라플라스 변환은, [표 3.1]의 $F(s)$의 난에 있는 식 가운데, $f(0)$, $f^1(0)$, $f^2(0)$의 항들과 $f^{-1}(0)$, $f^{-2}(0)$의 항은 모두 0이 되므로 $sF(s)$, $s^2F(s)$ 또는 $F(s)/s$, $F(s)/s^2$ 등의 항으로만 된다.
이와 같은 상태에서의 입력 신호 및 출력 신호에 대한 각각의 라플라스 변환을 한 것의 비를 전달함수라고 한다.
따라서 입력 신호 $u(t)$의 라플라스 변환을

$$\mathcal{L}\, u(t) = U(s) \tag{3.18}$$

출력 함수를 $y(t)$로 하여 그 라플라스 변환을

$$\mathcal{L}\, y(t) = Y(s) \tag{3.19}$$

로 하면, 전달함수 $G(s)$는 다음과 같이 된다.

$$G(s) = \frac{\text{출력의 라플라스 변환}}{\text{입력의 라플라스 변환}} = \frac{Y(s)}{U(s)} \tag{3.20}$$

위 식으로부터 $Y(s) = U(s) \cdot G(s)$로 되므로 이 함수를 역변환하면 다음과 같이 된다.

$$y(t) = \mathcal{L}^{-1} Y(s) = \mathcal{L}^{-1}\{U(s) \cdot G(s)\} \tag{3.21}$$

(2) 기본적인 제어 요소의 전달함수

자동제어계의 기본적인 전달 요소에 대해서 전달함수를 구하면 다음과 같이 된다.

1) 비례 요소

기준 상태(이것을 0으로 한다)에 있을 때, 어떤 입력 $u(t)$에 대해서 얻어지는 출력 $y(t)$가 다음 식과 같이 표현되는 비례 관계에 있을 때 이것을 비례 요소라 한다.

$$y(t) = K_p u(t) \tag{3.22}$$

여기서 K_p는 정수이다. 이 비례 요소의 전달함수는 다음과 같이 된다.

$$G(s) = K_p \tag{3.23}$$

2) 미분 요소

입력과 출력의 관계가 다음과 같은 경우를 미분 요소라고 한다.

$$y(t) = K_d \frac{du(t)}{dt} \tag{3.24}$$

여기서 K_d는 정수이다. 미분 요소의 전달함수는 다음과 같이 된다.

$$G(s) = K_d s \tag{3.25}$$

3) 1차지연 요소

평형상태에 있는 계에 대해서 어떤 입력이 주어졌을 때, 입력에 비례한 출력과 입력의 변화 속도에 비례한 출력을 합한 것이 총합적인 출력으로 되는 것을 1차지연 요소라 하고 입력과 출력 간에는 다음과 같은 식이 성립한다.

$$y(t) + T\frac{dy(t)}{dt} = Ku(t) \tag{3.26}$$

여기서 T를 시정수, K를 1차지연 요소의 비례감도(비례게인 또는 게인정수라고도 함)라 한다. 이것을 라플라스 변환해서 전달함수를 구하면 다음과 같이 된다.

$$G(s) = \frac{K}{1 + Ts} \tag{3.27}$$

1차지연 요소의 인디셜응답(값이 1인 계단상의 입력에 대한 응답)은 입력이 $1/s$로 되므로 라플라스 역변환에 의한 출력함수는 다음과 같이 구해진다.

$$y(t) = K(1 - e^{-t/T}) \tag{3.28}$$

위 식에서 $t = \infty$일 때 출력은 평형상태의 K에 도달하고, 이것이 위에서 설명했던 1차지연 요소의 비례감도로 된다. 또 $t = T$일때, $y(t) \fallingdotseq 0.632\ K$로 된다. 이 $0.632\ K$

에 도달하는 시간을 시정수(time constant)라 한다.

[그림 3.13]은 식 (3.28)에서 $K = 1$일 때를 그림으로 나타낸 것이다. 예를 들면 난방장치에 의해 일정한 온도로 유지되는 실내에서 급기 온도가 상승하여 실온이 상승하면 이에 수반하여 실내의 열 손실이 증가하는 경우가 1차지연계에 해당한다.

제어계에서 1차지연의 출력이 다음의 1차지연계의 입력으로 되는 경우 그 출력은 원래의 입력에 대해서 2차지연 요소의 출력으로 된다. 이와 같은 제어계를 2차지연 요소의 계라고 한다. 공조설비를 예로 들면, 실내 온도에 대한 온도 검출단의 온도가 1차지연으로 되고, 그 온도 신호에 의해서 공기 코일의 조절밸브의 개도가 제어될 때, 코일 온도가 2차지연으로 된다. 2차지연 요소의 스텝응답은 [그림 3.14]와 같다. 1차지연 요소와 2차지연 요소는 시간 영역에서 입력과 출력의 관계가 선형 1계 미분방정식과 선형 2계 미분방정식으로 각각 표현되는 시스템이다.

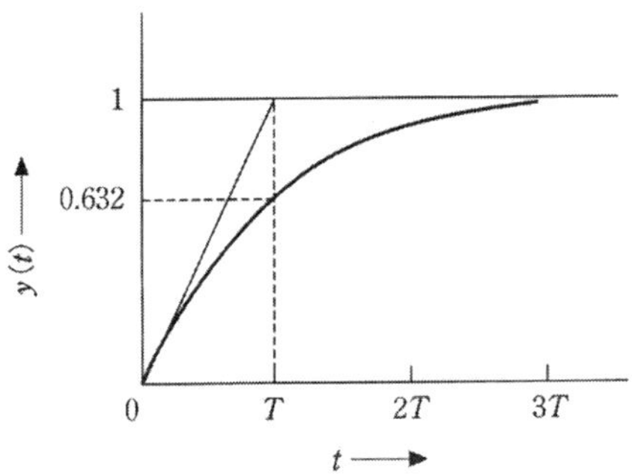

[그림 3.13] 1차지연계의 인디셜응답

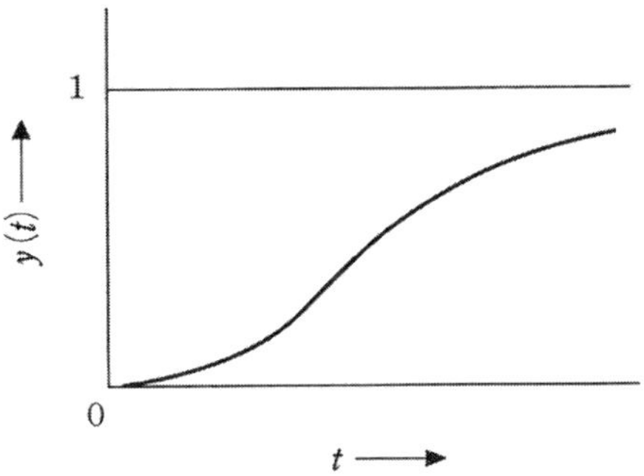

[그림 3.14] 2차지연계의 인디셜응답

4) 1차지연 + 부동작(무응답) 시간 요소

입력의 변화가 시간 L을 지체한 후에 출력의 변화로서 나타날 때, 이 지연시간을 부동작 시간(무응답 시간, dead time)이라 하며, 입력과 출력의 관계는 다음 식으로 주어진다.

$$y(t) = u(t - L) \tag{3.29}$$

이 경우의 전달함수는 다음과 같이 된다.

$$G(s) = e^{-Ls} \tag{3.30}$$

여기서 L은 부동작 시간이다.

1차지연 요소에 부동작 시간 요소가 합해질 때의 전달함수는 다음에 서술하는 것과 같이 두 요소의 전달함수를 곱한 값으로 다음 식과 같이 된다.

$$G(s) = \frac{Ke^{-Ls}}{1+Ts} \tag{3.31}$$

[그림 3.15]는 $K=1$로 한 경우의 1차지연 요소+부동작 시간 계의 인디셜응답을 나타낸 것이다.

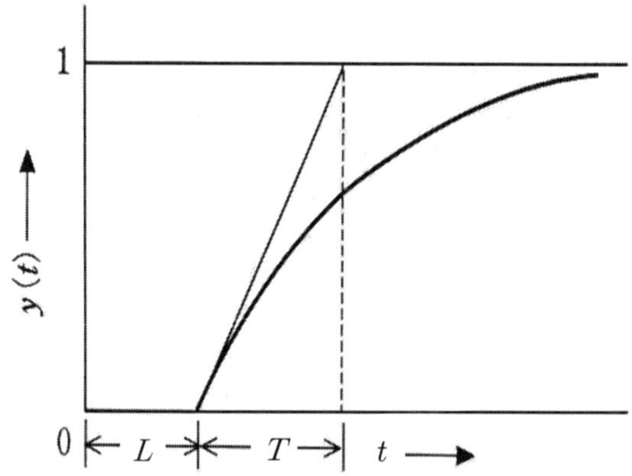

[그림 3.15] 1차지연 요소 + 부동작 시간 계의 인디셜응답

공조설비의 부동작 시간 요소의 예로서 공조기로부터 공급되는 급기가 실내에 도달하여 실온에 영향을 줄 때까지의 시간이 부동작 시간으로 된다.

5) 적분 요소

입력과 출력 사이에 다음 식과 같이 주어지는 관계가 있는 것을 적분 요소라 한다.

$$y(t) = K_i \int_0^t u(t)dt \tag{3.32}$$

이 경우의 전달함수는 다음과 같이 된다.

$$G(s) = \frac{K_i}{s} \tag{3.33}$$

예를 들면, 단열성(斷熱性)이 매우 높은 방에서 외부로부터 공급되는 열이 실내에 모두 저장되어 실내 온도가 점차 상승해 가는 상태를 나타내고 있다.

6) 비례·미분 요소

비례·미분 요소는 비례 요소와 미분 요소를 더한 것으로서 입력과 출력 사이의 관계가 다음 식과 같이 표현된다.

$$y(t) = K_p u(t) + K_d \frac{du(t)}{dt} \tag{3.34}$$

그 전달함수는 일반적으로 다음 식으로 나타난다.

$$G(s) = K_p(1 + T_d s) \tag{3.35}$$

위 식에서 K_p는 비례감도, T_d는 미분시간이다.

7) 비례·미분·적분 요소

비례·미분·적분 요소는 위에서 설명한 5)와 6)으로부터 전달함수는 다음과 같이 된다.

$$G(s) = K_p(1 + T_d s + \frac{1}{T_i s}) \tag{3.36}$$

여기서 T_i는 적분시간을, $1/T_i$을 리셋율이라고 한다.

(3) 블록선도와 등가 변환

[그림 3.16]과 같은 피드백제어계에서 각각 조절부, 조작부의 입·출력 관계를 전달함수를 매개로 나타내면 [그림 3.17]과 같이 표시할 수 있다. 이와 같은 그림을 블록선도(block diagram)라 한다.

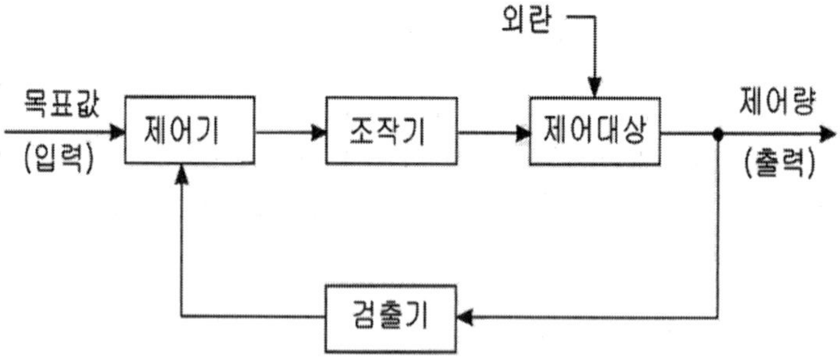

[그림 3.16] 피드백제어계의 예

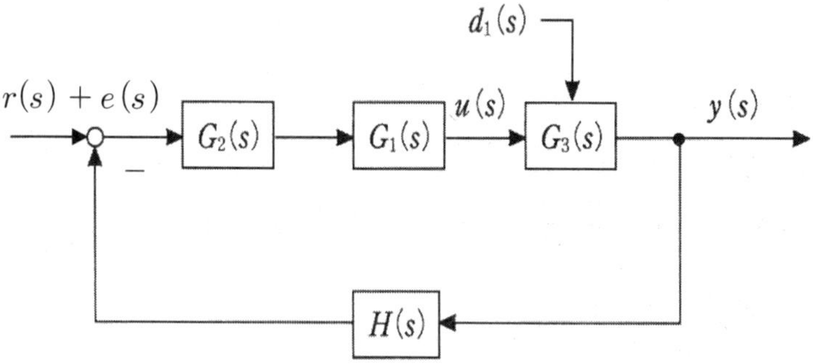

[그림 3.17] 그림 3.5에 나타낸 계의 블록선도

블록선도에 포함된 각 전달함수를 통합해서 하나의 전달함수로 나타낼 수가 있으며 이와 같은 과정을 등가 변환이라 한다.

[그림 3.18]은 등가 변환의 대표적인 것으로서 직렬 결합과 피드백 결합의 경우를 나타내고 있다. 그림 (a)와 같이 표시된 전달함수는 우선 직렬 결합으로 그림 (b)와 같이 되고, 피드백 회로로부터 '+' 또는 '-'의 전달함수를 여기에 더하거나 또는 빼서 그림 (c)와 같이 하나의 전달함수로 통합시킬 수 있다.

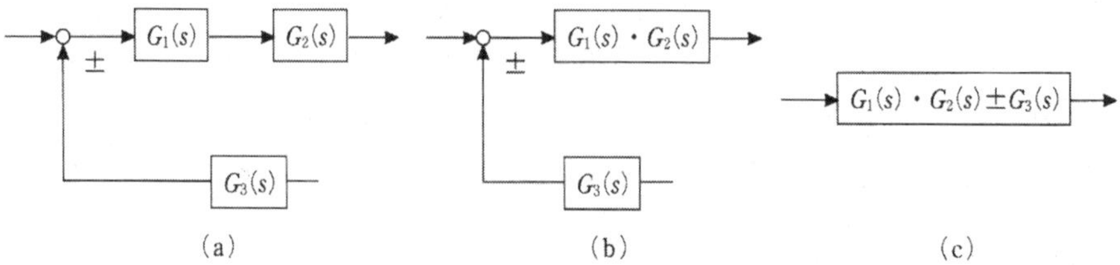

[그림 3.18] 블록선도의 등가 변환

이 관계로부터 [그림 3.17]의 피드백제어계의 전달함수는 다음과 같이 된다. 단, 외란은 없는 것으로 하여 $d_1(s)=0$로 한다.

우선,

$$e(s)=r(s)-H(s)y(s)$$
$$u(s)=G_1(s)G_2(s)e(s)$$
$$y(s)=G_3(s)u(s)$$

로부터, 목표치 $r(s)$에 대한 출력 $y(s)$까지의 전달함수는 다음과 같이 된다.

$$\frac{y(s)}{r(s)}=G(s)=\frac{G_1(s)G_2(s)G_3(s)}{1+G_1(s)G_2(s)G_3(s)H(s)} \tag{3.37}$$

(4) 옵셋(offset)

1차지연계의 경우에, 입력 신호를 V로 하고, 제어장치(전달함수 : G_2)와 제어대상(전달함수 : G_1) 사이에 외란 U(전달함수 : N)가 합해진 경우의 블록선도를 나타내면 [그림 3.19]와 같이 되고, 위에서 설명한 블록선도의 등가 변환을 행하면 전체의 전달함수는 다음과 같이 된다.

$$X=\frac{G_1G_2}{1+G_1G_2}V+\frac{G_1}{1+G_1G_2}N\cdot U \tag{3.38}$$

이 계를 예컨대 외란이 있더라도 실온 등의 목표값을 일정하게 유지하는 것을 목적으로 하는 경우(정치제어), $V=0$로 되고, 위의 식 우변 제1항은 소거된다. 또한 외란이 스텝상으로 주어진 경우라면, 이것은 제어대상의 인디셜응답으로 되어 그 라플라스 역변환을 행해서 얻어진 제어량은 다음 식과 같이 된다.

$$x(t)=\mathcal{L}^{-1}\left(\frac{G_1N}{1+G_1G_2}\cdot\frac{1}{s}\right) \tag{3.39}$$

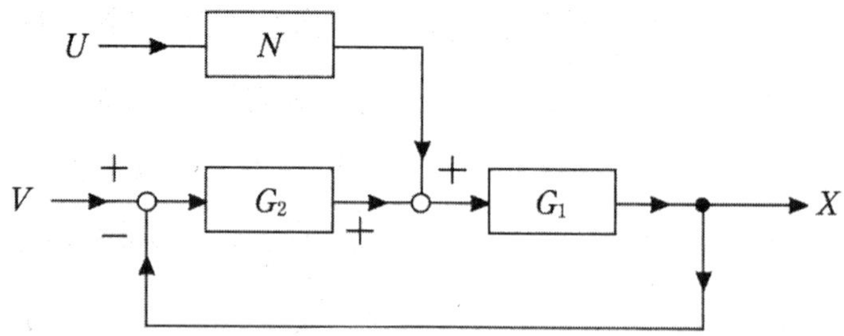

[그림 3.19] 외란이 있는 1차지연계

이 제어량이 최종적으로 평형상태에 도달한 때의 값은 시간 t를 무한대로 한 경우의 값으로 된다.

라플라스 변환의 중요한 성질로서 함수 $f(t)$의 라플라스 변환을 $F(s)$로 하면,

$$\lim_{t\to\infty} f(t) = \lim_{s\to 0} sF(s) \tag{3.40}$$

의 관계가 있으므로 위 식은 다음과 같이 된다.

$$\lim_{t\to\infty} \mathcal{L}^{-1}\left(\frac{NG_1}{1+G_1G_2}\cdot\frac{1}{s}\right) = \lim_{s\to 0} s\left(\frac{NG_1}{1+G_1G_2}\cdot\frac{1}{s}\right) = \lim_{s\to 0}\left(\frac{NG_1}{1+G_1G_2}\right) \tag{3.41}$$

여기서 G_1은 제어대상의 전달함수로서 다음과 같다.

$$G_1 = \frac{K_1}{1+Ts} \tag{3.42}$$

또한 G_2는 제어장치의 전달함수로서 다음과 같다.

$$G_2 = K_2 \tag{3.43}$$

이들의 값을 식 (3.41)에 대입하고 또, 외란에 대한 전달함수 $N=1$로 하면, 다음과 같이 된다.

$$\lim_{s\to 0}\left(\frac{NG_1}{1+G_1G_2}\right)=\lim_{s\to 0}\left(\frac{1}{1+\dfrac{K_1K_2}{1+Ts}}\cdot\frac{K_1}{1+Ts}\right)=\frac{K_1}{1+K_1K_2} \tag{3.44}$$

다음, 외란이 없는 경우의 인디셜응답을 구하면, 식 (3.38)의 우변 제2항은 0이 되므로 다음과 같이 된다.

$$\begin{aligned} X &= \frac{G_1G_2}{1+G_1G_2}V=\frac{G_1G_2}{1+G_1G_2}\cdot\frac{1}{s}=\frac{\dfrac{K_1K_2}{1+Ts}}{1+\dfrac{K_1K_2}{1+Ts}}\cdot\frac{1}{s} \\ &= \frac{K_1K_2}{1+Ts+K_1K_2}\cdot\frac{1}{s} \end{aligned} \tag{3.45}$$

이 식을 라플라스 역변환하면 다음 식이 얻어진다.

$$\lim_{t\to\infty}x(t)=\lim_{s\to 0}s\left(\frac{K_1K_2}{1+Ts+K_1K_2}\cdot\frac{1}{s}\right)=\frac{K_1K_2}{1+K_1K_2}\approx 1-\frac{1}{K_1K_2} \tag{3.46}$$

위 식의 우변의 1은 인디셜응답에서 주어진 입력을 1로 한 것으로서 목표값으로부터 $1/(K_1K_2)$만큼 작은 값으로 도달한 것이 된다. 이것을 옵셋(편차)이라 한다. 일반적으로 공조설비의 제어대상의 K_1값은 결정되어 있고, 제어장치의 K_2값이 클수록 편차는 작아진다.

(5) 적분 동작과 옵셋의 해소

1차지연 요소에 적분 동작을 이용해서 외란 U, 목표치 V, 제어량을 X로 한 경우의 블록선도는 [그림 3.20]과 같이 되며, 다음 식이 성립한다.

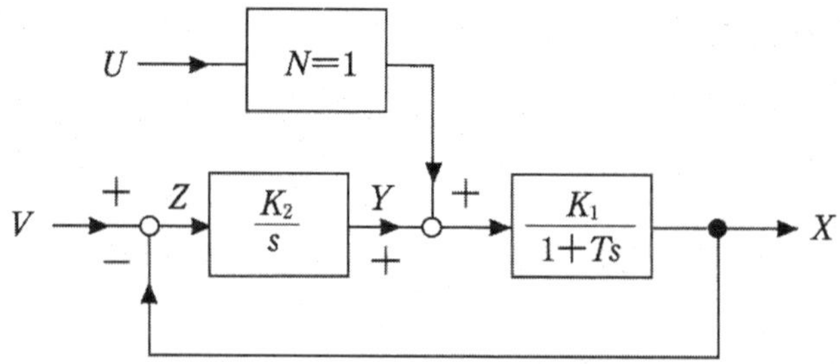

[그림 3.20] 적분 동작을 추가한 제어계의 블록선도

$$X = \frac{K_1 K_2}{s(1+Ts)+K_1 K_2} V + \frac{sK_1}{s(1+Ts)+K_1 K_2} N \cdot U \tag{3.47}$$

간단히 하기 위해 $N=1$로 하고, $U=0, V=1/s$로 해서 인디셜응답을 구하면, 다음 식과 같이 되어 잔류편차는 없어지게 된다.

$$x(\infty) = \lim_{s \to 0} s \cdot \frac{K_1 K_2}{s(1+Ts)+K_1 K_2} \cdot \frac{1}{s} = 1 \tag{3.48}$$

3.2.3 제어계의 안정성과 조정

(1) 자동제어의 목적

공조시스템에서는 대상으로 되는 실(room)의 벽 등과 같은 건축 구조는 거의 바뀌는 일이 없으나, 주변의 기상 상태, 재실자 수 등은 항상 변동하고 있다. 자동제어장치는 이와 같은 외부로부터의 영향(외란)이 있더라도 목표값의 실온 등은 변함없이 설정값으로 유지되도록 공조시스템의 운전을 제어하고 있다.

이와 같이 자동제어시스템은 안정한 운전 상태를 유지하는 것이 중요하다. 공조시스템은 운전을 개시하면 실온이 서서히 설정값에 근접하여 어느 시간이 지난 뒤에 정상상태에 도달하고 운전이 안정된다. 이와 같이 운전 개시 후 정상상태에 도달하기까지의 시스템의 전체 성질을 과도특성이라 하고, 정상상태에 도달하여 안정된 후의 성질을 정상특성이라고 한다. 정상특성은 입력이나 외란 등의 영향을 받지 않거나, 변화의 비율이 일정한 경우의 특성이다.

자동제어시스템은 우선 안정일 것이 최우선적으로 요구됨과 동시에 과도특성과 정상특성이 일정한 조건을 만족하도록 요구되어진다.

(2) 안정성의 판별

[그림 3.21]과 같은 피드백제어계의 블록선도에 대해서 고찰한다.

입력신호를 V, 출력신호를 X, 외란을 U로 하면 이들 사이에는 다음 관계가 성립한다.

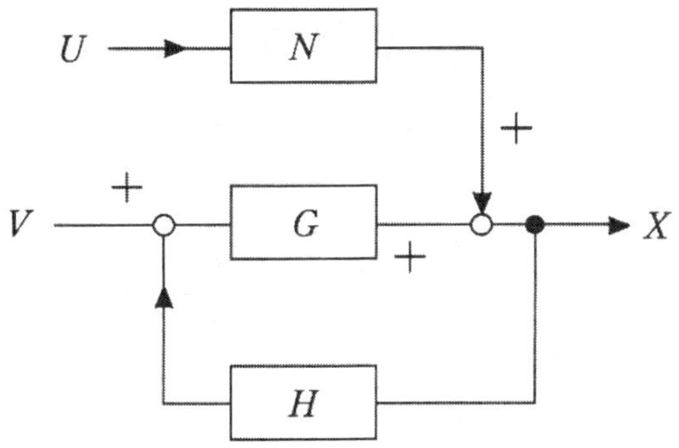

[그림 3.21] 피드백계의 블록선도

$$X = \frac{G}{1+GH}V + \frac{N}{1+GH}U \tag{3.49}$$

위 식에 대해 다음의 두 경우를 고려한다.

1) 입력을 임펄스로 하고, 외란이 없는 경우($V=1, U=0$)

이 경우의 출력은 다음 식으로 주어진다.

$$x(t) = \mathcal{L}^{-1}X = \mathcal{L}^{-1}\left(\frac{G}{1+GH}\right) \tag{3.50}$$

2) 합산점에서 정확히 δ 함수가 되도록 외란이 있는 경우($V=0, N=1$)

$$x(t) = \mathcal{L}^{-1}X = \mathcal{L}^{-1}\left(\frac{1}{1+GH}\right) \tag{3.51}$$

식 (3.50)과 식 (3.51)의 분모의 $1+GH$를 0으로 하였을 때의 근의 실수부가 모두 음일 때 이 계는 안정하며, 실수부에 양의 항을 포함하고 있으면 계는 불안정하게 된다. (이 부분에 대한 보다 상세한 내용은 자동제어 전문 도서를 참조하기 바란다.)

또 $1+GH=0$의 방정식을 특성방정식이라 하며, 그 근을 특성근이라 한다. 제어계의 모든 전달함수를 알고 있고, 그 전달함수가 s에 관한 다항식으로 나타나 있으면 그 특성근을 구해서 자동제어계의 안정성을 조사하는 것이 가능하지만, 특별한 경우를 제외하고는 특성근을 구하는 것이 쉽지 않다.

특성방정식이 얻어진 경우에 이 특성근을 구하지 않고 계의 안정성을 판별하는 방법으로써 후르비츠(Hurwitz)의 판별법이나 루스(Routh)의 판별법이 있고 또 계에 부동작 시간 요소가 포함될 때는 주파수응답법의 보드선도(Bode diagram)를 이용한 나이키스트(Nyquist) 판별법이나 니콜스(Nichols) 선도를 이용하는 방법 등이 있다.

일반적으로 공조시스템의 자동제어계의 특성방정식을 구하는 것은 매우 어렵기 때문에 실제로는 구체적인 시스템에 대해 현장의 조정(tuning) 작업에 의해서 안정한 제어를 실현하고 있는 것이 현재의 실정이다.

(3) 최적 조정

자동제어계가 안정하기 위해서는 다음 사항을 파악하는 것이 중요하다.

1) 외란 등에 의해 목표값이 변동하더라도 그 제어량이 재차 정상상태로 될 때까지 또는 편차값이 허용 범위 이내에 들어올 때까지의 시간(정정시간이라고 함)이 얼마나 되는가?

2) 목표값으로부터의 오브슈트(overshoot)량이 큰지 혹은 작은지의 여부. 또 최대 오브슈트 값이 될 때까지의 시간(이것을 오브슈트 시간이라 함)이 긴지 짧은지의 여부

3) 잔류편차가 있는지? 있다면 그 크기가 얼마인지?

4) 진동 성분의 주기 및 진폭의 크기 그리고 감쇄시간

피드백제어계에서 목표값이나 외란이 스텝상으로 변화했을 때의 응답 곡선은 [그림 3.22]와 같이 된다.

그림에서 제어량이 정상값의 10%에서 90%에 도달하기까지의 시간을 상승시간(rising time) T_r, 제어량이 정상값의 50%에 도달하는 데 걸린 시간을 지연시간(delay time) T_d라 한다. 또 그림에서 위에서 설명한 정정(整定)시간(settling time) T_s, 오브슈트량, 오브슈트시간 T_o 등을 나타내고 있다. 정정시간 T_s는 제어량이 정상값의 ±2%(또는 ±5%)에 들 때까지의 시간으로 정의되어 있다.

응답의 제어 성능을 평가하는 데 옵셋이 0인 경우의 절대오차적분, 2승(乘)오차적분, 시간중첩 절대오차적분과 같은 편차의 적분이 사용되고 있다. 예를 들면 절대오차적분(IAE)은 다음과 같은 식으로 주어진다.

$$IAE = \int_0^{\infty} |e(t)| dt \tag{3.52}$$

여기서 $e(t)$는 편차를 나타낸다.

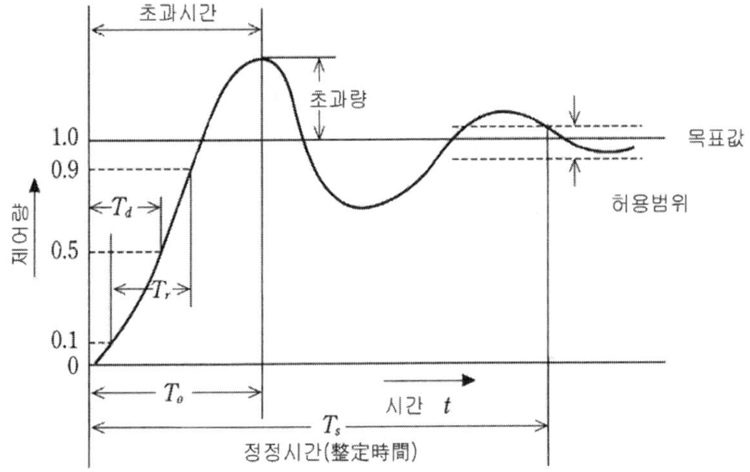

[그림 3.22] 스텝응답의 시간 변화

(4) 현장 조정

앞에서 설명한 바와 같이 실제 공조시스템의 자동제어계를 안정시키기 위해서는 현장 조정이 필요하다.

시판되고 있는 PID 제어기의 전달함수 및 조작량과 편차의 관계는 각각 다음의 두 식으로 주어진다.

$$\text{전달함수}: \; C(s) = K_p \left\{ 1 + \frac{1}{T_i s} + T_d s \right\} \tag{3.53}$$

$$\text{조작량}: \; u(t) = K_p \left\{ e(t) + \frac{1}{T_i} \int_0^t e(t) dt + T_d \frac{de(t)}{dt} \right\} \tag{3.54}$$

제어값의 조정은 이들 식에 포함되어 있는 세 개의 파라미터 즉 비례감도 K_p, 미분시간 T_d, 적분시간 T_i를 적절히 조정함으로써 행해진다. 이들 세 파라미터의 최적값

[표 3.2] 외란에 대한 각종 최적 조정법의 파라미터

제안자	조정방법	제어장치 (G_2)	최적 조정 파라미터		
			K_P	T_i	T_d
지글러·니콜스 (1차지연계수식) $\frac{Ke^{-Ls}}{Ts}$	과도응답법	P	T/KL		
		PI	$0.9\ T/KL$	$3.3\ L$	
		PID	$1.2\ T/KL$	$2\ L$	$0.5\ L$
	한계감도법	P	$0.5\ K_c$		
		PI	$0.45\ K_c$	$0.83\ P_c$	
		PID	$0.6\ K_c$	$0.5\ P_c$	$0.125\ P_c$
첸·후로네스·레스 윅 (1차지연+부동작시간 계수식) $\frac{Ke^{-Ls}}{1+Ts}$	초과 없음 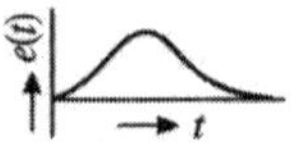	P	$0.3\ T/KL$		
		PI	$0.6\ T/KL$	$0.4\ L$	
		PID	$0.9\ T/KL$	$2.4\ L$	$0.4\ L$
	초과량 20% $(b/a=0.2)$ 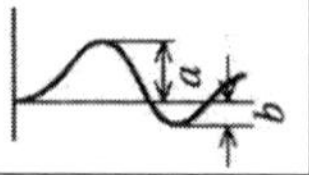	P	$0.7\ T/KL$		
		PI	$0.7\ T/KL$	$2.3\ L$	
		PID	$1.2\ T/KL$	$2\ L$	$0.42\ L$

【주】 K_P : 비례게인, T_i : 적분시간, T_d : 미분시간, T : 시정수, L : 1차지연계의 부동작 시간, K : 1차지연계의 비례감도 (게인정수)

은 제어의 목적이 열 부하와 같은 외란에 대한 수정인지, 캐스케이드제어에 의한 급기 온도 제어와 같은 목표값 추종인지에 따라 달라지지만, 여기서는 외란에 대한 조정에 대해서만 언급하기로 한다.

조정법으로서는 [표 3.2]에서와 같이 지글러-니콜스(Ziegler&Nichols)가 실험적으로 검토해서 제안한 과도응답법, 한계감도법이나 첸·후로네스·레스윅(Chien, Hrones & Reswick)이 제안한 방법 등이 있다.

1) 과도응답법

제어계의 특성이 1차지연계로서 취급할 수 있는 경우에는 실제의 장치에서 인디셜응답의 응답 곡선을 구하고, 과도상태 곡선의 상승 기울기가 가장 큰 점에서 [그림 3.23]과 같이 접선을 긋는다. 이 접선이 최초의 정상값(그림에서 횡축) 및 최종적인 정상값과 마주치는 점이 겉보기 부동작 시간(dead time : 무응답 시간) L과 겉보기 시정수 T로 된다.

이 부동작 시간 및 시정수로부터 [표 3.2]에서와 같이 비례감도 및 그 외의 값들을 구할 수 있다.

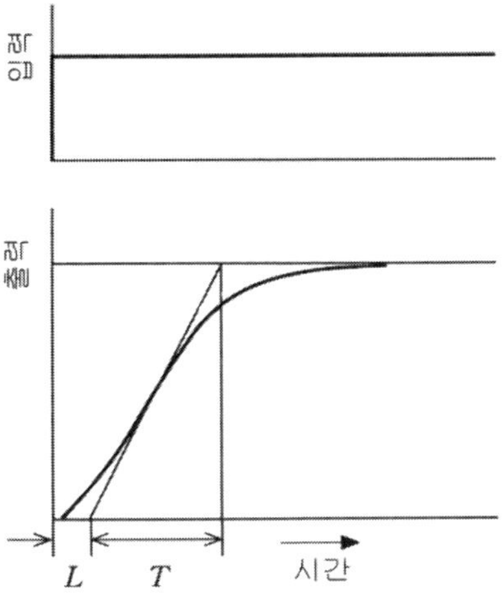

[그림 3.23] 과도응답법

2) 한계감도법

이것은 아주 널리 사용되어진 실적이 있는 방법으로서 제어대상의 전달함수가 다음과 같이 적분 요소 + 부동작 시간으로 나타낼 수 있는 특성을 보이는 경우의 조정법이다.

$$G(s) = \frac{K_p e^{-Ls}}{Ts} \tag{3.55}$$

제어기의 미분시간을 0, 적분시간을 ∞로 해서 순수 비례동작으로 하고 비례감도의 % 눈금을 최대(감도 0)로 한 후, 천천히 비례감도의 눈금을 줄여나가서 제어계가 헌팅을 일으키기 시작한 때의 한계주기 P_c와 그때의 비례감도(이것을 한계감도라 한다) K_c(%)를 파악한다. 이들의 값을 이용하여 [표 3.2]에서와 같이 비례감도 등의 최적 조정 파라미터를 구할 수 있다.
한계감도법은 외란이 스텝 입력인 경우에 출력 파형이 25% 감쇄하도록 하는 방법이다.

3) 첸 · 후로네스 · 레스윅(Chien, Hrones & Reswick) 방법

이 방법은 식 (3.31)에 표시된 1차지연 + 부동작 시간 계의 외란 및 목표값이 각각 스텝상으로 변화한 경우의 응답이 오브슈트가 일어나지 않는 경우와 오브슈트가 20%([그림 3.22]에서 허용 범위 × 1/2 × 오브슈트량)인 경우에 대해서 조정 파라미터를 제시하고 있다.

4) 각종 조정법에 의한 최적 파라미터

[표 3.2]에 각종 조정법에 의한 최적 파라미터를 나타내었다.

5) 현장 조정의 힌트

실제의 제어대상은 복잡한 특성을 갖고 있지만, 위에서 설명한 각종 조정법은 이들을 1차지연 요소 + 부동작 시간 요소로 근사화시켜 PID제어의 파라미터를 구하고 있다. 또 위에서 설명한 조정 수법에 의해 얻어진 부동작 시간 L과 시정수 T, 그리고 정수 K에는 측정 오차가 포함되게 된다. 뿐만 아니라 현장 조정법에 의해 얻어진 특성의 적용 범위에 한계가 있기 때문에 실제로 공조시스템을 운전했을 때의 특성과는 차이가 있게 마련이다. 이 때문에 미세 조정법이 필요하게 된다.
PID제어의 실용적인 조정 수법으로서 다음과 같은 순서가 권장되고 있다.

① 수동으로 운전해서 부동작 시간을 구한다.
② 적분시간을 부동작 시간의 2~3배로 설정한다.
③ 미분시간은 부동작 시간의 0.4~0.5배로 한다.
④ 미분시간을 0, 비례게인을 2로 해서 자동제어를 행하고 비례게인을 조정한다.

이상의 순서를 거쳐 각 동작의 미세 조정을 하게 되지만 각각의 동작의 효과는 다음과 같은 양상으로 나타나게 된다.

▣ 비례동작 : 비례게인을 크게 하면

- 옵셋이 작아진다.
- 오브슈트량이 적어진다.
- 지나치게 클 경우, 불안정하게 되고 결국에는 진동하며 주기가 짧아진다.

▣ 미분동작 : 미분시간을 길게 하면

- 진폭 감쇄율이 크게 된다.
- 진동 주기가 짧아진다.
- 지나치게 길면 불안정하게 되고 결국에는 진동한다.
- 일반적인 유량제어, 압력제어에는 사용하지 않는다.

▣ 적분동작 : 적분시간을 짧게 하면

- 옵셋이 없어진다.
- 목표값으로의 추종 속도가 빠르게 된다.
- 너무 짧게 설정하면 불안정하게 된다.

3.2.4 공조시스템의 단순한 모델

(1) 1실의 단순한 난방 모델

[그림 3.24]에서와 같이 단순한 형태의 1실을 난방하고 있는 경우의 열 수지(收支)를 고려하면 다음과 같이 된다.

1) 실내 공기로부터 벽의 실 내측 표면에 전달되는 열 부하 : $A\alpha(\theta_r - \theta_s)$

여기서 A : 내벽 전체 표면적

α : 내벽의 표면 열전달률

θ_r : 실내 온도

θ_s : 벽의 실내측 표면 온도

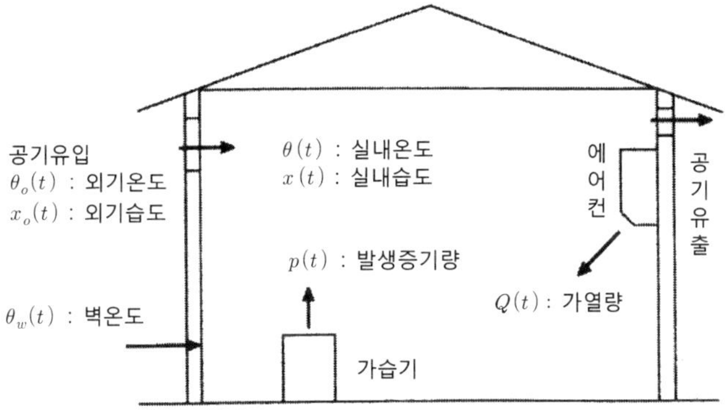

[그림 3.24] 단순한 난방 모델

또한 표면 열전달률 α는 단순화를 위해 모든 벽면에 대해서 동일한 것으로 가정하고 있다.

2) 유입 외기에 의한 열 부하 : $V_o\rho_a c_{pa}(\theta_r - \theta_o)$

여기서 θ_o : 외기 온도

V_o : 도입 외기 체적 유량 및 틈새 풍량의 합계

ρ_a : 공기의 밀도

c_{pa} : 공기의 비열

여기서, $V_o\rho_a c_{pa}$를 C_o로 한다.

3) 난방장치에서 실내로 공급하는 열 : $Q(t)$

4) 실의 용적을 V_r로 하고 유입 외기와 마찬가지로 $V_r \rho_a c_{pa}$를 C_r로 한다.

이들 조건을 이용하면, 실온의 변화는 다음 식으로 주어진다.

$$C_r \frac{d\theta_r}{dt} = Q(t) - A\alpha(\theta_r - \theta_s) - C_o(\theta_r - \theta_o) \quad (3.56)$$

위 식에서 내벽 표면의 전열을 무시하고 외기 온도 θ_o는 일정한 값으로서 변하지 않는 것으로 가정하고, 실온 θ_r은 열 손실이나 실내로의 난방장치에 의한 공급 열에 의해서만 변동하는 것으로 한다. 위 식은 다음과 같이 단순한 형으로 된다.

$$C_r \frac{d\theta_r}{dt} = Q(t) - C_o(\theta_r - \theta_o) \quad (3.57)$$

여기서 C_r / C_0를 T로 두면 위 식은 다음과 같이 된다.

$$T\frac{d\theta_r}{dt} + \theta_r = \frac{Q(t)}{C_o} + \theta_o = u(t) \quad (3.58)$$

이 식의 전달함수는 [표 3.1]을 참조해서 다음과 같이 된다.

$$G(s) = \frac{1}{1 + Ts} \quad (3.59)$$

이것은 식 (3.27)에 나타낸 1차지연계로 된다.

(2) 단순한 가열 코일의 비례제어와 옵셋

[그림 3.25]에 나타낸 단순한 증기 가열 코일의 출구 공기 온도 제어의 예를 생각한다. 입구 공기를 35℃로부터 45℃까지 가열할 때의 코일의 출력을 20 kW로 한다. 출구 공기 온도의 설정값을 40℃로 하고 그 때의 코일 출력이 10 kW로 되어 있다.

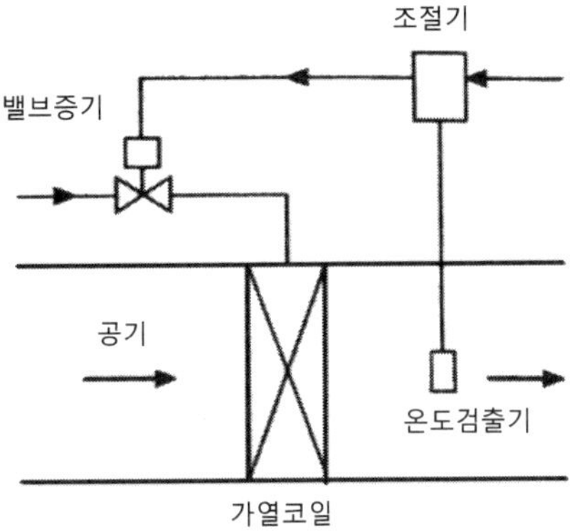

[그림 3.25] 단순한 공기 가열

이것을 비례제어로 운전하는 것으로 하면, 이 코일의 출력은 다음과 같다.

$$Q = 10 + K_p(t_s - t_o)$$

여기서 K_p는 비례게인으로 다음과 같은 값으로 된다.

$$K_p = \frac{20\ kW}{10\ K} = 2\ kW/K$$

또 t_s는 설정 온도, t_0는 출구에서의 검출 온도이다. $(t_s - t_0)$는 설정값으로부터의 편차를 나타낸다.

예를 들면, 출구 공기 온도가 37℃로 되어 있으면, 코일 출력은 16 kW로 되고, 출구 온도는 40℃로 되지만 코일의 출력은 16 kW 그대로이므로 가열량은 필요 이상으로 큰 값이 되어 있어 검출 온도가 설정 온도와 바뀌면 비로소 코일의 출력도 바뀌게 된다. 그 사이는 코일의 출력이 너무 크기 때문에 출구 온도는 설정 온도보다도 높은 값에서 움직이지 않는 채로 된다. 이 설정값과 실제로 나타난 온도의 차가 비례제어에서의 옵셋으로 된다. 이것을 일반적인 형태로 나타내면 [그림 3.26]과 같이 된다.

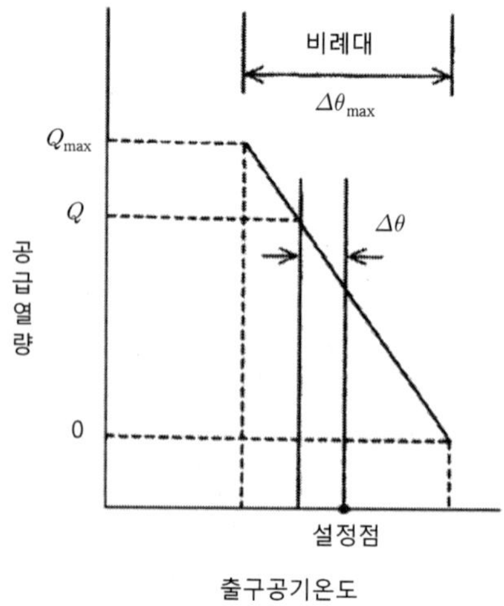

[그림 3.26] 설정 온도로부터의 편차와 공급 열량

설정 온도를 비례대의 중점에 설정하고, 비례대의 전체 온도 폭 $\Delta\theta_{max}$에서 공급 열량이 0부터 Q_{max}까지 변하는 것으로 한다. 또 실로부터 열 손실이 없는 정상운전(定常運轉) 상태에서 설정 온도가 유지되고 있는 것으로 하면, 이때의 공급 열량은 $Q_{max}/2$로 되어 있다. 이와 같은 상태로부터 어떠한 외란에 의해 실온이 설정점으로부터 $\Delta\theta$만큼 하강하면 이에 대응하여 가열량이 다음 식 만큼 증가하게 된다.

$$Q_{max} \times \frac{\Delta\theta}{\Delta\theta_{max}} \tag{3.60}$$

이 때 공급 열량 Q는 다음과 같이 된다.

$$Q = \frac{Q_{max}}{2} + \frac{\Delta\theta}{\Delta\theta_{max}} \times Q_{max} = Q_{max}\left(\frac{1}{2} + \frac{\Delta\theta}{\Delta\theta_{max}}\right) \tag{3.61}$$

여기서 비례게인은 다음과 같이 표현되며,

$$K_p = \frac{Q_{max}}{\Delta\theta_{max}} \tag{3.62}$$

따라서 식 (3.61)은 다음과 같이 된다.

$$Q = \frac{Q_{\max}}{2} + \frac{\Delta\theta}{\Delta\theta_{\max}} \times Q_{\max} = \frac{Q_{\max}}{2} + K_p \Delta\theta \tag{3.63}$$

(3) 간단한 공조시스템의 제어계

표준적인 공조시스템의 구성은 [그림 3.27]과 같이 나타낼 수 있다.

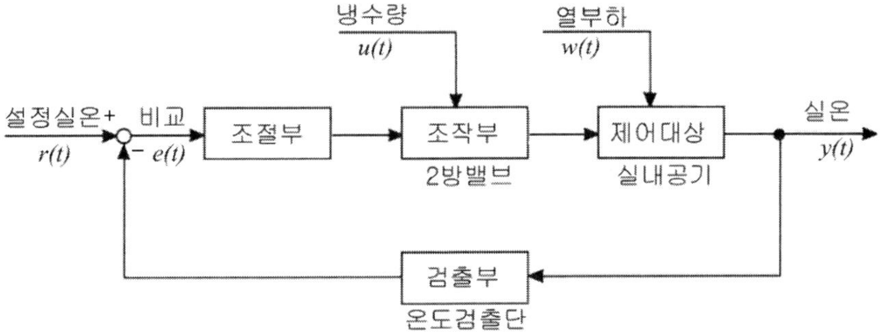

[그림 3.27] 공조시스템의 자동제어계의 입·출력 관계

실제로 제어대상에서 실현하고 있는 실온 $y(t)$를 검출부(온도 검출부)에서 계측하고 설정 실온(목표값) $r(t)$와의 차를 조절부에 입력하며 이것을 기초로 해서 조작부의 2방밸브로 냉수 공급량 $u(t)$를 조절함으로써 실온을 설정 온도로 유지시키려 하고 있다. 실온을 변동시킬 원인으로 되는 열 부하가 외란 $w(t)$이다.
이들 사이에는 다음 식이 성립한다.

1) 냉수량의 결정 요인 : $e(t) = r(t) - y(t) + w(t)$ (3.64)

2) 공급 냉수량 : $u(t) = Ke(t)$ (3.65)

3) 실온과 냉수량의 관계 : $y(t) = Pu(t)$ (3.66)

여기서, 각각의 요인은 시간의 함수이므로 함수 $f(t)$의 형으로 나타내어져 있다. 이들 식으로부터 $u(t)$를 소거하면 다음 식이 얻어진다.

$$y(t) = \frac{PK}{1+PK} r(t) + \frac{1}{1+PK} w(t) \tag{3.67}$$

피드백제어계에서는 식 (3.67)의 우변 제1항을 안정시켜 제2항의 외란의 영향을 작게 하도록 하는 K의 값을 구하는 것이 주된 문제로 된다.
이들을 블록선도로 나타내면 [그림 3.17]과 같이 된다. 따라서 시스템 전체의 전달함수도 식 (3.37)과 마찬가지로 된다.
레스먼(Letherman)에 의하면 각각의 전달함수는 다음과 같이 나타낼 수 있는 것으로 되어 있다.

1) 실온

$$G(s) = \frac{Ke^{-L_r s}}{1 + Ts} \tag{3.68}$$

여기서,

K : 정상상태에 있어서 실로부터의 열 손실 계수
L_r, T : 실 용적과 급기량으로부터 결정되는 부동작 시간 및 시정수

2) 덕트와 배관

$$G(s) = \theta e^{-L_1 s} \cdot e^{-L_2 s} \tag{3.69}$$

여기서,

θ : 배관 입구에서의 유체 온도
L_1 : 배관 길이에 의한 부동작 시간
L_2 : 유체의 열 용량과 관벽에서의 열 손실로부터 결정되는 온도강하계수

3) 온도 검출단

$$G(s) = \frac{e^{-Ls}}{1 + Ts} \tag{3.70}$$

시판의 온도 검출단의 부동작 시간은 30~40초, 시정수는 700~1200초이다. 또한 조절기와 온도 검출단이 떨어져 있는 경우에는 다음의 파데(Pade) 근사식이 성립하는 것으로 되어 있다.

$$sL \approx \frac{2 - sL}{2 + sL} \tag{3.71}$$

4) PID 조절기

$$G(s) = K_p + \frac{K_i}{s} + K_d s \tag{3.72}$$

여기서 K_p, K_i, K_d : 각각 비례게인, 적분게인, 미분게인이다.

공조설비에서는 앞에서도 설명한 바와 같이 이들의 전달함수를 이론적 또는 계산에 의해 구하는 것은 거의 불가능하므로 현장 조정에 의해 구하고 있다.

(4) 공조시스템의 자동제어 조정법

자동제어의 현장 조정법에 대해서는 앞에서 설명했지만, 널리 이용되고 있는 지글러-니콜스의 방법은 조정 중에 헌팅을 유발시키므로 공조시스템을 대상으로 한 새로운 조정법이 제안되어 있다.

1) Nesler의 시사(1986년)

게인이 높은 상태에서 조금 헌팅을 발생하거나, 혹은 발생하지 않도록 조정하는 것을 시사하고 있다. 게인이 너무 낮으면 전혀 헌팅이 없게 되고 정상상태에 도달할 때까지 시간이 너무 많이 걸리게 된다.

2) Bekker의 임계감쇄 응답법(critically damped response, 1991년)

Nesler의 시사에 응답하는 방법으로서 제안된 것으로 공조설비를 보통의 운전 상태에서 가능한 최대의 게인으로 운전한다.

예컨대 가열 코일에서 풍량은 최소, 공급 온수는 최고 온도, 입구 공기 온도는 최저로 해서 게인을 높게 한다.

다음으로 조절기 출력을 스텝상으로 바꾸어서 그 응답으로서 제어변수의 시간 변화를 구한다.

[그림 3.28]에서와 같이 임계감쇄응답을 발생하는 폐루프에서는 비례 및 적분게인은 다음과 같이 된다.

$$K_p = \frac{T}{L_d K_s} e^{-1} \qquad (3.73)$$

$$K_i = \frac{K_p}{T} \qquad (3.74)$$

여기서 T : 시스템의 시정수

L_d : 시스템의 부동작 시간

K_s : 시스템의 게인

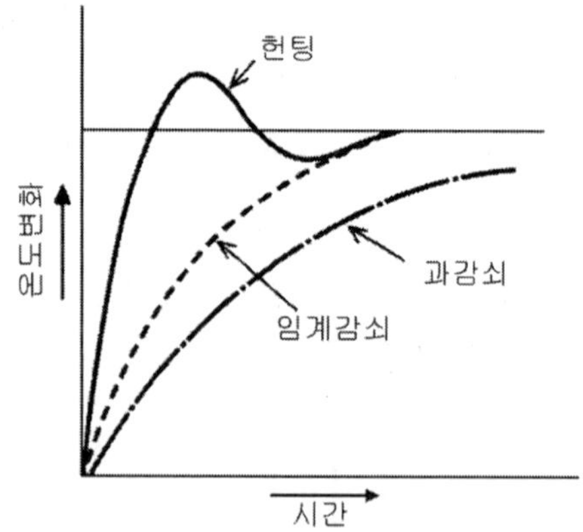

[그림 3.28] Bekker의 방법

페루프제어에서 이와 같은 게인을 설정한 후, 헌팅을 유발시키지 않도록 설정값을 스텝상으로 변경한 때의 응답을 확인하고, 페루프응답을 만족시킬 때까지 비례게인과 적분게인을 동일한 비율로 줄여 나간다.

3) Stoecker의 제안(1989년)

이것은 페루프의 설정점에서 스텝상의 입력을 주었을 때의 응답을 보고 조정하는 방법이다.

우선, 시스템의 게인을 높은 값으로 설정해 두고, 순차적으로 조절기의 적분 동작을 0 또는 아주 낮은 값으로 설정해서 [그림 3.29]의 (B) 곡선에서 보듯이 응답이 새로운 설정점에 근접할 때까지 적분게인을 상향 조정해 가는 방법이다.

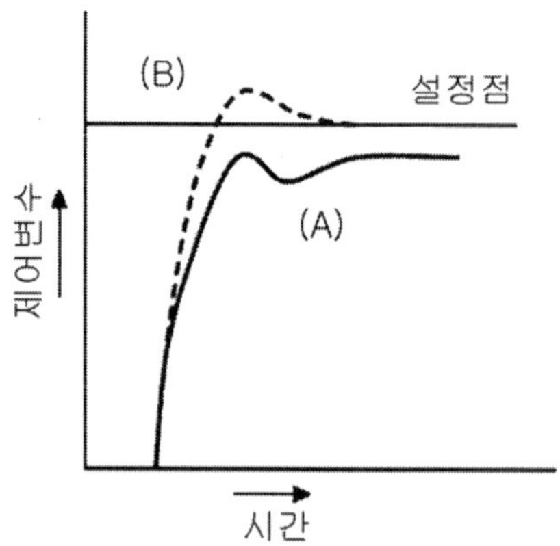

[그림 3.29] Stoecker의 방법

3.3 검출부

3.3.1 온도 검출기

(1) 전기식

전기식 자동제어에 사용되는 대표적인 온도 검출기는 [그림 3.30]에서와 같이 선팽창계수가 다른 2종류의 얇은 금속판을 서로 붙이고 주위 온도 변화에 따른 금속판의 신축 차에 의한 휨을 이용하는 바이메탈과 온도에 의하여 팽창· 수축 또는 증발, 응축하여 체적이 변화하는 액체를 밸로우즈, 다이어프램 캡슐, 리모트 밸브 등에 주입한 것이 있다.

또한, 검출기와 조절기의 기능을 일체화한 것을 스탯(stat)이라 하고, 온도 검출기와 조합한 것을 써모스탯(thermostat), 습도 검출기와 조합한 것을 휴미디스탯(humidistat), 압력 검출기와 조합한 것을 프레져스탯(pressurestat)이라고 부른다. 액체나 기체를 이용한 것에는 다음과 같은 것이 있다.

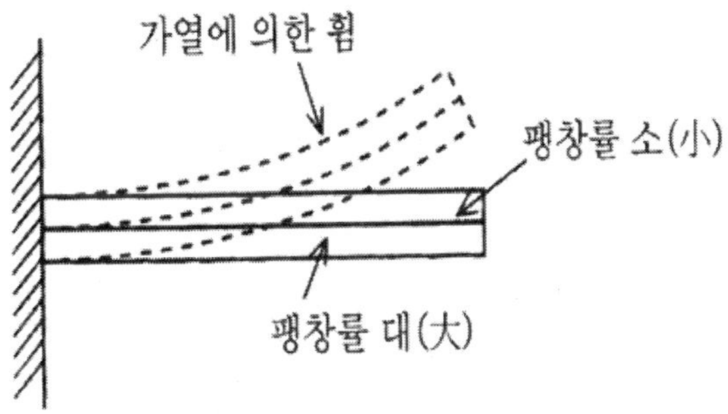

[그림 3.30] 바이메탈

1) 봉인(sealed) 밸로우즈형

[그림 3.31]에 그 구조를 간단히 나타낸 것과 같이, 청동, 인청동, 황동, 스텐레스강 등으로 만든 밸로우즈 속에 프레온, 톨루엔, 에칠에테르 등의 휘발성 액체나 기체를 주입한 것으로, 주로 실내 온도 조절기에 이용되고 있다.

2 위치 제어용은 보통 냉방 또는 난방 전용으로서 밸로우즈의 신축에 의해 마이크로 스위치를 온-오프하고, 냉·난방 겸용의 경우는 절환 스위치를 사용한다. 비례제어용으로는, 밸로우즈의 움직임을 포텐쇼미터(potentio-meter)를 사용해서 전기 저항의 변화로써 조절부에 전달한다.

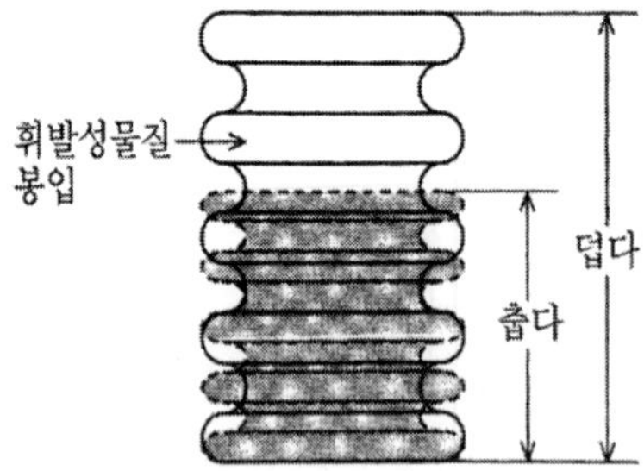

[그림 3.31] 봉인 밸로우즈

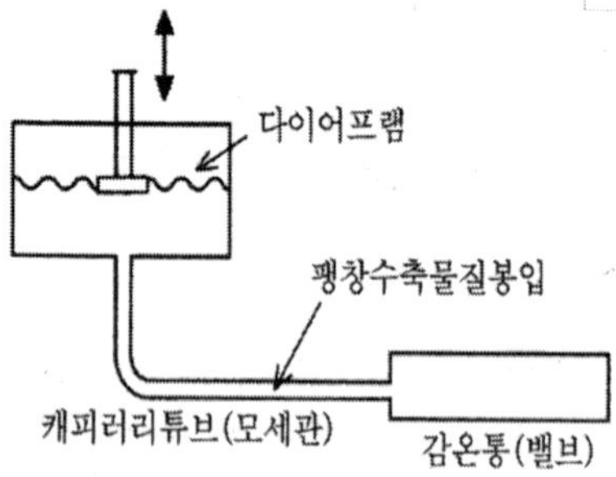

[그림 3.32] 원격 밸브

2) 원격(remote) 밸브형

[그림 3.32]에 구조를 간단히 나타낸 것과 같이, 감온통에 기체 또는 액체를 주입하고, 주위의 온도 변화에 의한 액체의 팽창·수축 또는 기체의 증기압의 변화를 다이어프램에 전달하고, 다이어프램 중심부의 변위를 조절부에 전달한다.

검출 온도의 차에 의해 기체 주입형의 냉동·냉장용, 액체 주입형의 난방용, 밸로우즈의 용적을 감온통의 용적보다 크게 하여 주입 액체 체적을 그들의 중간으로 한 일반 공조용이 있다.

또, 장치 주변의 온도 변화에 대하여 바이메탈 기구를 이용해 보상하고 있는 것이 널리 사용되고 있다.

원격 밸브형은 그 구조상 감온통은 수평으로 설치하고, 조절기와 감온통은 가능한 한 동일 레벨로 한다. 양쪽의 높이 차이가 60 cm 이상일 경우에는 설정점이 약간 이동하는 것이 있다.

(2) 전자식

전자식 자동제어에 사용되는 대표적인 온도 검출단에는, 온도가 변화하면 전기 저항이 변하는 금속이 이용되는데, 이 전기 저항의 변화를 검출 신호로서 조절부에 보내는 원리이며, 실내형과 삽입형에 모두 사용되고 있다.

금속으로는 일반적으로 백금, 동, 니켈, 니켈 70%-철 30%의 합금, 망간, 니켈, 코발트, 철, 동 등의 금속 분말을 결합재와 혼합하여 가압 성형한 후 고온으로 소결하여 산화물을 조합시킨 써미스터(thermistor) 등이 이용되고 있다.

이들 측온 저항체의 온도와 전기 저항 사이의 관계를 [그림 3.33]에 나타내었다. 그림에서 알 수 있듯이 금속과 써미스터 사이의 특성은 상반된다.

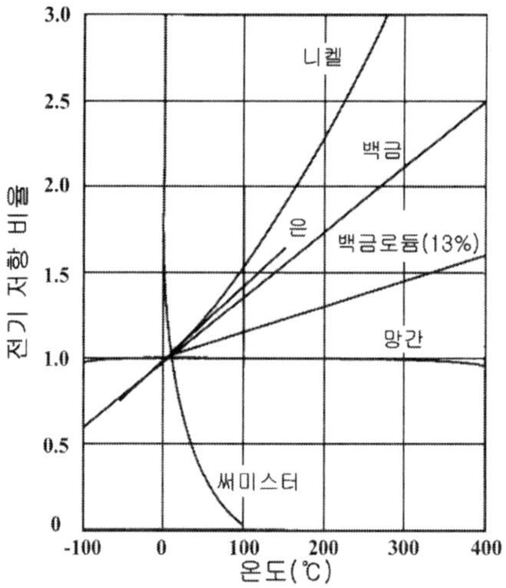

[그림 3.33] 측온 저항체의 온도와 전기 저항

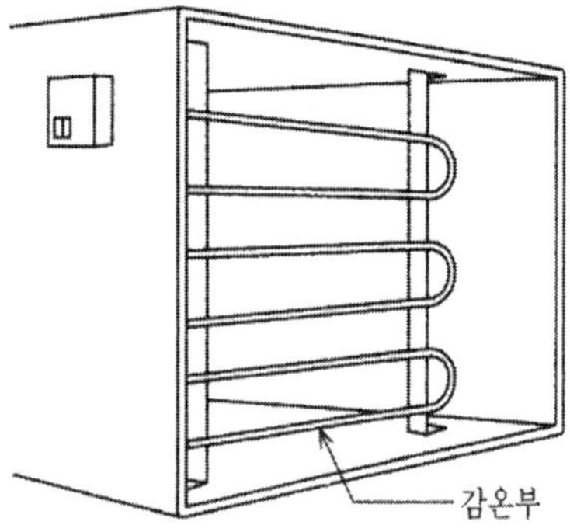

[그림 3.34] 평균온도 검출단(덕트 내부 설치)

일반 공조용으로는 가격이 싼 동이나 니켈이 사용되고 있다. 그 저항 변화는 저항 100 Ω의 측온 저항체의 경우, 상온에서 동은 약 0.43 Ω/℃, 니켈은 0.64 Ω/℃이며, 측정 오차는 측정 온도의 ±0.3% 정도, 사용 온도 범위는 각각 0~120℃ 및 -50~150℃ 정도이다. 백금은 측정 범위가 -200~500℃로 넓고, 정밀도도 순도가 높은 것은 상온 부근에서 ±0.0001℃ 정도이지만, 가격이 비싸서 공업용이나 공조설비의 열원기기 주변 등의 높은 정밀도가 요구되는 곳에 사용되고 있다. 발코 측온체는 상온에서 약 2.1 Ω/℃의 저항 변화가 얻어지므로, 실내 온도, 급기 온도, 외기 온도의 검출 등에 사용되고 있다.

온도 검출기의 부착 위치는 제어하기에 가장 적합한 위치를 선택할 필요가 있지만, 종종 기둥 뒤나 방의 입구 부근에 설치하기 때문에 반드시 희망하는 위치의 온도를 나타내지 않는 경우도 있으므로 주의할 필요가 있다. [그림 3.34]는 대형 덕트나 바닥면 등의 평균 온도의 검출단의 설치 예를 나타낸 것으로, 검출단 길이 8500 mm, 외형 3.2 mm의 가요성(可撓性)의 동관에 검출단을 수납한 것이다.

(3) 공기식

[그림 3.35]에 나타낸 것과 같이 노즐·플랩 기구와 바이메탈을 조합하여, 주위의 공기 온도가 상승하면, 바이메탈이 만곡하여 노즐에 압착되고, 노즐 챔버(chamber) 속의 압력이 상승하여 이것과 평형을 유지하고 있는 파일럿 라인(pilot line) 압력을 상승시킨다. 이 파일럿(pilot) 압력의 변화가 유량 증폭기에 보내져 조절부로 전달된다.

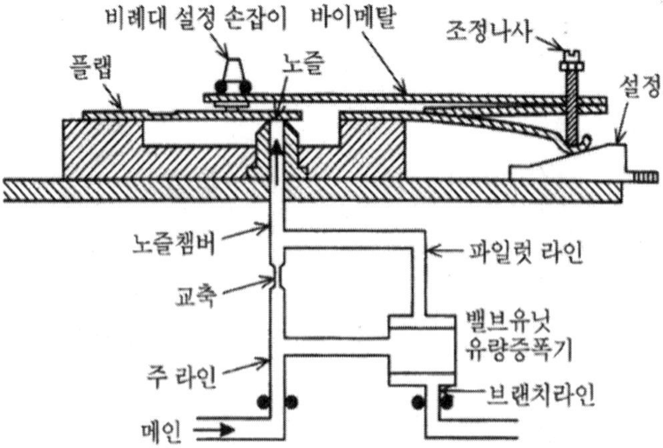

[그림 3.35] 노즐 · 플랩 기구

3.3.2 압력 검출기

압력 검출기는 덕트, 배관 계통 내부나, 실내 압력 또는 이들 계통 내부의 두 점 사이의 차압 등을 검출하는 것으로 원리적으로는 다음의 4가지가 있다.

① 다이어프램
② 밸로우즈
③ 부르동관
④ 정압관

(1) 다이어프램

[그림 3.36]에 나타낸 구조로, 다이어프램의 재질은 고압용 인청동, 스텐레스강 등의 금속제로 저압용이나 미세한 차압용에는 네오프렌고무, 테프론 등이 사용되고, 구조가 간단하며 동작이 확실하여 응용 범위가 넓다.

(2) 밸로우즈

[그림 3.37]에 나타낸 구조로, 인청동, 황동, 스텐레스강 등의 재질을 사용한다. 검출 압력은 직접 밸로우즈에 걸리도록 되어 있다. 통상 압력 200 kPa 이하의 중압용으로부터 강도를 높여 200 kPa 정도까지 이용 가능한 것도 있다.

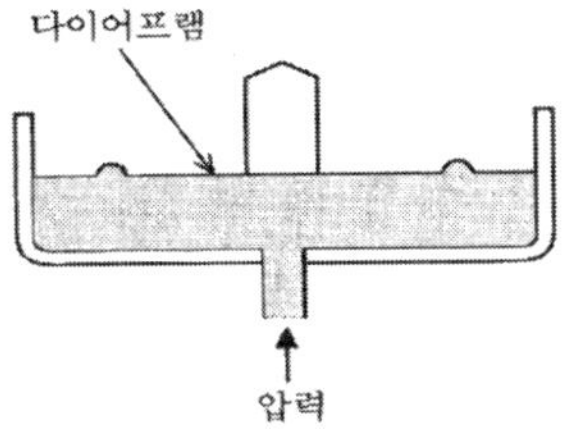

[그림 3.36] 다이어프램

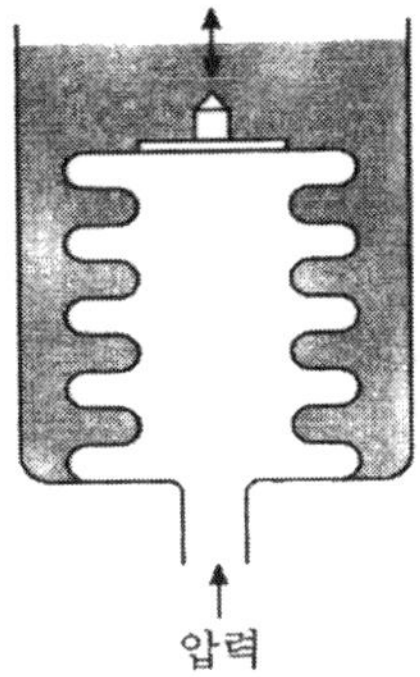

[그림 3.37] 밸로우즈

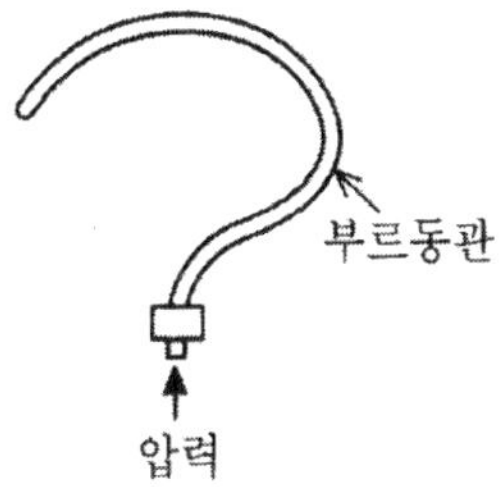

[그림 3.38] 부르동관

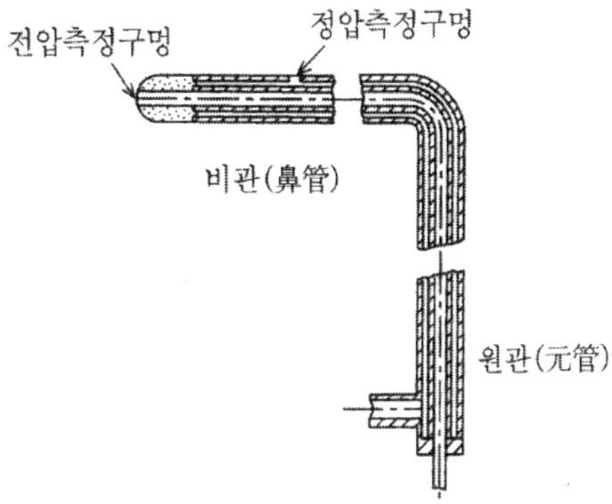

[그림 3.39] L형 피토정압관

(3) 부르동관

[그림 3.38]에 나타낸 것과 같은 구조의 닫힌 관에서, 내부 압력이 변화하면 관의 자유단이 원래 상태로 돌아오려는 성질을 이용한 것으로, 선단의 변위를 검출하여 제어에 이용한다. 응답 속도가 느리고, 히스테리시스가 있지만, 어느 범위 내에서는 변위와 압력이 직선적으로 비례하는 성질이 있다. 재질은 황동, 인청동, 베릴륨동, 스텐레스강이 사용되고, 고압에 적합하다.

(4) 정압관

덕트 내 풍속의 측정 등에 사용되는 피토관은 [그림 3.39]에 나타낸 것과 같은 비부(鼻部)의 선단에서 전압(全壓)을, 측면에서 정압(靜壓)을 측정하고 그 차이를 구해 동압(動壓)으로 하여 속도를 구하고 있다.

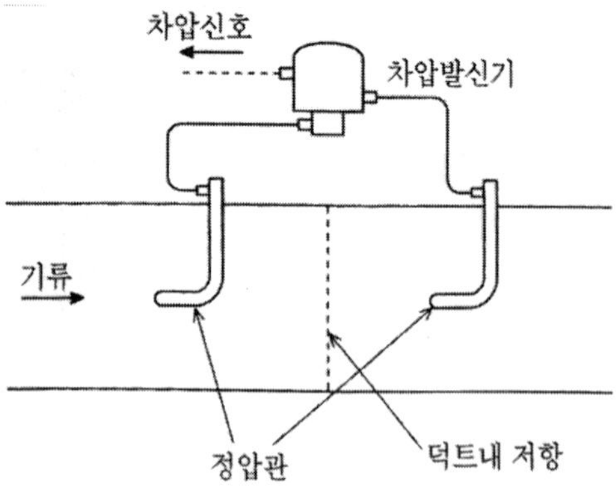

[그림 3.40] 차압 검출장치

이 피토관의 비부 측면의 측정 입구만을 이용한 것을 정압관이라고 하고, 덕트나 배관의 압력 측정에 이용하고 있다. 이 정압관을 [그림 3.40]에 나타낸 것과 같이 압력 손실이 있는 2점 사이에 두고, 그 차압을 위의 각종 압력 검출부로 유도하여, 차압을 얻을 수 있다.

(5) 반도체 스트레인 게이지(strain gauge)

앞서 설명한 압력을 기계적 변위 등으로 변환하여 검출하는 것에 비해, 최근에는 다이어프램에 반도체의 스트레인 게이지를 부착하고, 이 다이어프램에 걸리는 피(被)측정압을 스트레인 게이지의 변형량으로 검출하여, 이것을 출력 신호로 사용하고 있다.

3.3.3 유량 검출기

최근, 에너지 절약을 위해 공조용 풍량이나 수량의 2차 측의 공급 온도를 일정하게 한 채 부하 변동에 대하여 유량을 바꾸는 변풍량방식(VAV)이나 변수량방식(VWV)이 널리 채용되고 있다.

또, 열원기기의 용량제어 운전이나 일정 유량 확보를 위해 계 전체의 유량을 계측하거나, 유량과 온도차 등 다른 요소와 조합해서 이용하고 있는 예가 매우 많다.

일반적으로 이용되고 있는 유량계에는 다음과 같은 것이 있다.

(1) 피토관

[그림 3.39]에 나타낸 피토관은 유체의 속도 측정 장치로서 가장 기본적인 것이다. 피토관의 원리는 유체의 전압과 정압을 측정하고, 그 차이인 동압으로부터 유속을 구하는 것으로, 관 내부나 덕트 내의 유량을 구하기 위해서는 관 단면의 몇 점에서

유속을 측정하고 그 평균값에 단면적을 곱해서 구한다.

완전유체의 정상류로 중력 이외의 외력이 작용하지 않는 경우는 다음의 베르누이 방정식이 성립한다.

$$p+\rho\frac{u^2}{2}+\rho gz=\text{일정} \tag{3.75}$$

여기서, p : 정압 [Pa]

ρ : 유체의 밀도 [kg/m^3]

u : 유속 [m/s]

z : 기준점까지의 높이 [m]

g : 중력가속도 [9.80665 m/s^2]

위 식에서 관 내부의 어느 위치에서 유속을 측정하기 위해 피토관을 삽입하는 경우에는 높이 항을 무시할 수 있다. 따라서 위 식은 다음과 같이 된다.

$$p+\rho\frac{u^2}{2}=\text{일정} \tag{3.76}$$

좌변의 제1항은 그 위치에서 유체의 압력으로, 공기가 흐르는 덕트계 등에서는 정압이라고 한다. 제2항은 속도 항으로, 동압이라 하며, 정압과 동압을 합쳐서 전압이라고 한다. 피토관에서는 [그림 3.39]의 피토 정압관의 비관(鼻管)의 앞쪽을 열어 전압을, 비관의 횡방향으로 정압을 측정하고, 그 차이로 동압을 구해서 관내 유속을 측정하고 있다.

예를 들어, 밀도 1.2 kg/m^3의 공기가 10 m/s로 흐를 경우, 피토관으로 구한 동압은 60 Pa이 된다. 이것을 수주 마노미터(manometer)로 측정하면, 1 mmAq=9.8 Pa이므로 수주로 약 6.1 mm 높이가 된다. 관내를 유속 2 m/s로 흐르는 물의 동압은 물의 밀도를 1000 kg/m^3라고 하면 2000 Pa=2 kPa이 된다.

피토관은 구조와 취급이 모두 간단하지만, 관내 유체의 흐름은 관벽으로부터 중심으로 향하여, 속도가 변하므로 관내 여러 점의 유속을 측정해 그 평균값을 유속으로 하지만, 여러 점의 측정은 시간이 걸리는 단점이 있어 자동제어용으로는 그다지 실용적이지 않다.

이와 같은 단점을 없애기 위해, [그림 3.41]에서와 같은 구조로 동시에 관내의 여러 점의 동압을 검출하고, 이것을 평균해서 얻어진 동압으로부터 구한 유속을 평균유속으로 하는 것이 있지만, 실제의 평균유속을 구한 것으로는 생각되지 않는다.

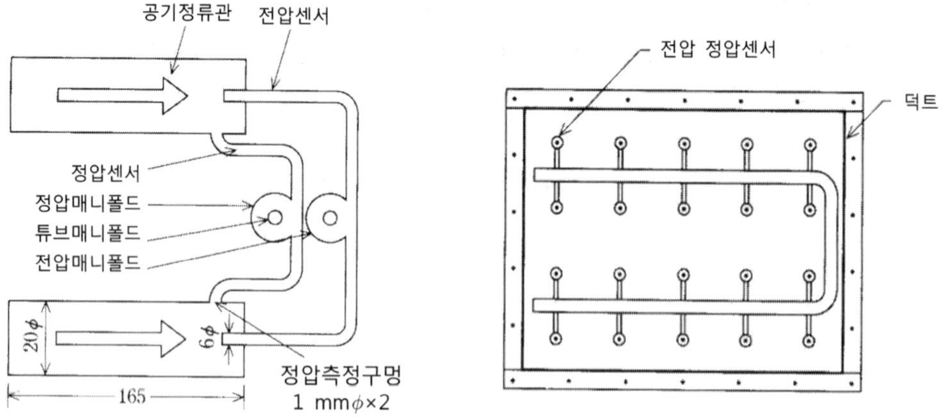

(a) 센서의 구조 (b) 덕트 내부의 설치

[그림 3.41] 평균 풍속센서(mm)

(2) 오리피스

관내 유속 측정용의 기본적인 장치로 관내에 오리피스 플레이트를 삽입하여 흐름을 교축하고, 전후의 차압으로부터 오리피스 통과 유속을 구하는 것이다. 오리피스 플레이트의 치수 정밀도 등이 JIS(일본공업규격)에 규정되어 있고, 유량을 정밀하게 측정할 수 있지만, 일반 자동제어에 이용하기에는 적합하지 않다.

동일한 방법인 교축을 이용하는 것으로는 이 외에도 벤츄리관이나 유량노즐(flow nozzle) 등이 있지만, 이들도 자동제어에는 적합하지 않다.

(3) 용적식 유량계

계기 본체에 내장한 회전자의 회전수에 의해 유량을 구하는 것으로, [그림 3.42]에 나타낸 바와 같이 여러 가지 구조의 회전자가 쓰이고 있다. 이 회전자의 회전수를 전기신호로 변환해서 유량을 구한다.

용적식 유량계로 구한 유량과 냉수나 온수의 왕복 환수 온도차를 곱해서 열량을 구하도록 한 것이 지역냉난방 설비의 열량계 등에 채용되고 있다.

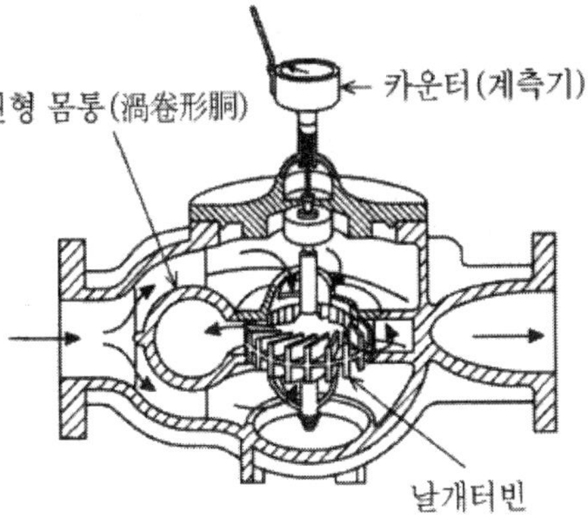

(a) 터빈형 유량계

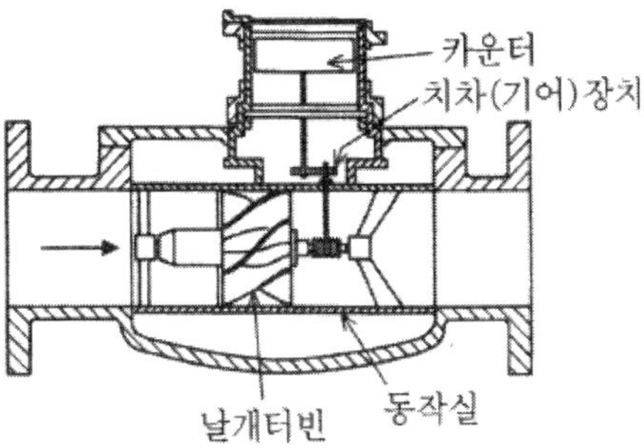

(b) 볼트만형 유량계

[그림 3.42] 용적식 유량계

(4) 전자(電磁) 유량계

[그림 3.43]에 나타낸 것과 같이 내경 d[m]의 부도체 관내를 B[G](가우스)의 자계를 가로지르는 도전성 유체가 흐르면, 자계 흐름에 수직 방향으로 다음 식으로 주어지는 기전력 E[V]가 발생하므로, 이것으로부터 유량 Q[m^3/s]를 구할 수 있다.

$$E = \frac{4B}{\pi d^2} Q \tag{3.77}$$

전자 유량계는 측정 범위의 폭이 넓고, 정밀도도 높으며, 배관계 내에 설치할 경우 제약이 적기 때문에 공조설비의 유량 계측에 최근 자주 채용되고 있다.

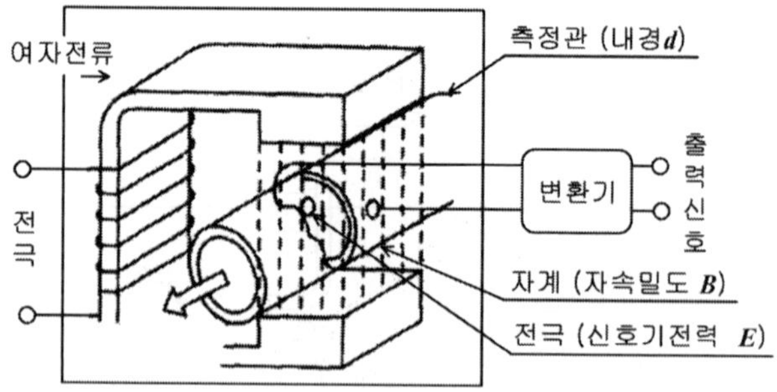

[그림 3.43] 전자 유량계

(5) 와류 유량계

어떤 조건 하에서 원주 등에 균일한 흐름이 닿으면, 그 뒤의 양측에 [그림 3.44]에 나타낸 바와 같이 서로 역방향의 소용돌이가 교대로 발생한다. 이 와류열은 최초 연구자의 이름을 따서 칼만와류라고 부른다.

칼만와류는 레이놀즈 수(Reynolds number)가 1,000~10,000의 범위로, 다음의 스트로할 수(Strouhal number, St)가 0.2 정도로 거의 일정하다.

$$St = \frac{fd}{v} = (0.2) \tag{3.78}$$

여기서, d : 원주의 직경 [m]

f : 한 쪽 와류의 발생 주기 [Hz]

v : 유속 [m/s]

예를 들어, 직경 1 mm의 원주를 유속 10 m/s의 공기가 가로지르면, 주파수 2000 Hz의 와류가 발생하기 때문에, 이 와류의 진동수를 압전소자 등으로 검출·계측함으로써 유속을 구할 수 있다. 칼만와류 유량계의 정밀도는 1% 정도이다.

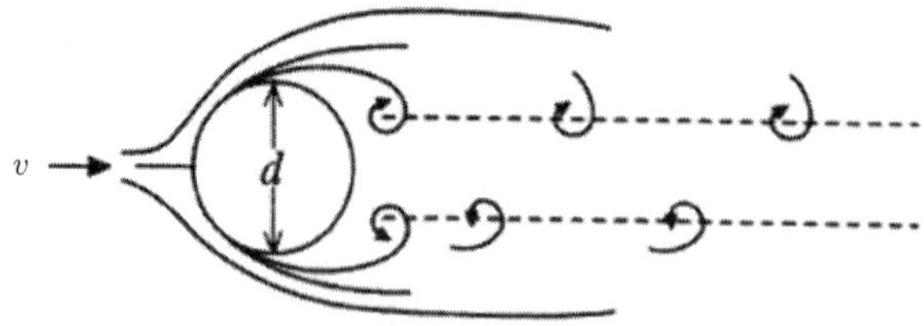

3.4 조작부와 조절부

3.4.1 전력 변환기와 액튜에이터(actuator)

(1) 전력 변환기의 정의와 종류

전력 변환기는 입력단의 전력을 사용하는 목적에 따라 다양하게 변환하여 출력하는 장치이다. 현재에는 사이리스터가 전력 변환기의 주요 소자이기 때문에 "반도체 소자, 특히 사이리스터 등을 이용한 전력의 변환, 제어, 개폐 등에 관한 장치"를 지칭하는 용어로 정의되고 있다.

현재 사용하고 있는 발전시스템은 고정된 주파수와 크기를 갖는 교류 전압을 전송한다. 일반적으로 가정, 사무실, 상점 등에서는 단상 저전압 전력이 이용되며 산업 공장들과 같은 대규모 설비에서는 다양한 전압 레벨의 3상 시스템이 이용된다. 따라서 전력 변환기를 이용하여 전송된 전력을 사용처에 맞도록 적절히 조절하여 사용해야 한다. 전력 변환은 전원과 부하 사이에서 전압, 전류, 주파수, 위상, 상수 중 1개 이상의 특성을 변화시키는 것을 의미하며 기본 형식은 입력과 출력의 전력의 형태에 따라 분류할 수 있다. [그림 3.45]에 전력 변환기의 종류를 나타내었다.

DC 전력으로부터 전압 전류가 다른 DC 전력으로 바꾸는 것을 초퍼(chopper), DC 전력에서 AC 전력으로 바꾸는 것을 인버터(inverter)라고 하며, AC 전력에서 DC 전력으로 바꾸는 것을 정류기(rectifier), AC 전력에서 전압, 전류가 다른 AC 전력으로 바꾸는 것을 사이클로컨버터(cycloconverter)라고 부른다.

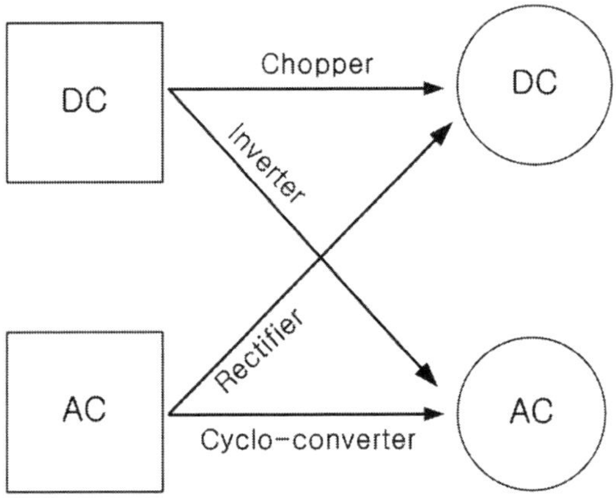

[그림 3.45] 전력 변환기의 종류

이 가운데 에너지 절약과 관련하여 냉동공조시스템에서 가장 활용도가 많은 전력 변환기가 바로 인버터이다.

(2) 서보시스템(servo system)

모터의 가변속 제어와 위치제어는 자동화시스템의 필수 요소 기술이다. 이와 같이 속도, 위치 등을 지령값에 추종하도록 구성한 제어계를 서보기구라 한다. 서보(servo)제어란 명령에 충실하게 추종하는 시스템을 지칭하는 용어로 좁은 의미로는 위치, 자세, 방위 등을 제어하는 제어계를, 넓은 의미로는 지령값과 출력값을 비교해서 그 오차를 최소화 하는 피드백루프를 갖는 제어계를 총칭해서 말한다. [그림 3.46]은 서보계의 가장 일반적인 구성을 보여주고 있다. 제어계의 기본적인 구성은 액튜에이터인 모터와, 모터에 전력을 공급하는 전력 변환기인 전압형 PWM 인버터, 그리고 명령 추종성 향상을 위해 마이너루프인 전류제어기로 구성된다. 속도제어 및 위치제어를 행할 경우, 기본 구성도 외측에 속도 제어기와 위치 제어기 그리고 각 지령값과의 비교를 위해 속도 및 위치 검출기가 부가된다.

서보제어계는 AC모터를 액튜에이터로하는 AC서보가 주류이며, 신뢰성, 보수성, 유연성 등의 측면에서 디지털로 구현하는 것이 일반적이다. 따라서 여기서도 AC서보제어계에 관한 내용에 초점을 맞추되 관련 기술자들이 현장에서 가장 많이 접하게 될 인버터(inverter)와 시퀀스 전용 제어장치인 PLC(Programmable Logic Controller)를 중심으로 기술한다.

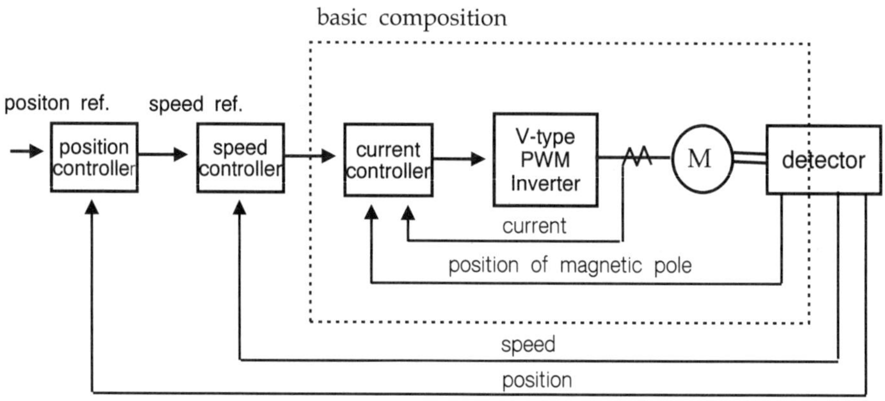

[그림 3.46] AC서보계의 구성

서보제어계의 액튜에이터인 전동기는 전기적 에너지를 기계적 에너지로 변환시키는 에너지 변환장치로서 전기모터(motor, 이하 모터)라고도 한다. 모터는 자동화의 최전방에 배치되어 부하장치를 직접 구동하거나 사이클의 정상적인 작동에 필요한 일을 수행한다. 모터는 클린 에너지인 전기로 구동되며, 원격 전송과 다양한 검출 정보에 의한 고정도의 제어가 용이한 점 등이 다른 액튜에이터와 차별화된 장점이다. 엘리베이터, 로봇, NC장치는 문론 에어컨, 세탁기 등 백색 가전제품에 이르기까지 해당 상품의 고성능과 고품질은 이들 장치에 사용 중인 모터의 제어 기술 정도에 크게 의존한다. 이런 연유로 대형 가전사들은 모터와 인버터만큼은 타사에 의존하지 않고 대부분 자사에서 독자적인 기술로 개발하고 있다.

인버터는 AC모터(유도모터)의 효율적인 가변속 제어장치로서 주파수 변환장치를 일컫는다. 인버터는 최근 빌딩의 공조설비, 냉동, 냉장고의 온도제어 등의 분야에 적용되어 15~20%의 에너지 절감을 달성하고 있는 것으로 알려져 있다. 뿐만 아니라 기존 공조시스템의 온·오프 제어에 비해 인버터를 사용한 가변속 연속 운전은 에너지 절약과 쾌적 환경을 동시에 실현하는 기술로서도 크게 각광받고 있다.

PLC는 인버터 상위 레벨의 시퀀스제어 장치이다. 최근의 PLC는 기존의 유접점 릴레이가 갖는 단점들을 보완하였으며, 다양한 특수 유닛의 개발로 온도, 압력 등에 대한 PID(비례·적분·미분) 제어도 가능해졌다. 또한, 통신 모듈의 장착으로 네트워을 통한 자동화시스템 구축이 용이하며, 냉동공조 분야에서 널리 행해져 온 컴퓨터 베이스의 DDC(Direct Digital Control) 또한 효율적으로 구현할 수 있다.

(3) AC서보와 인버터

1) AC서보와 인버터

서보는 DC서보와 AC서보로 크게 구분되며 AC서보는 [표 3.3]과 같이 다시 동기형(同期形, SM)과 유도형(誘導形, IM)으로 세분된다.

[표 3.3] AC서보의 종류

타 입	특 징	기 타
동기형(SM)	· 영구자석식 동기모터를 사용함 · 정전시의 발전제동이 용이함 · 저관성으로 순간 기동성이 뛰어남 · 온도의 영향이 작음	· 대용량 제작이 어려움 · 전용의 앰프가 필요함
유도형(IM)	· 범용모터와 유사 구조의 유도형 모터 · 대용량의 모터 제작이 가능함 · 구조가 간단하고 제작 코스트가 적음	· 동기형보다 많은 발열 · 순간 기동성이 뒤짐

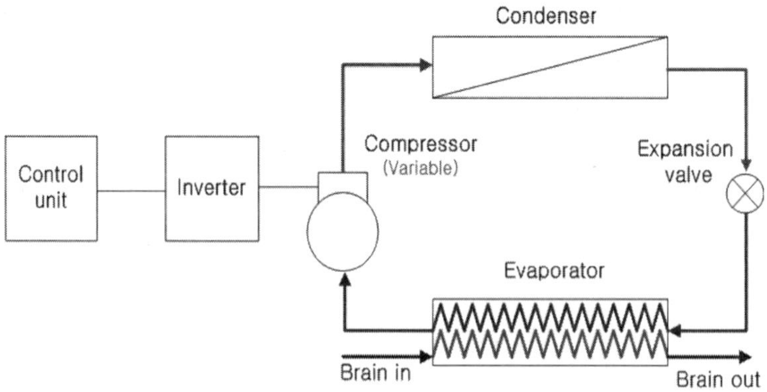

[그림 3.47] 인버터 적용 사례

AC유도모터(농형)는 기계적인 정류 메커니즘을 갖지 않으므로 DC모터에 비해 구조가 간단하고, 강건하며, 보수의 필요성이 없을 뿐만 아니라, 제작비가 싸고 수명이 길며 대용량의 제작이 용이하다. 또한 체적당 출력비, 내환경성도 뛰어나다. 유도모터는 DC모터에 비해 이처럼 월등히 뛰어난 특성을 지녔으면서도 고정도 고효율의 제어가 용이하지 않아 1970년대까지는 DC서보의 전성기였다. 그러나 전력전자공학의 발달로 유도모터를 효율적으로 제어할 수 있는 인버터가 출현함으로써 유도모터는 DC모터와 동등 이상의 제어 성능을 발휘하게 되어 현재는 AC서보의 황금기를 구가하고 있다. 이하에서는 인버터의 원리와 모터제어와의 상관성을 살펴보기로 한다.

2) 인버터의 사용 목적

공정제어(process control), 공장 자동화 및 에너지 절약 분야에 널리 사용하고 있다. 예로서, [그림 3.47]에서와 같이 냉동사이클에서 압축기의 회전수를 제어함으로써 부분 부하시의 압축기 소모 동력을 줄이는 제어가 가능하다. 이러한 제어를 통해 냉동사이클의 온도 제어 성능을 향상시킬 수 있으며, 에너지 절약의 효과도 동시에 기대할 수 있다.

3) 인버터에 의한 모터제어 원리

인버터란 전기적으로는 DC를 AC로 변환시키는 역변환 장치를 말한다. 일정 주파수의 상용 전원으로부터 전압과 주파수를 가변시켜 모터 속도를 고효율로 제어한다. 일반적으로 [그림 3.48]과 같이 AC를 DC로 변환시키는 정류부와 정류된 직류를 스위칭 소자를 통해 적절한 전압과 주파수로 가변시키는 인버터부를 합해서 넓은 의미로 인버터라 칭하는 경우가 많다.

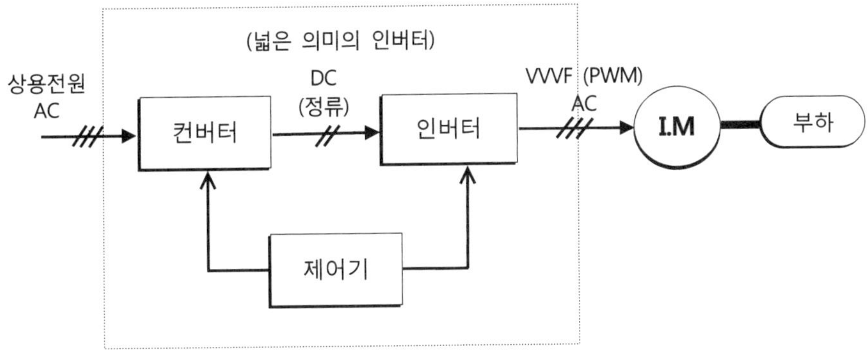

[그림 3.48] 인버터의 기본 구성

유도모터(I.M)의 회전속도 N[rpm]은 다음 식과 같이 극수 p, 주파수 f[Hz] 및 슬립 s의 항으로 식 (3.79)와 같이 표현이 가능하다.

$$N = \frac{120f}{p}(1-s) \tag{3.79}$$

따라서 유도모터의 가변속 제어법에는 직관적으로 3가지 종류가 있을 수 있음을 알 수 있다. 이 가운데 p를 가변하는 극수 제어법이나, 고정자 전압제어에 의한 슬립 s 제어법등은 효율 면에서 그다지 좋지 않다. 따라서, 주파수 f를 제어할 필요성이 대두되었으며, 이러한 요구에 부응하여, 주파수 f를 가변하여 모터를 가변속 제어하는 장치가 바로 인버터이다.

인버터는 [그림 3.48]에서와 같이 상용의 CVCF(Constant Voltage Constant Frequency) 교류를 직류로 변환하고, 이 직류를 트랜지스터 등의 반도체 소자의 스위칭에 의해 재차 교류로 역변환을 행한다. 실제로는 주파수뿐만 아니라 일정 토크를 확보하기 위해 전압도 가변시킨다. 이 때문에 범용형은 VVVF(Variable Voltage Variable Frequency) 인버터로 불리고 있다.

4) 인버터의 기본 구성

상품화 되어 출시중인 인버터는 [그림 3.48]에서와 같이 컨버터부, 인버터부, 제어부로 구성된다. 컨버터부는 3상 전파 정류회로와 평활회로로 구성되고 교류를 정류한 후 컨덴서 등으로 평활화 해서 맥동분이 적은 직류를 얻는다. 인버터부는 컨버터부에서 변환된 직류로부터 반도체 소자의 스위칭에 의해 임의의 크기와 주파수의 교류를 얻는다. 제어부는 연산회로, 검출회로, 구동회로, 신호 I/F회로 등으로 구성되고 인버터의 스위칭제어, 컨버터의 전압제어, 각종 보호 기능 등을 행한다. 일반적으로는 고성능 마이컴에 의한 디지털제어가 행해지고 있다.

인버터는 다양한 기준에 따라 분류되고 있으나 주회로(主回路) 방식, 스위칭 방식, 제어 방식에 의한 분류에 대해 이후에서 기술한다.

① 주회로 방식에 의한 분류

주회로에 의한 분류로는 전압형과 전류형으로 구분된다. 전압형은 전압원인 직류로부터 교류로 변환하는 것으로, 제어 성능이 뛰어나고 전압원으로서 직류 전원을 공통으로 할 수 있기 때문에 복수 인버터의 제어가 가능하는 등 범용성이 높다. 산업용 인버터의 중·소용량의 80~90%가 전압형 인버터이다.

전류형 인버터는 전류원의 직류부로부터 교류로 변환하는 것으로, 속응성이 뛰어나고, 전원에 에너지 회생이 가능하는 등 고성능 기종에 적합하다. [그림 3.49]는 이 두 방식의 회로 구성을 나타낸다.

전압형 인버터의 컨버터부는 다이오드 및 사이리스터와 컨덴서의 조합으로 구성되고, 컨버터부의 내부 임피던스가 낮게 전압을 공급하도록 되어 있다. 한편 전류형 인버터의 컨버터부는 사이리스터와 리액터의 조합으로 구성되고, 컨버터부의 내부 임피던스가 높게 전류를 공급한다.

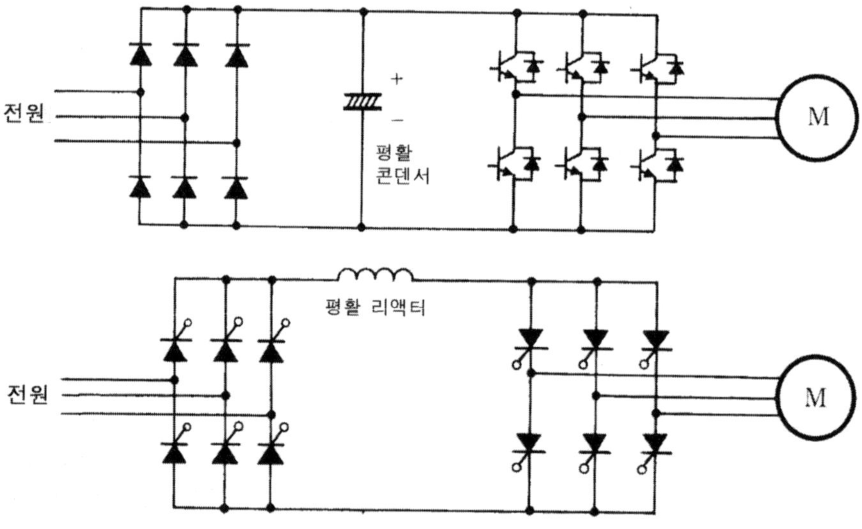

[그림 3.49] 전압형(상) 및 전류형(하) 인버터

② 스위칭 방식에 의한 분류

스위칭 방식에 의한 분류로 PAM(Pulse Amplitude Modulation)과 PWM(Pulse Width Modulation)을 들 수 있다. PAM은 인버터부의 스위칭 주파수(캐리어주파수)가 낮기 때문에, 모터 소음이 작고 효율이 좋은 특징이 있다. 다만, 저속시의 회전 변동이 크고 컨버터부 및 인버터부 양쪽을 제어할 필요가 있어 제어부가 복잡하게 되는 결점이 있다.

반면, PWM 방식은 인버터부에서 주파수와 출력 전압(전류)을 동시에 제어한다. 반도체 소자를 고주파로 스위칭하여 스위칭 펄스의 폭을 변화시킴으로써 전압(전류)을 제어하는 방식이다. 스위칭시의 평균 전압이 정현파에 가깝게 되도록 펄스폭을 가변하기 때문에 정현파 근사 PWM제어로 불리기도 한다. 제어부가 간단하고 저가로 구성할 수 있는 이점이 있지만, 고주파로 스위칭하기 때문에 모터 소음이 크게 되는 결점이 있다. 현재 저가의 범용 인버터에 가장 많이 채용되어 있다.

최근에는 스위칭 소음을 줄이기 위해 고 캐리어주파수 PWM제어 방식을 채용한 것이 일반적인데, 캐리어주파수를 인간의 가청주파수(10~20 kHz) 범위 이상으로 높여 스위칭 하는 방식이다. [그림 3.50]에 이 방식들의 회로 구성을 나타내었다. 고 캐리어주파수 PWM 제어인 경우의 주회로의 스위칭 소자는 주로 IGBT나 MOS-FET 등을 채용한다.

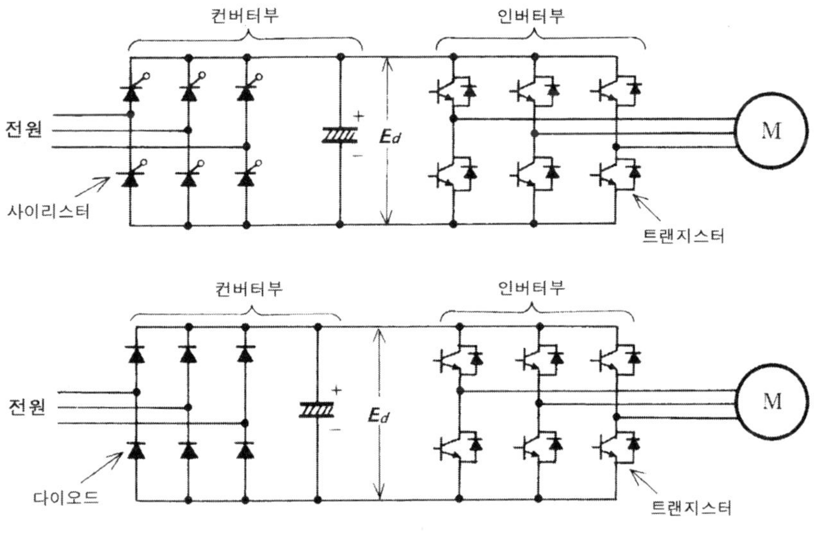

[그림 3.50] PAM(상)과 PWM(하) 방식

③ 제어 방식에 의한 분류

V/f 제어와 슬립 주파수 제어 및 벡터제어로 크게 구분한다. 때로는 범용형인 V/f 제어와 서보 전용인 벡터제어로 단순하게 구분하기도 한다.

V/f 제어는 V/f 비가 일정하면, 모터의 토크가 일정하게 된다는 성질을 이용하여, 주파수 변경시 전압도 동시에 제어하는 방식이다. 표준 모터를 그대로 사용할 수 있고 제어부 구성이 간단하며 경제성, 범용성이 높다. 그러나, 오픈루프제어이므로 서보용으로는 부적절하다.

슬립 주파수 제어는 속도 검출기에 의해 모터의 슬립을 검출하고 운전하고자 하는 속도에 모터의 슬립을 가산한 주파수를 인버터로부터 출력하는 방식이다. 속도 피드백제어이기 때문에 V/f 제어에 비해 부하 변동에 대한 속도 정도를 대폭적으로 개선할 수 있지만 벡터제어의 성능에는 미치지 못한다.

한편, 벡터제어는 모터의 고정자측 전류를 여자분 전류와 토크분 전류로 분리해서 제어를 행한다. 고정도·고속 응답이 가능하고 DC모터에 필적하는 성능이 얻어지지만, 전용 모터에 한정되는 등 구성이 복잡하고 범용성이 떨어지는 결점이 있다. 그러나 최근 모터 파라미터에 대한 자동 추정(auto tuning) 기술이 발전하고 있어 벡터제어의 범용화가 급속도로 추진되고 있다.

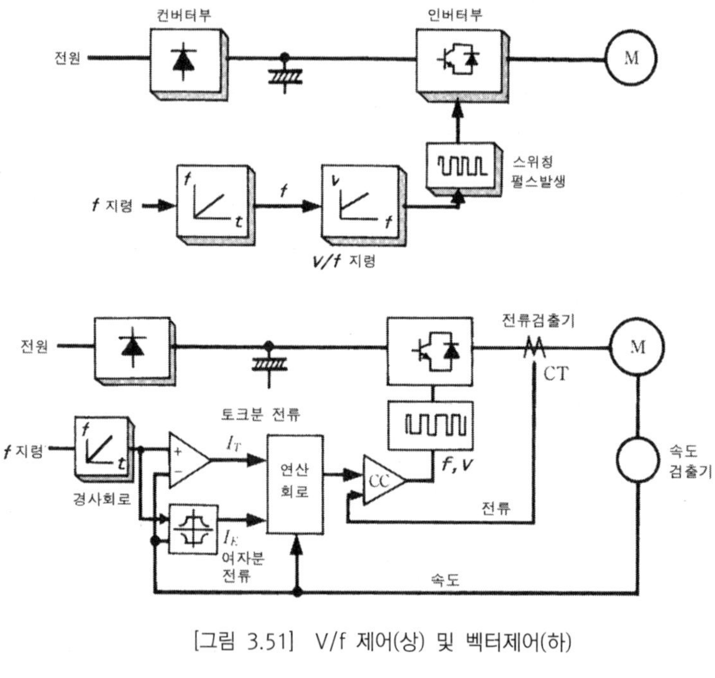

[그림 3.51] V/f 제어(상) 및 벡터제어(하)

또한, 벡터제어에는 속도센서리스 벡터 인버터라고 불리는 속도 검출기를 부착하지 않고 모터의 전류 및 전압 등의 정보로부터 속도를 추정해서 속도를 제어하는 것이 있다. 또한, 범용성을 높이기 위해 표준 모터가 그대로 채용되도록 궁리되어 있는 것도 등장하고 있다. [그림 3.51]은 V/f 제어 및 벡터제어의 구성을 간략히 나타내고 있다.

④ 기타 기준에 따른 인버터의 분류

입력 전원의 형태와 출력 상수, 출력 파형의 형태, PWM 방식에 따라서 여러 가지 형태로 구분되어 진다.

▣ 출력의 상수에 따른 분류

단상 인버터(single-phase inverter)와 3상 인버터(3-phase inverter)로 구분한다.

▣ 입력 전원의 형태에 따른 분류

전압원 인버터(voltage source inverter)와 전류원 인버터(current source inverter)로 구분한다.

▣ 출력 파형의 형태에 따른 분류

구형파 인버터(square wave inverter)와 PWM 인버터(pulse width modulation inverter)로 구분한다.

▣ PWM 방식에 따른 분류

사인파 PWM 인버터(sinusoidal PWM inverter), 히스테리시스 PWM 인버터(hysteresis PWM inverter), 공간벡터 PWM 인버터(space vector PWM inverter)가 있다.

5) 인버터의 적용 분야 및 기대 효과

[표 3.4]는 인버터를 공조 분야에 적용할 때의 사용 목적을 나타내고 있다.

[표 3.4] 인버터의 사용 목적

사용 목적	내 용
에너지 절약	팬, 펌프 등의 요구 유량 또는 압출기, 교반기의 부하 상태에 따라 회전수를 제어, 구동 전력 감소
보수성의 향상	기계에 충격을 주지 않는 시동 및 정지, 무부하시의 저속 운전에 의해 설비의 수명 연장
환경의 쾌적성	공조설비 등에서 온·오프 제어 대신 연속 운전함으로써 쾌적한 환경 제공
저 소음화	부하에 맞추어 회전수를 낮춤으로써 기계, 바람의 소음 저감

[그림 3.52]에 인버터의 적용 분야의 예를, 그리고 [표 3.5]에 인버터 적용시의 장점 및 활용 포인트를 각각 나타내었다.

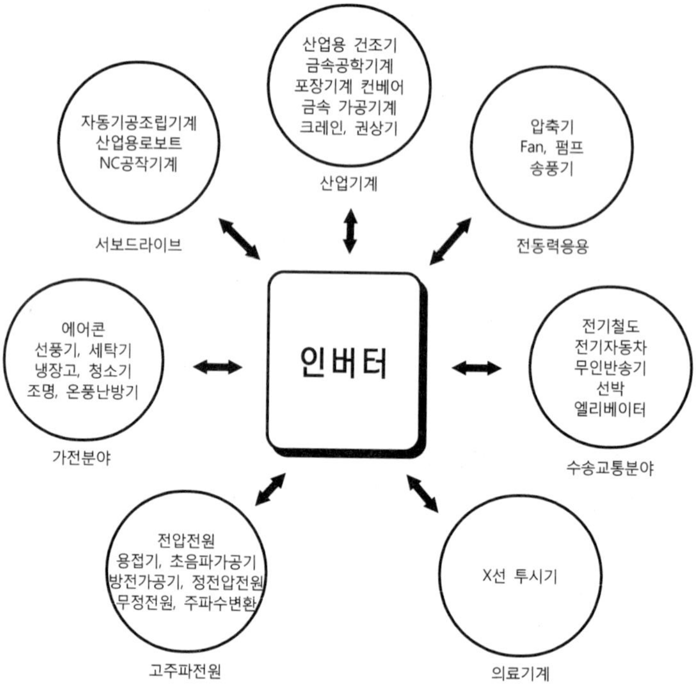

[그림 3.52] 인버터의 응용 분야

[표 3.5] 인버터 적용시의 장점 및 활용 포인트

인버터 구동의 특징	효 과	용도 예	특징 항목
① 표준모터의 변속 가능	기존 설치된 모터를 변속할 수 있다.	공조기	①
② 연속적인 변속 가능	항상 최적의 속도를 선택할 수 있다.	공작기, 교반기	②⑨
③ 저 시동전류	전원 설비 용량이 적어도 된다.	압축기	②③④⑤
④ 최고속도가 전원과 무관	전원 주파수에 따라 최대 능력이 변화하지 않는다. 또는, 주파수에 의한 설계 변경 필요성이 없다.	펌프, 팬, 컨베어, 산업기계 전반	①②④
⑤ 모터의 고속화, 소형화가 가능	다른 가변속 장치로 실현할 수 없는 고속이 얻어진다.	내면연삭반 섬유기계	⑤
⑥ 방폭 용이	직류모터에 비해 방폭 모터가 소형, 적은 비용으로 제작 가능하다.	약품기계 화학플랜트	⑥

6) 인버터에 의한 모터 가변속 시의 장점

① DC모터의 속도제어에 비하여 AC유도모터 사용시

- ▣ 모터의 구조가 간단하며 컴팩트하다.
- ▣ 보수 및 점검이 용이하다.
- ▣ 모터가 개방형, 전폐형, 방수형, 방식형 등 설치 환경에 따라 보호 구조가 가능한 특징을 가지고 있다.
- ▣ 부하 역률 및 효율이 높다.

② 일반적인 팬(fan), 블로워(blower)용 댐퍼(damper)를 비롯한 V.S모터 또는 기계적 무단 속도제어 방식에 비하여

- ▣ 순간 정전, 부하단 단락(short) 등에 대한 내구성이 뛰어나다.
- ▣ 트립(trip) 원인 제거 후 자동적으로 재기동 할 수 있는 기능을 갖고 있다.
- ▣ 주변 회로가 간단하고 조작성이 뛰어나다.
- ▣ 많은 보호 기능을 가지고 있을 뿐 아니라, 자기진단 기능을 가지고 있어 고장 원인의 식별이 용이하다.
- ▣ 속도제어 범위가 광범위하다.
- ▣ 다단 속도 조정 등의 기능으로 조작이 간단하고, 생산성 향상 및 품질의 극대화를 얻을 수 있다.
- ▣ 기동 전류가 정격 전류 이하(일반적으로 기동 전류는 정격 전류의 6~7배)이므로 기동 전류에 따른 전압 강하가 없고 변압기 및 부속 설비 용량을 증가시킬 필요가 없다.
- ▣ PLC 등의 연동운전에 의해 공장 자동화가 가능하다.
- ▣ 팬, 펌프, 블로워와 같은 부하에 적용시 에너지 절감 효과가 크다.
- ▣ 크레인(crane), 호이스트(hoist) 및 컨베어(conveyer) 등에 적용시 소프트-스타트/소프트 스톱(soft-start/soft-stop)이 가능하므로 기계적 파손 및 제품의 파손을 방지할 수 있다.
- ▣ 운전 효율이 높다.

7) 범용 인버터와 전용 AC서보 관계

한편, AC서보 가운데서도 개루프제어에 의해 단순한 속도 조정만을 수행하는 인버터를 범용 인버터라 하고 폐루프제어에 의해 엄밀한 속도제어를 행하는 인버터를 전용 인버터 또는 범용 AC서보, 그리고 고성능, 고정도의 NC장치 등에 사용되는 서보를 전용 NC서보 등으로 부르기도 한다. 이 관계를 [그림 3.53]에 보인다. 그림의 종축은 모터 단독으로서의 속도제어의 응답성을 나타내며, 2π로 나눈 값이 정현파에 응답하는 최대 주파수에 상당한다.

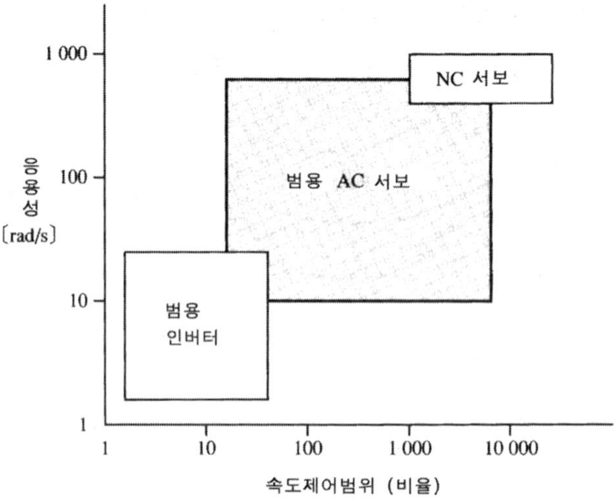

[그림 3.53] AC서보의 성능별 대응 영역

AC서보와 범용 인버터와의 주된 차이는 출력 토크로서 AC서보는 범용 인버터의 2배 이상의 토크가 얻어진다.

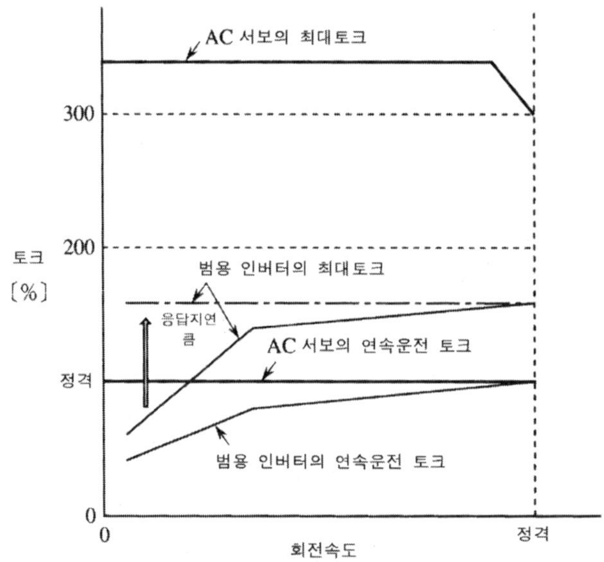

[그림 3.54] AC서보의 출력 토크

특히, 범용 인버터에서는 1/100 정도의 저속 범위까지만 사용 가능하고 토크 발생에 지연이 있는 반면, AC서보는 1/5,000의 초 저속에 있어서도 300% 이상의 최대 토크를 고속 응답으로 얻을 수 있다. 이 관계를 [그림 3.54]에 보인다. 또한, 연속운전 토크에 있어서도 범용 인버터로 범용모터를 구동한 경우는 냉각능력의 저하로 인해 연속 토크가 대폭적으로 제한된다. 기계의 구동장치를 검토할 때에는 속도제어, 위치제어의 어떤 경우에나 위에서 기술한 범용 인버터와의 성능의 차를 고려해서 적절한 성능의 서보 드라이브를 선택할 필요가 있다.

8) 냉동공조시스템에서의 활용 모터와 PLC 관계

증기압축식 기본 냉동사이클을 기반으로 하는 냉동공조시스템의 경우, 기본 냉동사이클에서 제어 가능한 요소는 압축기의 회전수와 전자팽창밸브의 개도(opening angle), 그리고 응축기와 증발기의 팬 모터를 들 수 있다. 결국 제어기로부터 나온 조작량은 이 냉동사이클의 제어 가능한 액튜에이터인 모터를 어떻게 구동할 것인가에 초점이 모아진다. 이 가운데 압축기는 기본 냉동사이클 소모 에너지의 약 90% 이상을 차지하는 중요한 구성 부품으로 현재 다양한 모터들이 내부에 탑재되어 있다.

가장 일반적인 모터로는 농형(squirrel cage type) 유도모터이며, 최근에는 성능이 우수한 구형파 구동의 BLDC(Brushless DC)모터나 정현파 구동의 PMSM(Permanent Magnet Synchronous Motor)인 BLAC모터, 그리고 직선 운동 구동 메커니즘을 갖는 리니어(linear)모터 등이 널리 사용되고 있다. 이들 모터를 조작하여 우리가 원하는 제어량을 효과적으로 제어하기 위해서는 액튜에이터인 모터의 기초 특성들을 이해해 둘 필요가 있다. 모터에 관한 상세한 설명과 이들 제어에 관한 드라이브 관련 설명은 전력전자공학 등의 전문 도서를 참조하는 것이 바람직하다.

현재 오일쿨러, 쇼케이스의 온도 제어 등 가변속 압축기를 이용하여 냉매의 질량유량을 변화시킴으로써 목표 온도를 제어하는 방식의 경우, 압축기의 모터에 따라 전력변환기를 포함한 제어계 구성이 다르게 된다. 특히 유도모터를 압축기 내부에 장착하고 있는 경우는 대부분 V/f=일정 제어를 행하는 인버터를 채용하여 개루프 방식의 제어를 행하고 있다. 이 부분에 대한 간단한 설명은 다음 절을 참조하기 바란다.

냉동사이클에서는 주로 압축기의 회전수를 제어하기 위한 전력 변환기, 응축기 및 증발기의 팬을 제어하기 위한 전력 변환기 등이 사용되고 있다. 특히, 최근에는 시스템의 자동제어를 위해 전력 변환기를 PLC 등의 제어 유닛과 함께 사용한다. 일반적으로 PLC 등의 제어 유닛은 제어 신호만을 출력할 수 있으며, 이 신호는 0~5 V, 4~20 mA로 실제 장치를 구동할 수는 없다. 따라서 전력 변환기는 이러한 신호를 받아서 실제 장치가 구동 가능한 전력으로 변환시켜 준다. 다음 [그림 3.55]는 이러한 PLC 기반의 전력변환기의 구성 예이다.

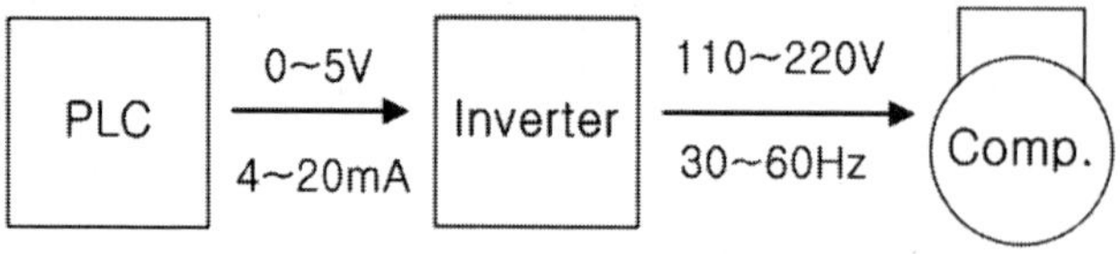

[그림 3.55] 냉동사이클에서 사용되는 전력 변환기의 구성 예

9) 2승저감 토크 특성 부하의 에너지 절약

냉동 및 공조시스템에 주로 사용되는 팬, 펌프, 블로워로 대표되는 풍·수력기계는 2승저감 토크 특성을 갖는 부하이다. 즉, 속도에 대한 부하의 토크 특성은 속도의 2승에 비례해서 변화한다. 이와 같은 토크 특성의 부하를 2승저감 토크 특성의 부하라 한다. 이 경우 출력은 속도비의 3승에 비례한다. 일반적으로 풍·수력기계는 정상 운전 상태에서의 급격한 부하 변동이 적고 2승저감 토크 특성에 맞춘 V/f 특성으로 인버터를 운전하는 것이 가능하다. 저속 영역에서 부하 토크가 작기 때문에 표준 모터를 인버터로 저속 운전해도 모터 전류가 작고 모터가 과열되는 일이 없으므로 비교적 용이하게 인버터를 적용할 수 있다. 또한, 팬이나 블로워에서는 부하의 GD^2는 비교적 크므로, 인버터의 가감속 시간을 길게 설정할 필요가 있다.

펌프의 토출압 일정 제어를 행할 경우에는, 실 양정의 관계로부터 설정 압력의 하한에 상당하는 인버터 하한 주파수나 공회전으로 인한 펌프의 파손 보호를 위해서도 하한 주파수 설정이 필요하다. 또한, 정격 속도 이상으로 속도가 상승하면, 출력은 3승으로 증가하고 모터가 과부하 상태로 됨과 동시에 인버터도 정격 용량을 넘게 되어 과부하 트립(trip)하게 된다. 이 때문에 상한 주파수의 설정도 아울러 필요하다.

이와 같은 부하에 인버터를 적용하고 가변속 운전함으로써 필요한 풍량이나 유량을 제어하는 경우, 속도를 20% 내리면, 모터 출력은 100% 사용할 때에 비해서 $(0.8^3) \fallingdotseq 0.51$로 된다. 조절밸브에 의한 기존 제어에 비해서, 거의 1/2의 모터 출력만으로 충분하게 되므로 대폭적인 에너지 절감이 가능하게 된다.

(4) 전력 변환기에 사용되는 반도체 소자의 종류

전력전자 분야에서 사용되는 반도체 소자의 종류는 다음과 같이 분류할 수 있다.

- 다이오드 (Diode)
- 바이폴러 트랜지스터(Bipolar Transistor)
- 전력용 MOSFET(Power Metal Oxide Semiconductor Field Effect Transistor)
- IGBT(Insulated Gate Bipolar Transistor)

- 사이리스터(Thyristor)
- SCR(Silicon Controlled Rectifier)
- GTO(Gate Turn Off Thyristor)

1) 다이오드(Diode)

다이오드는 전력제어용 반도체 소자 중에서 가장 기본적인 소자로 다른 능동 소자의 구성 단위가 되며 그 용량이 가장 크다. 정류를 위한 소자로 한쪽 방향으로만 전류를 통과시키는 특성을 가지고 있으며, 특수한 목적으로 사용되는 제너다이오드(zener diode) 및 패스트 리커버리 다이오드(fast recovery diode) 등이 있다.

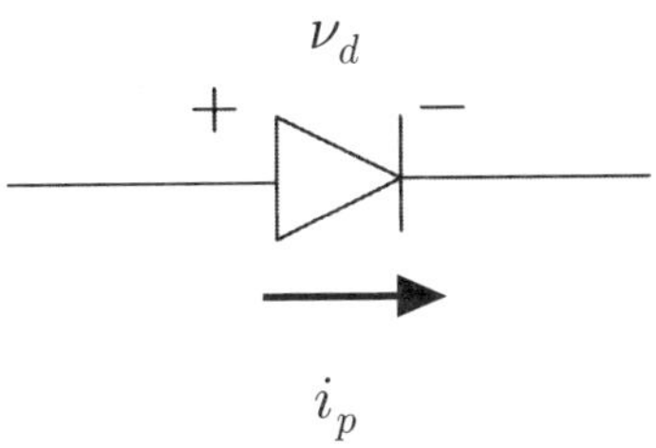

[그림 3.56] 다이오드의 기호

2) 바이폴라 트랜지스터(Bipolar Transistor)

베이스(base) 단자에 흐르는 소신호 전류의 제어에 의하여 에미터(emitter) 와 콜렉터(collector) 사이에 흐르는 대전류를 제어할 수 있는 구조를 가지고 있다. 따라서 대용량의 전류를 제어하는데 효과적으로 대응할 수 있다. 사이리스터보다는 소용량의 정격을 가지고 있으며, MOSFET보다는 대용량의 제품군이 있다. 또한 사이리스터 보다는 구동회로가 간단하고, MOSFET보다는 복잡한 구동회로를 가지고 있다. 또한 트랜지스터 용량에 따라서 구동회로의 용량과 정격이 다르게 설계되어야 한다.

3) 전력 MOSFET(Power MOSFET)

게이트(gate) 단자에 인가되는 소신호 전압에 의하여 드레인(drain)과 소스(source) 사이에 흐르는 전류를 제어할 수 있도록 설계되어 있다. 이것은 바이폴라 트랜지스터에 비하여 구조면에서는 제어하기가 쉽도록 설계되어 있으나 상대적으로 그 정격 전압 및 용량을 크게 하기가 어렵다. 또한 트랜지스터에 비하여 On-Off 스위칭 속도가 빠르다.

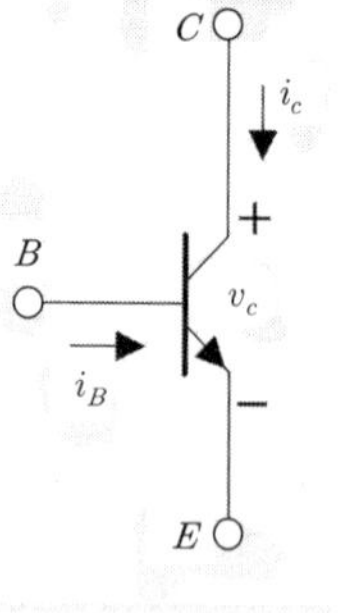

[그림 3.57] 바이폴라 트랜지스터 기호

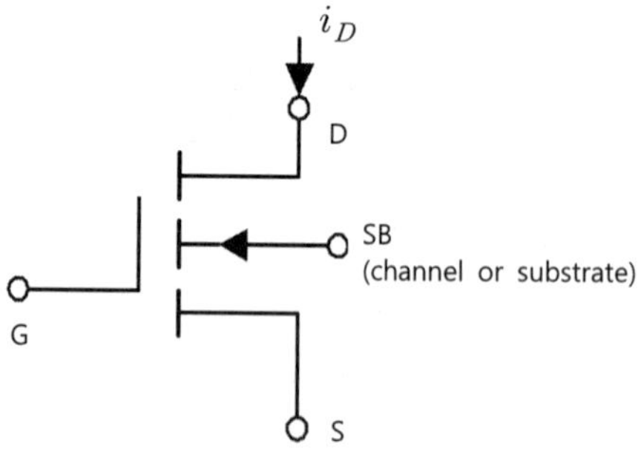

[그림 3.58] MOSFET의 기호

4) IGBT(Insulated Gate Bipolar Transistor)

IGBT는 그 이름에 나타나 있는 바와 같이 내부 구조가 바이폴라 트랜지스터(Bipolar Transistor)와 전력 MOSFET가 결합되어 있는 구조를 가지고 있다. 이것은 MOSFET의 제어하기 쉬운 특성과 고속의 스위칭 속도를 이용하고 바이폴라 트랜지스터의 고압이 대용량의 특성을 살리기 위하여 고안된 전력 제어소자로서 최근 대용량 전력제어 소자로 많이 사용되고 있다.

5) 사이리스터(Thyristor)

내부의 구조는 NPN 트랜지스터와 PNP 트랜지스터를 결합시켜 놓은 것같이 구성되어 있어 PNPN 형의 접합 구조를 가지고 있다. 이것은 대용량의 전류를 제어할 수 있기 때문에 대용량 전력 변환기에 많이 사용되고 있고 최근까지도 그 적용 사례를 많이 찾아볼 수 있다. 그러나 최근에 들어서면서 제어하기가 쉬운 IGBT가 그 자리를 대신해 가고 있다. 사이리스터는 구동 방법과 그 구조에 따라서 여러 가지 형태로 나누어진다.

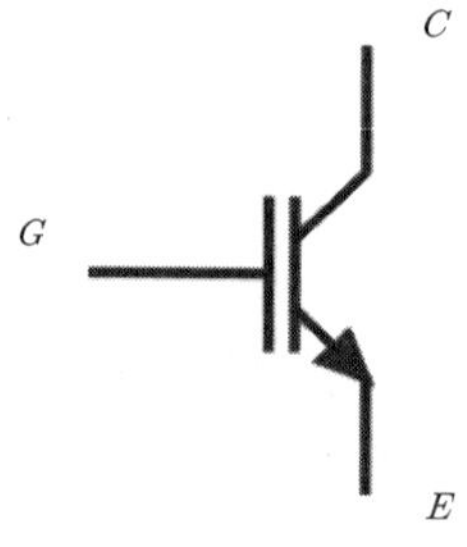

[그림 3.59] IGBT 기호

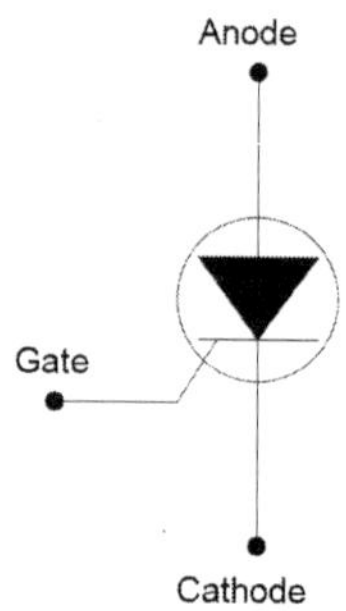

[그림 3.60] 사이리스터 기호

(5) 서보모터를 위한 전력 변환기의 고려 사항

서보 모터의 제어를 위한 전력 변환기를 구성하기 위하여 전력 소자는 다음과 같이 크게 두 가지의 요소를 고려할 필요가 있다.

1) 높은 스위칭 용량

전력을 제어하기 위하여 필요한 것은 절연전압과 낮은 도통 저항을 필요로 하게 되는데 절연전압은 전력 소자가 동작하지 않고 있을 때 즉, Off 되어 있을 때 소자 양단에 걸리는 전압에 의하여 소자가 파괴되지 않는 전압을 말한다. 또한 낮은 도통 저항은 소자가 구동되어질 때 소자의 양단에서 측정되어지는 저항값을 말하는데 이것은 소자를 통하여 대용량의 전류가 흐르게 되고 이때 소자의 저항 성분이 손실로 나타나게 된다. 전류의 제곱과 저항의 곱에 의하여 손실이 나타나고 이로 인해 발열하게 된다. 따라서 이러한 손실은 열로서 발열하게 되고 동작 도통 저항이 크면 대용량의 전류를 흐르게 할 수 없다. 그러므로 전력 소자의 선정에 있어서 가장 중요한 것이 바로 용량의 선정이며, 모터를 구동하는 모터 드라이버 또한 용량이 증가하게 되면 상당 부분 코스트 비용이 증가하게 된다.

2) 높은 스위칭 주파수

전력을 제어하는 방법으로 부하에 인가되는 공급 전압의 폭을 조절하여 제어하는 방법을 가장 많이 사용하며 이를 펄스폭 변조인 PWM 제어라고 한다. 이렇게 공급 전압의 폭을 제어하는 것은 부하에 공급되는 전압을 펄스 파형으로 인가하게 되며 이는 전압을 On-Off 제어하여 공급하게 된다. 이렇게 On-Off 제어되는 스위칭 전압 파형의 왜곡을 막기 위해서는 고속의 스위칭 소자를 필요로 하게 된다. 일반적으로 서보 모터의 경우 수십 kHz 대역의 스위칭 주파수를 갖는다.

(6) AC 드라이브 응용 기술의 발전 역사 및 현황

교류모터는 원래 저가격, 견고성, 그리고 보수의 필요성이 없는 장점을 이용하여 주로 정속(定速)운전에 이용되어져 왔다. 그러나 1973년의 오일쇼크를 계기로 일본 등지에서는 전력 절감 및 고효율에 대한 요구가 증대되어 1970년대 후반부터 팬, 블로워, 펌프 등 고성능을 그다지 필요로 하지 않는 용도에 교류모터의 가변속 운전이 이용되기 시작했다. 모터로서는 농형 유도모터나 동기모터가, 가변 주파수 전원으로서는 사이리스터식 전류형 인버터가, 제어로서는 아날로그식 V/f 제어가 이용되었다. 그 후 AC서보 드라이브의 적용 확대와 더불어 고 부가가치 제품에 적절한 메인터넌스 프리·전력 절감형 생산 설비에로의 근대화가 추진되었다. 그 결과, AC 드라이브에 대한 고성능화 요구가 높아져 사이리스터식 전류형 인버터로써 동기모터를 구동하는 사이리스터 모터제어 및 유도모터의 슬립 주파수 제어가 실용화 되었다. 그러나 DC 드라이브를 능가하는 데에는, 성능면이나 가변 주파수 전원으로서의 고조파 등에서 기술적 및 경제적인 문제가 있었다. 다행히, 일본에서는 당시, 파워트랜지스터를 중심으로 한 자기소호형(自己消弧形) 파워 디바이스의 양산화가 진행 중에 있었고, 1970년대까지의 사이리스터 중심의 타려식 전력 변환장치의 시대로부터 트랜지스터를 중심으로 한 자려식 전력 변환장치에로의 이행이 원활히 행해졌다. 더욱이, 1970년대 후반에 DC 드라이브의 마이크로프로세서를 이용한 디지털제어 기술이 실용화 단계로 접어 들었고, 1968년에 이미 이론적으로 확립되어 있던 벡터제어의 소프트웨어화가 용이하게 달성되어 AC 드라이브의 고도화는 많은 산업 분야에서 순식간에 큰 진전을 보게 되었다. 즉, 1980년대 전반에 중·소 용량에서는 트랜지스터식 PWM 인버터를 이용한 디지털식 벡터제어가, 대용량에서는 사이리스터식 순환 또는 무순환 전류 사이클로컨버터를 이용한 디지털식 벡터제어가 완성되었다.

이로써, AC 드라이브의 기술은 철강이나 제지에서는 1980년 전반부터 DC 드라이브의 독무대였던 압연기나 초지기(抄紙機)의 주 구동용으로, 일반 산업에서는 펌프, 팬, 컴프레서 등에, 공작기계나 FA 분야에서는 주축 및 각종의 로봇 액튜에이터에, 그리고 전력에서는 가변속 양수(揚水) 시동장치 및 각종의 터빈 시동장치, 무효전력 보상장치 등에 널리 적용되기에 이르렀다. 교류모터는 고성능화를 방해하는 기구상의 제약이 없어, 현재로는 AC 드라이브의 종합적인 성능과 기능이 비약적으로 향상되었고, AC 드라이브는 압연기나 초지기에서는 가공 제품의 품질 향상, 공작기계나 FA에서는 위치 결정 및 정도 향상이나 냉동 및 공조 분야에서는 인력과 에너지 절감 및 운전 성능 향상, 저소음화 등에 크게 기여하고 있다.

우리나라의 경우, 1980년대 초기까지는 주로 에너지 절약 대책으로 수입되어 사용하였으나 1983년 이후 수요가 늘어, 외국 업체들과의 기술 제휴를 통한 생산이 본격화 되었다.

1995년도 국내 인버터 시장은 160억원 규모로 높은 신장세를 보였으며, 업체별로는 LG산전과 삼성항공이 전체의 65% 이상을 차지한 것으로 알려져 있다. 사용 중인 반도체 디바이스에 주목하면, IGBT 인버터가 주종으로서, 1995년의 경우, 국내 시장의 60~70%, 1996년도에는 80%를 차지하였으며 앞으로도 그 비중은 점차 확대될 것으로 기대가 된다. 또한, 90년도부터 연평균 56.8% 이상의 매출 증가율을 기록하고 있으며, 앞으로도 자동화, 인력 절감, 에너지 절약 등의 차원에서 시장 규모가 더욱 확대될 것으로 기대가 되고 있다.

3.4.2 시퀀스제어 전용 무접점제어장치

(1) PLC(Programmable Logic Controller)

1) 시퀀스제어 정의

시퀀스제어(sequential control)는 미리 결정된 순서 또는 일정한 논리에 의해 결정된 순서에 따라 제어의 각 단계를 점진적으로 진행해 나가는 제어이다. 시퀀스제어는 흔히 『순서제어』 라고도 하며, 자동화시스템의 구축에 있어 피드백제어(feedback control)에 버금가는 중요한 핵심기술이다.

자동제어의 쌍벽을 이루는 이 두 제어법은 거의 유사한 오랜 역사를 가지고 있다. 그러나, 피드백제어가 상태공간 개념에 기초한 현대제어 이론을 통해 고전제어에서 어려웠던 최적제어계의 설계 등 이론적 체계화가 급속도로 발전된 반면, 시퀀스제어는 기술의 체계화·이론화가 이에 비해 대단히 불충분하였다. 이는 시퀀스제어가 소위 현장의 실학으로 불리면서 관련 기술자들의 개별 기술로 축적되어 온 것에 주된 원인이 있다.

전자계산기 기술의 도입으로 시퀀스제어에서는 새로운 컨트롤러인 PLC가 탄생하여 예전의 전자릴레이를 근간으로 한 시퀀스 기술을 일신시키고 있다. 예전의 시퀀스제어 기술에서는 개개 플랜트 특유의 시퀀스를 릴레이(relay)를 주체로한 회로 구성 즉, 고정배선 방식으로 실현하였다. 따라서, 시퀀스의 실행은 시퀀스의 추이를 구체적인 기기의 동작으로 대응시켜 이해할 수 있었기 때문에 시퀀스 추이 체크나 이상 개소의 검출이 쉬웠다. 그리고 제어반의 구성은 각 시퀀스마다 다르기 때문에 설계·제작은 플랜트를 주문 받은 후에 스타트되는 개별 생산 체제에 의존해야 하는 관계로 제어계 구축에 막대한 경비가 소요되었다. 이에 비해 새로운 컨트롤러인 PLC는 시퀀스의 실행을 내부 메모리에 기억되어 있는 제어 순서에 따라 실행하는 프로그램 내장 방식이므로 시퀀스의 변경이 극히 용이하게 이루어진다. 그리고 하드웨어 구성이 개별 시스템에 의존하지 않게 되어 컨트롤러는 대량 생산이 가능해졌고, 따라서 저가의 경비로 시퀀스제어계의 구축이 가능하게 되었다.

그러나 이런 장점과 더불어 PLC에서는 모든 시퀀스를 프로그램으로 실현해야 하는 관계로 소프트웨어 기술을 중심으로한 새로운 사용 기술이 중요한 과제로 지적되고 있다. 즉, 사용자에 대하여 이해하기 쉬운 시퀀스제어 전용의 프로그래밍 언어, 컨트롤러와 제어대상의 동작 해석, 시뮬레이션에 적용될 수 있는 표현법, 새로운 컨트롤러 채용시의 시퀀스 추이 체크나 이상 개소의 검출이 쉬운 시스템 설계법과 시험법, 지식공학을 응용한 제어 방법이나 설계 방법 등이 그것이다. 또한, 통신 기능을 부가함에 의하여 컨트롤러 간의 데이터 전송, 컴퓨터와의 정보 교환이 쉽게 되고 컨트롤러를 요소로 한 네트워크시스템의 구축 기술도 중요한 과제로 부상하고 있다.

2) 시퀀스제어 기술의 역사와 PLC의 등장

시퀀스제어의 시초는 1804년에 Jacquard가 발명한 천공 테이프식 방직기라고 전해지고 있다. 그러나 그 이전의 18세기에 이미 자동직물기기(1741년)나 컨베어식 자동제분공장(1791년)이 출현하고 있었다는 것이 기록되어 있다. 피드백제어의 시초인 Watt의 원심조속기의 발명이 1784년이므로 시퀀스제어는 피드백제어와 마찬가지로 긴 역사를 갖고 있는 기술이라고 말할 수 있다. 1824년에는 전자릴레이의 기초인 전자석이 Sturgeon에 의해 처음으로 만들어졌고 그 후 1836년에는 Henry에 의해 전자릴레이가 발명되었다. 시퀀스제어의 기초 이론인 불 대수는 1847년에 제안되었다.

1940년대에 이르러, 조작자-제어반-제어대상이라고 하는 시퀀스제어시스템의 원형이 확립되었고, 1950년대에는 원격 감시제어 기술의 도입으로 조작자-조작반-제어반-제어대상의 형태를 취하게 되었다. 원격 감시제어는 1960년대, 1970년대를 거쳐 집중화, 대규모화로 발전하였다. 1960년대로 되자 일렉트로닉스 기술이 도입되어 제어회로의 전자화·무접점화로 발전하였다. 트랜지스터를 중심으로 하여 구성된 무접점 릴레이의 도입은 제어장치의 소형화 및 고 신뢰화에 크게 기여한 반면 유도 잡음에 의한 오동작 방지 기술 등의 새로운 과제를 안겨주었다. 1960년대 중엽에는 IC 탑재의 미니컴퓨터가 탄생하여 프로세스제어의 영역에서 온라인으로 사용할 수 있게 되었다.

시퀀스제어 영역에로의 컴퓨터 기술의 도입 계기는 미국의 General Motors사가 1968년에 발표한 10개 항목의 사양서와 그 이듬해에 이 사양서에 따른 최초의 제품이 만들어진 것이었다. 이 새로운 컨트롤러는 1970년대 중엽에 이르자 범용 마이크로프로세스를 도입한 다기능형으로 발전되어 프로그래머블(programmable) 로직(logic) 컨트롤러(controller)로 부르게 되었으며 이것이 오늘날의 PLC이다. 일본에서는 컴퓨터와 유사한 시퀀스제어 전용장치라는 측면에서 그냥 PC로 축약해서 부르고 있다.

일본공업규격인 JIS에 따른 PLC 정의는『논리연산, 순서조작, 한시, 계수 및 산술연산 등의 제어 동작을 진행하기 위해 제어 순서를 일련의 명령어의 형식으로 기억하는 메모리를 갖고 있고 이 메모리의 내용에 따라 여러 종류의 기기나 프로세스제어를 디지털 혹은 아날로그의 입·출력을 통해 진행하는 디지털 조작형의 공업용 전자장치』로 규정하고 있다.

1980년대에 이르러 PLC는 통신 기능이 충실해져 시퀀스제어는 피드백제어 및 관리용 정보처리를 포함한 제어시스템의 네트워화로 발전해 왔다.

PLC가 국내 시장에 도입되기 시작한 것은 대략 1981년부터인 것으로 알려져 있으며, 시장 규모는 92년에 500억 원, 95년과 96년에는 1000억 원대까지 증가하기에 이르렀다. 세계 PLC 시장은 2000년도에 62억 달러를 넘어선 것으로 나타났으며, 앞으로도 연평균 3.4%대의 성장세를 지속할 것으로 전망되고 있다.

3) 시퀀스제어의 특징과 PLC의 역할

시퀀스제어의 특징은 상태 추이가 병렬 동시 진행이며, 기본 기능으로서 논리연산, 기억, 한시, 계수 등을 가진다는 크게 2가지 점으로 요약할 수 있다. [그림 3.61]은 시퀀스제어계를 피드백제어계와 비교하여 나타낸 것이다. 시퀀스제어에는 구체적 물리량인 목표값의 개념 대신 2치 명령에 해당하는 작업 명령이 이것을 대체하고 있음에 주목할 필요가 있다. 따라서 조절부의 역할도 각기 다르게 된다.

[그림 3.62]는 하드웨어 구성 면에서 본 시퀀스제어시스템의 기본 개념도이다. [그림 3.61]의 명령처리부의 기능은 [그림 3.62]의 시퀀스 제어동작용 기기에서 실현된다. 이 시퀀스 제어동작용 기기에 해당하는 것이 유접점제어에서는 릴레이나 MC(Magnetic Contactor), 무접점제어에서는 바로 PLC이다.

[그림 3.63]은 [그림 3.62]의 시스템 구성을 기초로 하여 시퀀스제어용 기기의 분류와 해당되는 주요 제어기기를 보여준다.

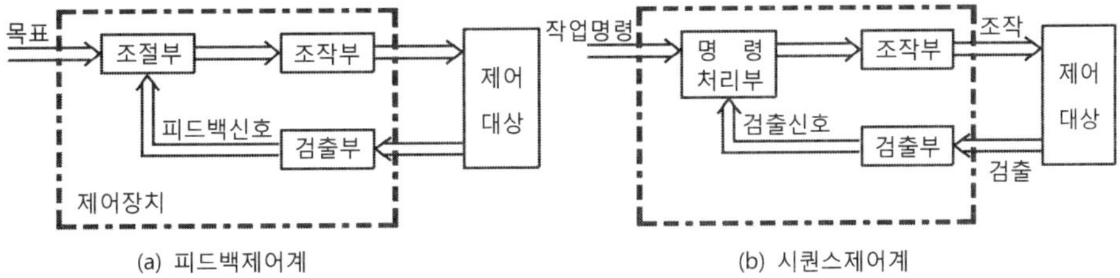

[그림 3.61] 피드백제어계와 시퀀스제어계의 기본 구성

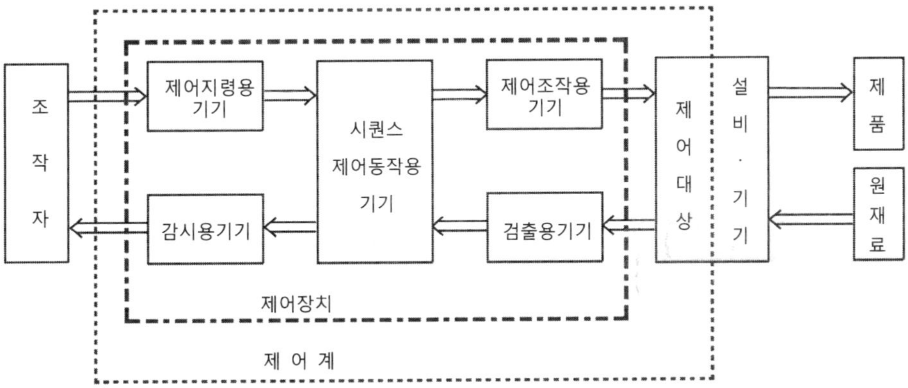

[그림 3.62] 시퀀스제어시스템의 구성도

시퀀스 제어기기	제어지령용기기	…	푸시버튼스위치, snap스위치, rotary스위치 등
	제어조작용기기	…	전자개폐기, 서보모터, 전자밸브 등
	검 출 용 기 기	…	리미트스위치, 포텐쇼미터, 광전스위치, 온도스위치, 속도계발전기, resolver, encoder 등
	감 시 용 기 기	…	램프, 버저, 지시계기, CRT디스플레이 등
	시퀀스 제어동작용기기	…	계전기, 카운터, PLC, 타이머 등
	복합기능기기	…	보호계전기 등

[그림 3.63] 시퀀스제어용 기기와 그 분류

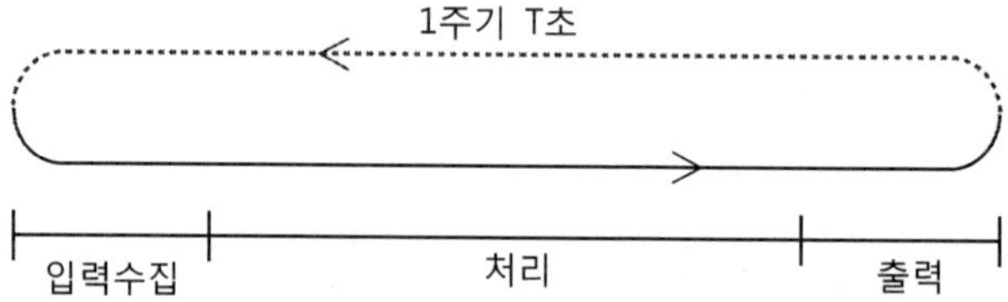

[그림 3.64] PLC의 사이클릭 처리

PLC의 동작은 [그림 3.64]에 나타낸 사이클릭(cycle) 처리를 기본으로 하고 있다. 리프레시(refresh) 방식의 경우, 1사이클의 최초에 입력을 수집하고 처리 과정을 거쳐 최후에 결과들을 출력한다.

[그림 3.65]는 PLC를 이용한 FA(Factory Automation) 등에로의 적용 예를 보여준 것으로 설비나 기기를 직접 제어하는 것이 분산형 제어장치이고 각 분산형 제어장치를 고속 데이터 전송시스템으로 네트웍을 구성하고, 이 네트웍에 상위 레벨의 제어장치를 설치한 것이다. 분산형 제어장치는 현장의 작업자에 상당하고 상위 레벨의 제어장치는 현장의 관리직에 상당한다. 이와 같은 계층형 기능 분산시스템에서는, 상위로부터 하위로 생산이나 가공·조립 등의 지령을 주고, 하위로부터 상위로는 지령에 대한 보고를 한다. 또 하위의 분산형 제어장치 간에는, 상태나 인터록 등 정보를 상호 교환한다. 이와 같이 시스템 전체를 관리하면서 운전함으로써 생산 효율을 높일 수 있는 자동화시스템을 실현할 수 있다.

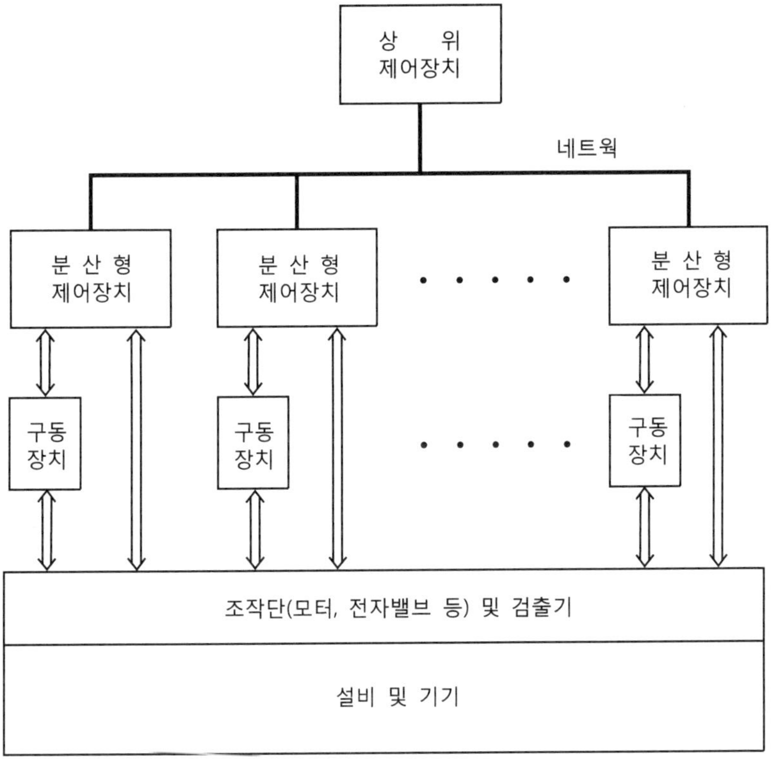

[그림 3.65] 계층형 기능 분산시스템의 예

[그림 3.66]은 컨트롤러의 처리 내용과 주변 회로를 보여준다. 시퀀스제어시스템은 컨트롤러와 주변 회로로 구성되고, 각종 입력 신호가 컨트롤러에서 처리되어 출력된 다음, 제어대상에 인가된다.

출력된 신호 가운데 제어대상인 부하 측의 중요한 상태 변화나 컨트롤러의 중요한 사항들은 다음 단계로의 제어 입력을 결정하기 위한 요소 및 시스템 감시를 위한 모니터링 자료로 활용되기 위해 재차 컨트롤러에 입력된다.

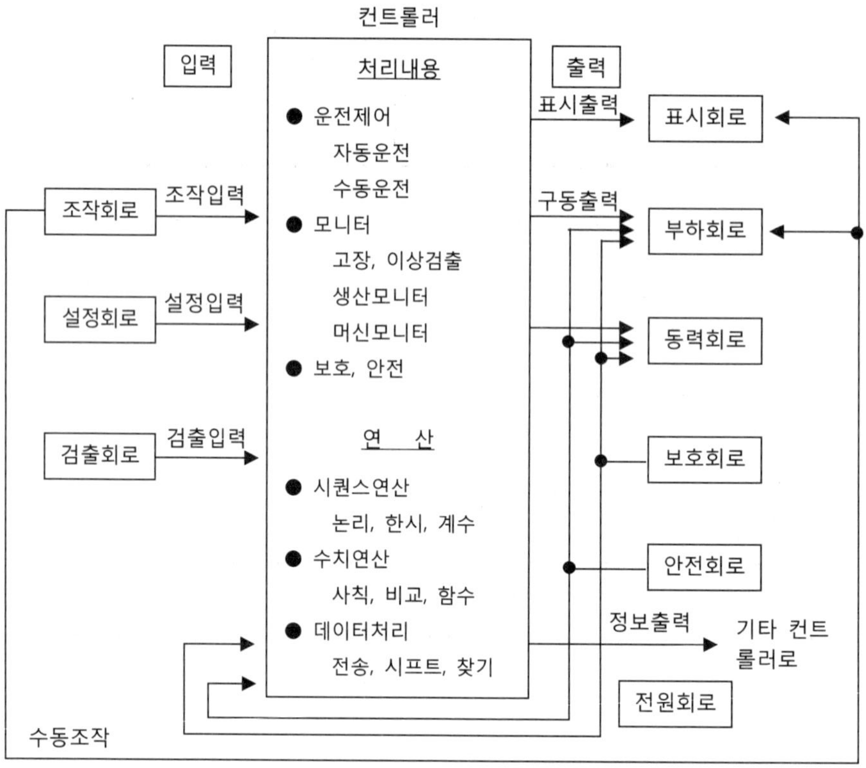

[그림 3.66] 컨트롤러의 처리 내용과 주변 회로

(2) 시퀀스제어시스템의 컨트롤러의 종류와 특징

1) 유접점 릴레이에 의한 컨트롤러

전자석과 접점에 의한 유접점 릴레이를 사용하고, 접점의 조합(접점 간의 배선)에 의해 제어 논리를 만들어, 컨트롤러로서의 기능을 실현한다.

유접점 릴레이는 기계식 접점으로 인해 접촉 불량, 마모, 수명, 응답 속도 및 복잡한 배선과 이로 인한 제어반의 제작이나 개조 등에 많은 한계가 있지만 간단하고 소형인 시스템의 시퀀스제어를 구현하는 용도로 아직까지도 널리 활용되고 있다.

2) 무접점 릴레이의 의한 컨트롤러

유접점 릴레이의 접점이 갖는 문제점들을 해소하기 위해, 반도체, 주로 트랜지스터를 사용한 유접점 릴레이의 접점 조합의 기능을 무접점으로 실현한 논리 기능의 패키지이다.

3) 디지털 IC에 의한 컨트롤러

무접점 릴레이의 발전형 컨트롤러로서 디지털 IC의 논리 연산 기능을 사용한 것이다.

4) PLC

유접점 릴레이의 모든 문제를 해결하는 대체 수단으로 등장하였으며 현재 가장 보편적으로 이용되고 있는 시퀀스 제어장치이다. 상세한 내용에 대해서는 다음 절 이하에 기술한다.

(3) 컨트롤러의 주요 기능

[표 3.6]은 각 컨트롤러의 주요 기능을 보여준다. PLC는 계산기에 비해 다소 기능이 떨어지지만, 유접점 릴레이나 IC보다는 다양한 기능을 갖고 있음을 알 수 있다.

[표 3.6] 컨트롤러의 주요 기능

제 어 기 능	유접점 릴레이	IC	PLC	계산기
논리연산	◎	◎	◎	◎
한 시	◎*1	◎	◎	◎
계 수	◎*2	◎	◎	◎
수치연산		○	◎	◎
비교연산		○	◎	◎
시 프 트		○	◎	◎
데이터 전송		○	◎	◎
코드 변환		○	◎	◎
동일한 컨트롤러 간의 통신			○	◎
다른 컨트롤러 간의 통신			○	◎
대량 데이터 처리				◎

◎ : 고유로 갖고 있는 기능　○ : 필요에 의해 부가되는 기능
*1 : 타이머와 같이 사용 시　*2 : 카운터와 같이 사용 시

(4) 제어 기능의 실현 방법과 하드웨어의 비교

[표 3.7]에 컨트롤러로서의 제어 기능의 실현 방법을 보여준다. 제어 기능의 실현 방법에 있어서 가장 다른 점은 유접점 릴레이와 IC가 부품 간의 배선으로 제어 로직을 실현하는 것에 반해, PLC와 계산기는 프로그램으로서 실현하고 있는 점이다. 전자를 wired logic(고정배선방식), 후자를 soft logic이라고도 부른다. [표 3.8]에 각 하드웨어의 특징을 나타내었다.

[표 3.7] 제어 기능의 실현 방법

		유접점 릴레이	IC	PLC	계산기
주 요 부 품		유접점 릴레이	디지털 IC	마이크로프로세서, 메모리, 디지털IC	전용LSI, 프로세서, 메모리, 디지털IC
하 드 웨 어		강전기기	전자기기	←	←
제어기능의 실현수단		배선 (Wired Logic)	←	프로그램	←
	배선방법	접점, 코일간을 전선으로 접속	디지털 IC 간을 프린트 기판의 인쇄패턴으로 접속	없음	없음
	프로그램	없음	없음	시퀀스제어 전용어	계산기용 언어

[표 3.8] 하드웨어의 비교

		유접점 릴레이	IC	PLC	계산기
응답속도		~20 ms	~1 ms	~100 ms	~100 ms
취급하는 전압		AC-DC ~400 V	DC 5~24V	AC ~200 V DC ~100 V	DC 5~24 V
취급하는 전류		~10 A	~2 A*	←*	←*
사용온도 범위		-30~55℃	0~55℃	←	0~40℃
전력소모		대	소	중	중~대
주요부품의 동작전압		AC 24~400 V DC 12~100 V	DC 5~12 V	DC 5 V	←
내잡음성		극히 강함	약함, 대책이 필요	←	←
신뢰성		비교적 낮다	높다	←	←
주요제어기능 실현부분의 수명		동작빈도에 의해 결정 상대적으로 짧다	길다	←	←
제어내용의 변경·개조		비교적 곤란	곤란	쉽다	비교적 곤란
하드웨어의 설계·제작		개개 시스템에 한함	←	메이커 표준	←
하드웨어의 범용성		없음	←	있음	←
보수성	점검	사용자 가능	←	←	사용자 불가능
	수리	사용자 가능	사용자 불가능	←	←
	교환	사용자 가능	←	←	사용자 불가능

* : 출력 인터페이스에 의존함.

(5) 경제성

제어시스템에서의 경제성 즉 비용에는 하드웨어의 가격, 제어장치의 제작 비용, 외부의 배선이나 설치 비용, 전력 비용과 보수 및 운전 비용, 시스템 교체시의 갱신 비용 등이 있다.

[그림 3.67]은 경제성의 비교를 나타낸 것으로서, 횡축에 입·출력 점수에 따른 제어 규모를, 종축에 종합적인 비용을 보이고 있다.

소규모 제어에서, 유접점 릴레이에 의한 컨트롤러는 부품 개수가 적고, 제어반 제작의 비용도 적어 경제성이 좋다. 그러나, 입·출력 점수가 많아지면 비용이 높아지고, 어느 규모 이상에서는 크로스포인터가 되어 PLC보다 경제성이 떨어진다. IC에 의한 컨트롤러는, 소규모 제어에서는 경제성이 비교적 좋은데, 제어 규모가 증가함에 따라 부품 개수나 제작 비용이 커지게 되어 비용이 급격히 증가한다. PLC는 주변기기가 필요한 것도 있어 최초의 비용은 좀 비싸지만, 제어 규모가 크게 되어도 제작 비용이 적어 다른 하드웨어보다 경제성이 좋게 된다. 따라서 사용자는 [표 3.9]에 나타낸 컨트롤러로서의 사용 상황을 잘 숙지한 연후에 [그림 3.67]에서의 경제성을 고려하여 자신의 시스템에 알맞은 컨트롤러를 선택함으로써 효율적이고 경제적인 시퀀스제어계를 구축할 수 있도록 해야 한다.

시퀀스제어시스템에 적용할 때의 고려해야 할 항목을 [표 3.9]에 보인다.

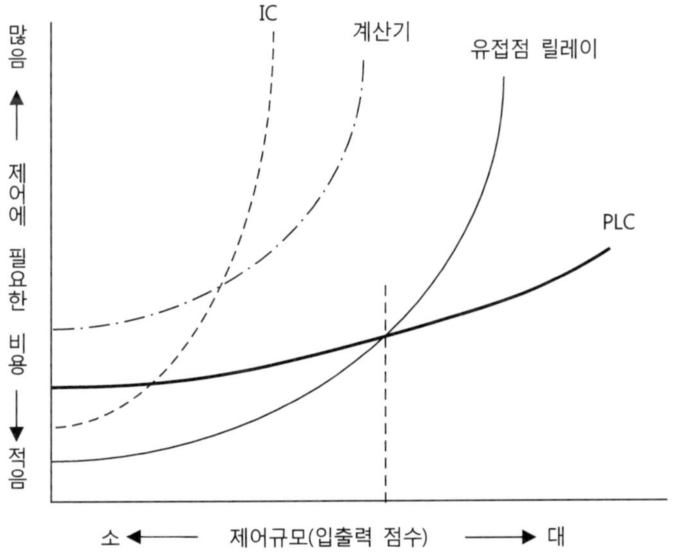

[그림 3.67] 제어시스템의 경제성

[표 3.9] 컨트롤러로서의 사용 상황

항 목	유접점 릴레이	IC	PLC	계산기
제어시스템 설계의 용이성	○	△	◎	○
제어시스템 제작의 용이성	○	△	◎	△
보수의 용이성	○	△	○	△
개조, 변경의 용이성	△	△	◎	○
하드웨어의 튼튼함	◎	△	○	△
신뢰성, 수명	△	◎	◎	○
하드웨어 입수의 용이성	◎	○	◎	△
능숙한 조작을 위한 기술 습득의 용이성	○	△	○	△
가 격	○	○	◎	△
납 기	○	△	◎	△

◎ : 매우 용이함, ○ : 용이함, △ : 어려움

[그림 3.68]은 횡축에 사용 상황, 종축에 제어 기능을 취해, 각 컨트롤러가 이 양자 사이의 어떤 위치 관계에 있는가를 보여준 그림이다. 유접점 릴레이는 비교적 사용하기에는 좋은 반면 기능이 낮다. 계산기는 기능은 가장 좋은 반면 프로그램의 작성, 조작, 보수 등에 어려움이 있고, 강전기기 등에는 사용하기 어려운 면이 있다. IC에 의한 컨트롤러는 사용자로서는 비교적 사용이 용이하다. 이상적인 방향은 그림의 화살표 방향으로서, PLC가 가장 적절함을 보여준다. 다만, 최근의 기술 발전에서 유의해 볼 점은 입·출력 유닛은 PLC의 것으로 사용하되, 기술 진보와 가격 면에서 우수한 계산기를 PLC의 CPU 기능으로 대체하는 소프트(soft) PLC가 활용되고 있다는 점이다.

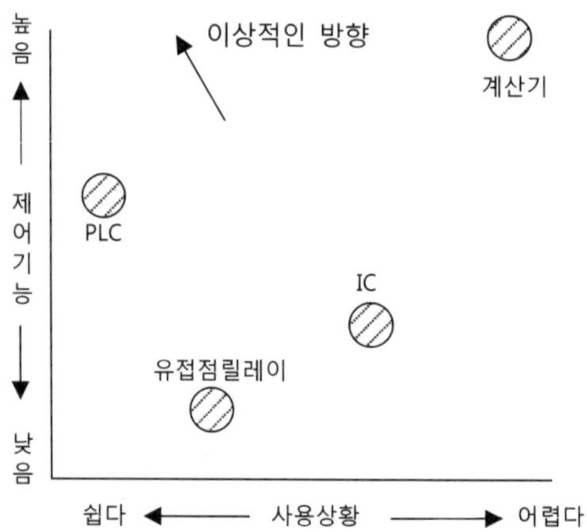

[그림 3.68] 컨트롤러로서의 기능과 사용 상황

3.4.3 PLC의 구성과 프로그래밍 언어

(1) 기본 구성

PLC는 제어의 처리 순서를 프로그램 형식으로 장치 내에 기억시켜 두는 프로그램 내장형 제어장치로서 계산기와 같은 방식이지만, 시퀀스제어에 적용하는 프로그래밍 전용 언어를 갖고 있고, 실시간 처리가 가능하며, 각종 입·출력기기와 직접 연결된다는 점에서 차별화 된다. 그 기본 구성은 [그림 3.69]와 같다.

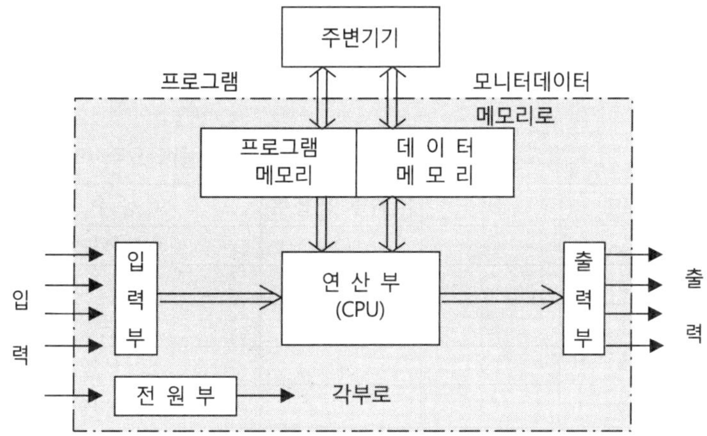

[그림 3.69] PLC의 기본 구성

(2) 프로그래밍 언어

PLC의 언어는 시퀀스제어를 대상으로 한 [표 3.10]과 같은 전용 언어를 갖고 있다.

[표 3.10] 프로그래밍 언어의 분류

유 형	언 어	특 징		
		논리	순서	고급
텍스트형	불대수	○		
	IL(명령리스트)	○		
	ST(구조화텍스트)	○		◎
그래픽형	LD(래더도)	◎		○
	FBD(펑션블록도)	◎		◎
	순서도		◎	
	GRAFCET, SET요소*		◎	
테이블형	디시젼테이블		◎	

* IEC규격에서 SFC는 독립적인 언어가 아닌 공통요소임.

IEC규격에 따른 시퀀스제어용 프로그래밍 언어의 분류를 [그림 3.70]에 보인다.

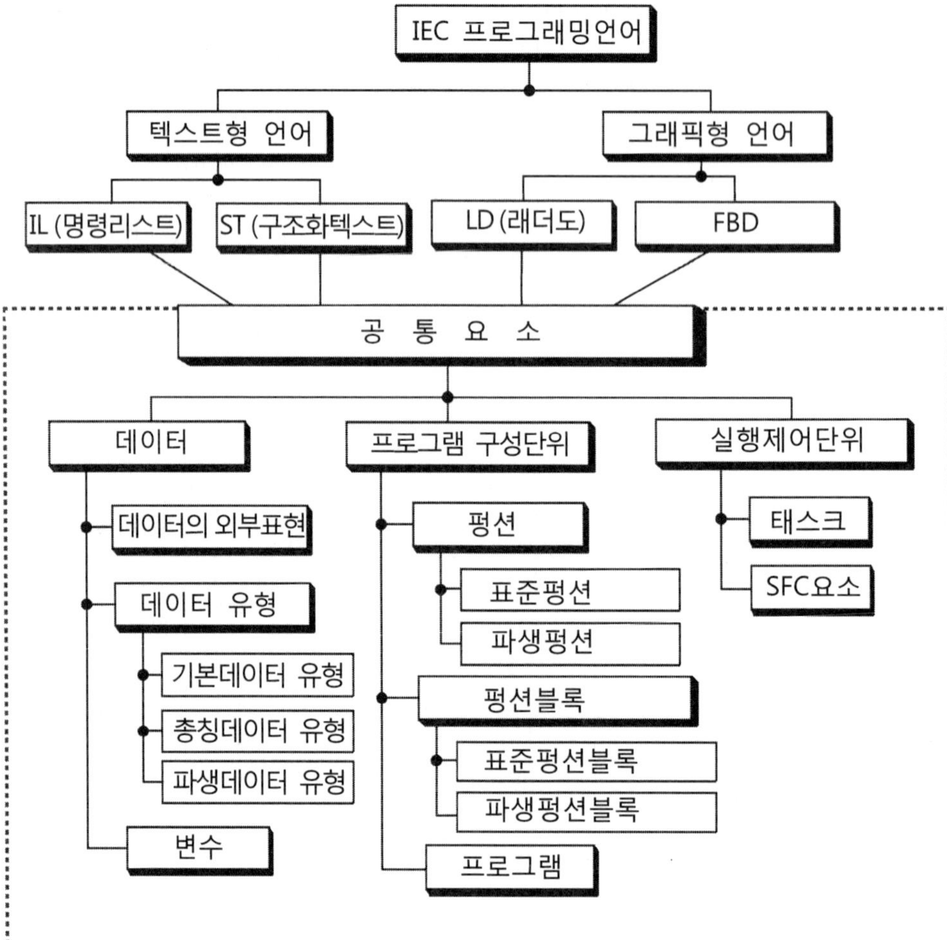

[그림 3.70] IEC 규격의 프로그래밍 언어의 구성

(3) 처리 능력

PLC의 처리 능력은 연산속도(스캔타임), 입·출력 점수, 메모리 용량, 타이머 등의 점수에 의존한다. 그 이외에도 사용자는 취급하는 수치의 범위, 데이터의 비트 수 그리고 사용 가능한 특수 유닛 등을 검토할 필요가 있다. 아래에 입력과 출력의 특수 기능 유닛과 이것에 접속되는 기기를 [그림 3.71]에 나타낸다.

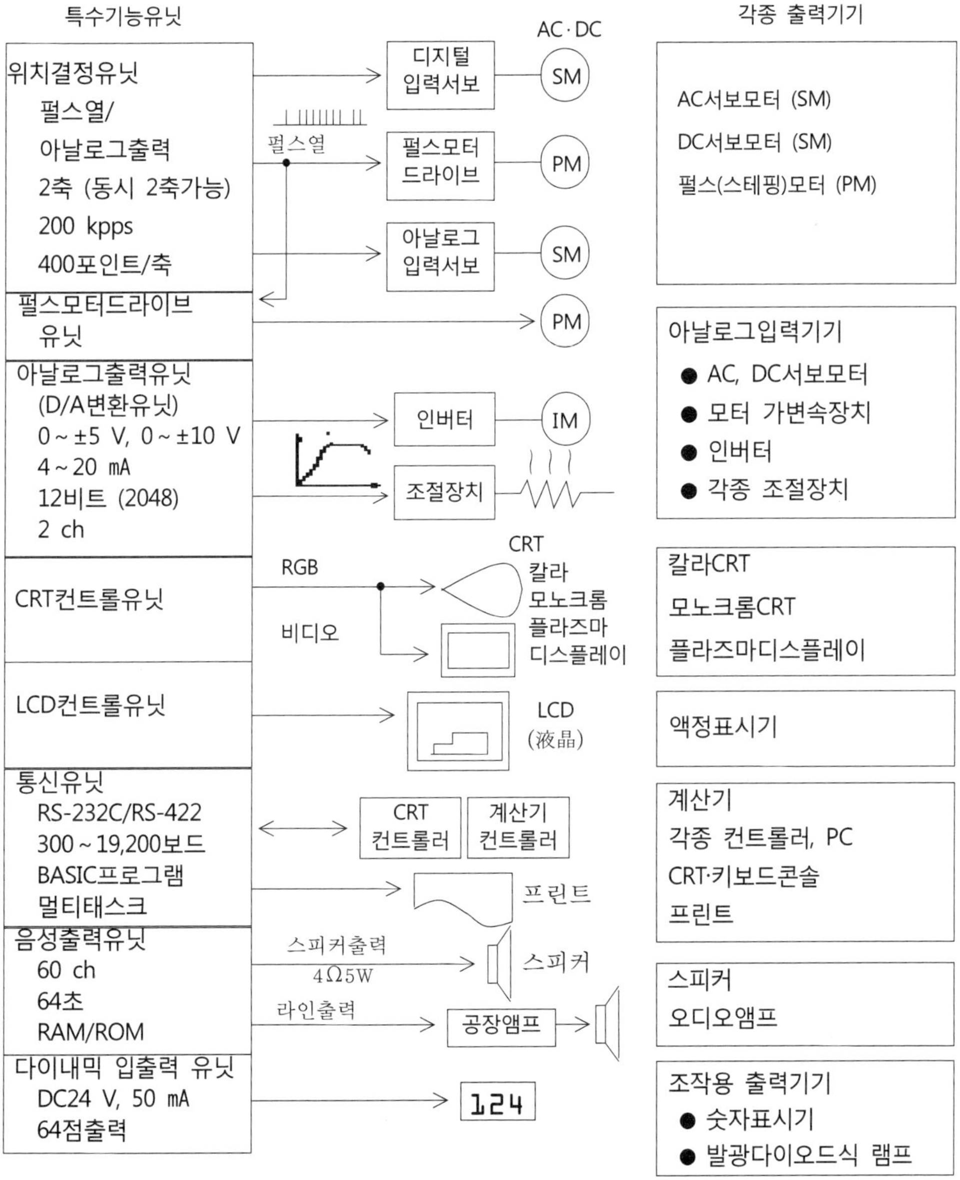

[그림 3.71] 출력용 특수 기능 유닛과 출력기기

(4) PLC를 이용한 네트웍 시스템

FA시스템이나 CIM(Computer Integrated Manufacturing)시스템에서는 상위의 관리용 계산기부터 생산 지시나 운전 지령이 하위로 전달되고, 하위의 기기제어의 컨트롤러로부터 가공, 조립의 완료나 고장 발생 등의 정보가 상위로 보고된다. 특히, 지금처럼 다품종 소량생산 방식에서는 상위로부터 하나 하나의 생산 지시나 추적이 필요하다. 그리고 생산이나 운전 상황, 고장 감시 등을 온라인으로 실행하는 모니터도 필요하다. 이와 같은 것을 종합적으로 실현하려고 할 때, 상위의 관리용 계산기와 하위의 기기제어의 복수 개의 머신 컨트롤러 간에 정보를 주고받는 네트웍 구축 및 상호간 통신이 필요하게 된다. CIM 모델의 일 예를 [그림 3.72]에 보인다.

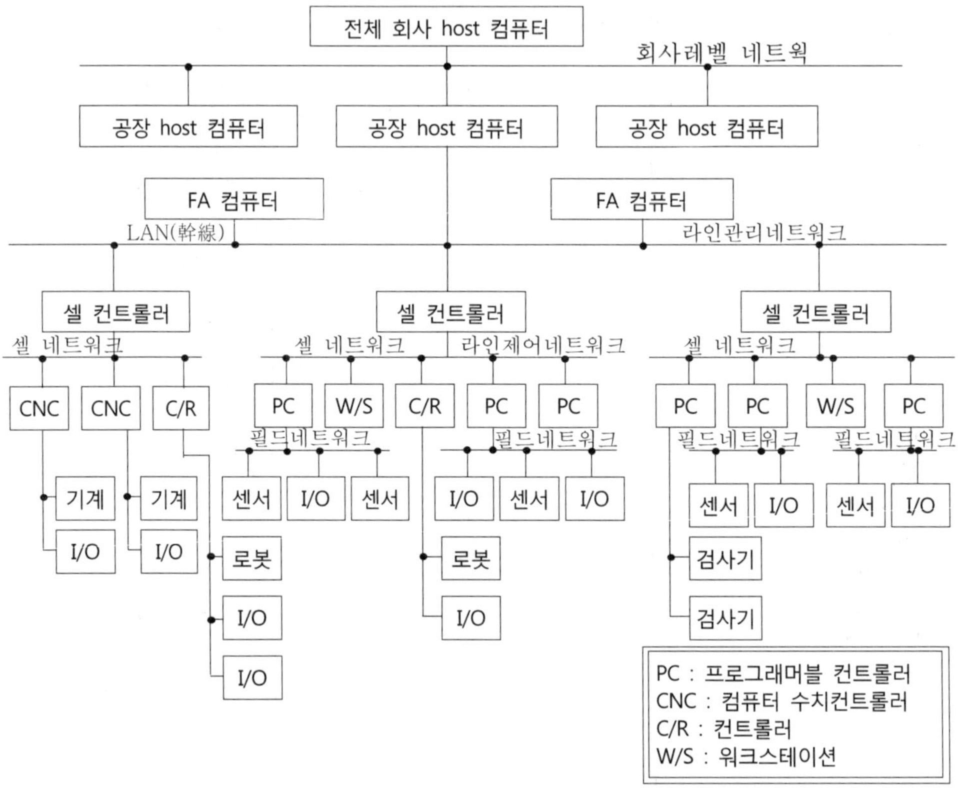

[그림 3.72] CIM 모델

3.4.4 요약

고도 산업사회에서 생산시스템의 자동화를 통한 고 효율화가 지속적으로 추진되고 있다. 또한, 초고층 건물과 지하 공간의 활용도가 높아지고 있으며, 쾌적한 생활 환경에 대한 욕구도 비례적으로 증대하고 있다. 뿐만 아니라 반도체 생산 설비 등에서와 같이 엄격한 온, 습도 제어의 요구도 증가하고 있다. 교통과 관련된 장대 터널 등의 건설로 효율적인 환기 시스템의 중요성이 인식되는 등, 공조시스템의 수요는 그 어느 때 보다도 급증하고 있으며 이러한 추세는 앞으로도 지속될 것으로 전망된다.
최근, 가정용 및 산업용 냉동공조장치의 수요 또한 폭증하고 있어 이에 따른 에너지 소비 급증과 하절기 및 동절기 피크 전력에 대한 안정적인 관리 문제가 주요 이슈로 부상되고 있다. 쾌적한 환경 추구와 고도의 자동화 실현 그리고 에너지 절약이라는 상충된 요구들을 기술적으로 충족시켜야할 필요성이 있는 만큼, 인버터와 PLC 기술의 보다 적극적인 활용이 그 한 해법이 될 수 있을 것으로 기대한다.

3.5 DDC와 미래 제어 기술 동향

3.5.1 아날로그제어와 디지털제어

(1) 아날로그와 디지털

공조시스템에서 실온 계측에 사용되고 있는 온도 검출단에서는 실온의 상승이나 하강이 측온 저항체의 전기 저항을 연속적으로 변화시키며, 여기에 일정한 전압이 걸려 있으면 전류도 연속적으로 변하게 된다. [그림 3.73]에서와 같이 어떤 상태의 변화에 대응하여 시간적으로 연속해서 변화하는 양을 아날로그(analogue or analog)량이라 한다. 단어 아날로그(이하 analog)의 의미는 상사(相似) 또는 유사하다는 것을 나타낸다.

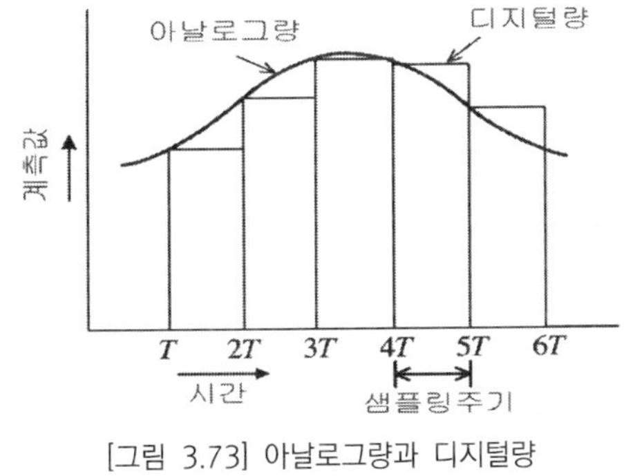

[그림 3.73] 아날로그량과 디지털량

온도나 압력 등의 계측값을 전류나 전압 등의 연속적인 양에 대응시켜 자동으로 제어하는 것을 아날로그제어(analog control)라 한다.

이 아날로그제어에 대해 [그림 3.73]에서와 같이 온도 검출단에서의 검출값을 어떤 시간 간격으로 샘플링해서 측정하고 그 측정값을 수치로써 표현한 것을 디지털(digital)량이라고 한다. 측정값의 검출 시간 간격을 샘플링 주기라고 하며, 연속적인 양을 어떤 실제값으로 변환해서 디지털량으로 변환하는 것을 양자화라고 한다.

디지털량은 이산(離散)값으로 표현되지만 샘플링 주기를 짧게 하면 할수록 검출값의 계열은 한없이 아날로그량에 근접하므로 실용상 아날로그제어와 디지털제어의 차는 거의 문제로 되지 않는다.

온도 검출단의 검출값을 디지털량으로 변환하고, 이를 조절기에 신호로 보내서 자동제어를 하는 경우를 디지털제어(digital control)라고 한다. 디지털제어에서는 디지털 컴퓨터를 주로 이용하고 있다.

디지털이라고 하는 용어의 근원이 되고 있는 디지트(digit)의 뜻은 손가락 혹은 0에서 9까지라고 하는 숫자의 의미로서 디지털 컴퓨터에서는 '0'과 '1'을 사용하고 있다.

(2) 전기식·전자식·디지털식 제어계의 비교

전기식, 전자식 및 디지털제어시스템은 주로 다음과 같은 구성 요소로 되어 있다.

1) 전기식 제어

보통의 저항체, 브릿지 회로, 포텐쇼미터(potentio-meter)를 사용하고, 저항이나 전압의 변화를 이용해서 제어하고 있다.

2) 전자식 제어

디지털 컴퓨터 제어도 전자기기를 이용하고 있지만, 일반적으로 전자식 제어라고 하면, 아날로그제어 방식을 가리킨다.

전자식 제어의 대표적인 것으로서는 직류 24 V를 전원으로 하고 제어용 변압기, 증폭기 및 전자기기를 사용하여 전압과 전류의 변화를 이용해서 제어하고 있다. 전류신호로는 0~7 mA 또는 10~50 mA가 사용되고 있다. 온도· 습도· 압력 등의 검출장치는 3.3절에서 설명한 것이 대부분이다.

전자식 조절기는 휘스톤 브릿지(wheatstone bridge)와 통상 연산증폭기(OP-Amp : Operational Amplifier)로 구성되어 있다. OP Amp는 입력회로 또는 귀환회로(歸還回路)를 변경함으로써 덧셈, 곱셈, 미분, 적분, 음과 양의 변환 등이 가능하여 아날로그 컴퓨터용으로서 연산증폭기라고 부르고 있다. 이 OP Amp의 성질을 이용하여 입력 신호에 의해 비례 동작, 미분 동작, 적분 동작 신호를 출력하고 이 출력 신호에 의해 조작기를 구동하고 있다.

(3) 디지털제어

보통 DDC(Direct Digital Control : 직접 디지털제어)라 부른다. DDC라 하는 것은 중앙에 설치된 미니컴퓨터 내에서 로컬(local)제어의 모든 연산을 한다는 의미로 사용되어져 온 것으로서 『중앙의 컴퓨터로부터 로컬에 대해 직접적으로』의 뜻으로 1960년대에 보일러(boiler) 플랜트(plant)에서 사용되기 시작하였다. 그 후, 1975년에 마이크로프로세서(microprocessor)가 출현해서 제어 동작을 함에 있어 조절기마다 디지털식의 마이크로프로세서를 탑재한 분산형 디지털제어(distributed control system : DCS)의 시대에 들어섰으며 아날로그제어의 대체 수단으로서 급속히 보급되어 분산형 디지털제어를 DDC라 부르게 되었다.

공조설비에 있어서 DDC제어의 기본 구성을 [그림 3.74]에 나타내며 공조기의 공기 가열 코일의 예를 보인다.

공조를 하고 있는 실의 건구온도를 온도 검출단에서 예컨대, 직류 4~20 ㎃의 아날로그 신호로 검출하여 이것을 아날로그-디지털 변환기(Analog-to-Digital converter : 통상 A-D 변환기라고 함)로 디지털 신호로 바꾸어 마이컴(mircro computer)의 입력으로 한다. 마이컴은 중앙처리장치(Central Processing Unit : CPU)와 대용량의 기억장치(memory)로 구성되어 있다. 마이컴에서는 내부에 심어진 프로그램에 의해 검출단으로부터 보내어진 디지털 값을 사전에 마이컴 내부에 짜 넣은 설정값과 비교·계산하여 그 결과 얻어진 아날로그 신호를 P(Proportional) 동작, PID(Proportional, Integral, Derivative) 동작 등의 제어 방식에 따라서 디지털-아날로그 변환기(Digital-to-Analog converter : D-A 변환기)로 아날로그 신호로 바꾸어 증기 또는 온수 제어밸브에 출력으로 전달한다. 자동제어의 대상으로 되는 공조시스템과 마이컴과는 A-D변환기나 D-A변환기라고 하는 입·출력장치(Input Output unit : I/O장치)로 연결되어 있다.

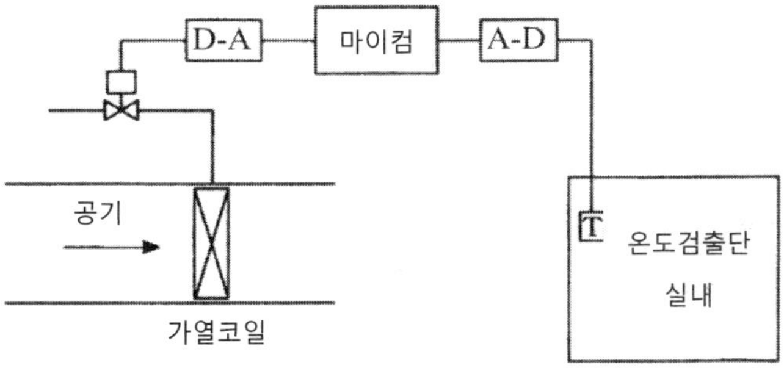

[그림 3.74] 가열 코일의 DDC 제어계 구성

A-D변환기로의 입력과 출력은 아날로그 입력(Analog Input : AI)과 디지털 출력(Digital Output : DO)이고, D-A변환기의 입력과 출력은 디지털 입력(Digital Input : DI)과 아날로그 출력(Analog Output : AO)이다.

DDC에 의한 자동제어계의 계통도에서는 이들을 A-D, D-A, AI, AO, DI, DO, I/O와 같은 생략된 약어 기호를 자주 사용하고 있다.

(3) 공조기 주변의 DDC제어의 구성

대표적인 공조시스템으로서의 정풍량 단일덕트 방식 공조기의 DDC에 의한 제어 계통도를 [그림 3.75]에 보인다.

제어계를 포함한 공조시스템 전체의 작동은 두 시스템 모두 전적으로 동일하지만, 조절기 주변이 DDC에서는 마이컴, A-D, D-A변환기 등으로 구성되어 있다는 점이 특징이다.

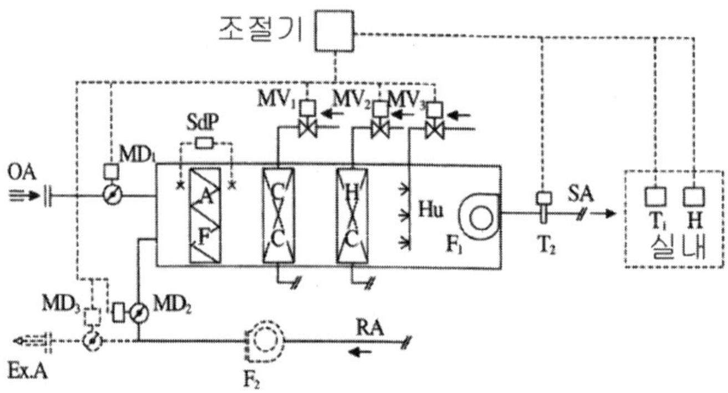

(a) 아날로그제어인 경우

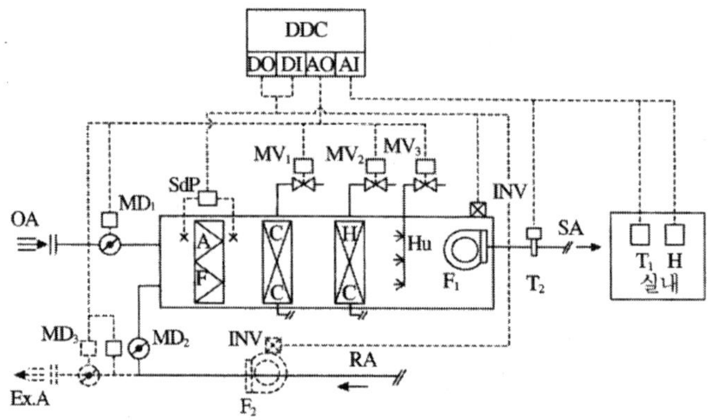

(b) DDC인 경우

[그림 3.75] 정풍량 단일 덕트 방식의 제어 계통도

자동제어 밸브, 풍량조절용 모터 댐퍼에서는 아날로그 입력에 기초해서 필요한 밸브 개도나 댐퍼의 개도를 컴퓨터로 계산하고 그 결과를 아날로그형의 출력으로써 밸브나 댐퍼의 조작용 모터로 전달한다.

이 시스템에서 직접 디지털형의 제어를 행하고 있는 것은 에어필터 입·출구의 차압이 한도까지 증가한 때에 노재를 감아올리는 조작뿐이다.

이 예에서는 본래 정풍량 방식이므로 주 송풍기와 환기 송풍기의 회전수 제어를 하고 있지는 않지만, 변풍량 방식의 경우는 덕트 계통의 필요 풍량·정압에 의해서 송풍기의 회전수 제어를 인버터 모터(그림에서는 INV로 표시)로써 행한다.

대부분의 경우, 온도 검출단에서 검출된 실온은 디지털량으로써 중앙감시반에 보내지고, 지시계나 기록계에 실온 변동의 정보로서 저장, 축적된다. 또 변유량(VWV : Variable Water Volume) 방식 등의 경우는 조절기로부터의 밸브 개도의 디지털 신호가 중앙처리장치에 보내져 냉수펌프의 회전수 제어를 위한 기본 정보로 이용되는 경우도 있다.

(4) DDC에 의한 PID 동작의 처리

DDC는 디지털 컴퓨터를 이용하여 예를 들면 식 (3.54)로 주어진 PID 동작을 계산하고 그 결과 얻어진 해를 조작량으로 출력하고 있다. 다음에 그 개략을 보인다.

식 (3.54)에 조작량의 초기값 항을 부가하면 다음 식과 같이 된다.

$$u = K_p\left(e + \frac{1}{T_i}\int e\,dt + T_d\frac{de}{dt}\right) + u_0 \tag{3.80}$$

여기서 u : 조작량, u_0 : 조작량의 초기값, e : 편차, K_p : 비례감도, T_i : 적분시간, T_d : 미분시간을 각각 나타낸다.

디지털 연산을 하기 위해 샘플링 주기를 τ로 하면, $n\tau$시점(n은 정수)에서의 편차 e_n은 그 시점에서의 설정값과 검출값의 차로 되고, 식 (3.80)의 우변의 비례항은 다음과 같이 된다.

$$K_p \cdot e = K_p \cdot e_n \tag{3.81}$$

적분항은 다음과 같이 된다.

$$\int e\,dt = e_1\tau + e_2\tau + \cdot\cdot\cdot + e_n\tau = \tau\sum_{i=1}^{n} e_i \tag{3.82}$$

미분항은 다음과 같이 근사할 수 있다.

$$\frac{de}{dt} = \frac{e_n - e_{n-1}}{\tau} \tag{3.83}$$

이들을 식 (3.80)에 대입하면 다음 식이 구해진다.

$$u_n = K_p \left\{ e_n + \frac{\tau}{T_i} \sum_{i=1}^{n} e_i + \frac{T_d}{\tau}(e_n - e_{n-1}) \right\} + u_0 \tag{3.84}$$

식 (3.84)의 각 항의 K_p, T_i, T_d 값을 현장 조정법에 의해 구한 값을 넣고, 편차 등은 각 시점에서 검출된 값을 입력함으로써 위 식의 계산이 가능하며, 냉수코일의 자동조절 2방밸브 등의 조작량을 구할 수가 있다.

DDC제어에서는 이상과 같은 계산을 컴퓨터로써 실행한다. 상세한 것은 전문 서적을 참조해 주기 바란다.

(5) DDC에 의한 공조시스템의 제어

컴퓨터의 진보에 따라 공조시스템에서 발생하는 다수의 데이터를 순시에 비교 또는 계산하고 그 결과에 기초해서 시스템이나 기기의 운전제어를 할 수 있는 것이 DDC의 큰 장점이기도 하다.

컴퓨터를 사용한 공조설비의 DDC에서는 공조기·냉동기 등의 기기 단독의 제어뿐만 아니라 아날로그제어에서는 곤란하거나 불가능했던 복잡한 시스템의 제어도 비교적 쉽게 실현할 수 있게 되었다.

예를 들면, VAV(Variable Air Volume : 변풍량)시스템이나 VWV시스템의 유량과 송풍기· 펌프의 회전수 제어법은 아날로그제어 시대는 최종적인 해결책이 마련되지 않아 실제로는 채용한 덕트 계통이나 배관 계통에서 부분적으로 유량 부족을 초래하는 등의 실패 경험이 많이 보고되어 있다. 이것을 컴퓨터를 이용해서「풍량 조절 댐퍼나 자동제어 밸브의 개도를 비교함으로써 해결한다」라고 하는 방법이 탄생하여 문제를 해결할 수 있게 되었다. 다음에 DDC의 주된 특징을 열거한다.

① 설정, 표시, 연산이 모두 디지털이므로 전송이나 연산에 오차가 없고, 고정도의 계측·제어가 가능하다. 엄밀하게 말하면 절사(切舍) 오차가 발생하지만 그다지 문제시 되지는 않는다.

② PID제어나 대수제어 등과 같은 다양한 제어 연산을 하나의 컨트롤러로써 실현할 수 있다.
③ 모든 입·출력 신호를 중앙감시장치에 통신으로 전송할 수 있으므로 집중감시가 쉽고, 보다 섬세하게 에너지와 환경을 관리할 수 있다.
④ 중앙으로부터 통신 기능을 이용하여 제어변수들을 변경할 수 있다.
⑤ 컨트롤러 간의 통신 기능을 이용해서 설비 간의 협조, 연대제어가 가능하다.
⑥ 자기진단 기능이나 경고 통지 기능에 의해 고장이나 사고시 신속한 대응을 할 수 있다.
⑦ 최근에서는 액정 디스플레이의 설정기나 와이어리스 센서(wireless sensor)등과 접속이 가능하므로 이용의 간편성과 조작성이 더욱 향상되어 있다.
⑧ 소형· 경량화로 제어반이 차지하는 공간을 적게 할 수 있다.
⑨ 제어동작이 P, PI, PID 제어뿐만 아니라 각종 조합 동작이나 논리회로에 기초하여 최적화를 할 수 있다.

다음으로 개개의 공조기, 열원기기, 펌프 등의 단독 제어 시스템을 제외하고 공조시스템의 복합적인 제어계에서 이용되고 있는 DDC의 주된 방식들에 대해서 설명한다.

1) 복합제어

① 캐스케이드 제어(cascade control) : 피드백제어계에서 하나의 출력 신호에 의해 다른 제어장치의 목표값을 변경하는 제어로서 항온·항습의 가습제어시의 급기온도 변동에 대한 급기온도 제어 등에 사용되고 있다.
② 오버 라이드 제어(over ride control) : 다른 제어량에 기초해서 연산된 복수의 제어량 가운데 하나를 선택해서 조작량으로 하는 제어로서 급기온도의 상·하한 보장제어 등에 사용되고 있다.

2) 예측제어

① 간이 시계열 데이터 예측 : 비교적 가까운 미래 예측 등에 이용되고 있다.
② 통계적 모델에 의한 예측 : 빌딩의 부하를 1일 주기로 변동하는 경우로 간주하여 전일과 그 이전의 부하 변동의 실적으로부터 다음 날짜의 부하를 예측하는 경우 등에 이용되는 것으로 축열 운전 제어, 최적 열원 제어 등에 이용 되고 있다.
③ 사례베이스 추론 : 과거의 온·습도 실적 데이터를 메시(mesh) 분할하고 몇 개의 그룹으로 나누어서 보존하며 현재의 온·습도와 동일한 데이터가 포함되어 있는 그룹의 실적을 예측값으로 한다. 공조의 시동과 정지 제어, 열량 수요(demand) 예측 등에 이용된다.

그 외 퍼지(fuzzy) 추론, 뉴럴네트웍(neural network) 등의 예측 수법이 있다.

3) 최적화 제어

미리 정해진 평가함수(평가 기준)를 극대 또는 극소가 되도록 하는 제어로서 빌딩의 공조에서는 거주자의 쾌적성을 유지하면서 에너지 소비를 최소화 하는 것을 목적으로 한 제어수법을 나타내고 있다.

일반적으로는 다음에 나타내는 최적제어와 최적화 제어의 구별을 그다지 명확히 하지 않은 채로 사용하고 있는 경우가 많다.

① 최적제어 : 개별 제어 루프를 최적으로 제어하는 것을 말한다.

② 최적화 제어 : 대상으로 하는 서브시스템의 범위를 정해 적절한 조건을 설정하고 평가함수를 정의하는 것에 의해 개별 제어 루프의 설정값의 최적화를 꾀하는 것을 말한다. 형태로서는 개별 제어의 정보를 이용하면서 다른 제어 루프에 최적화된 설정값을 제공하거나 장치의 운전 방법을 변경하거나 하는 경우가 많다.

최적화 제어의 평가함수로서는 에너지, 라이프 사이클(life cycle) 코스트, 환경 부하 등이 이용된다.

시스템의 최적화를 꾀할 경우에는 다른 제약 조건에 대해서도 검토하고 그 조건을 확정해 둘 필요가 있다. 예를 들면, VAV시스템에서 취입 외기량 부족에 의한 환기 악화 문제 등이 있다.

[표 3.11]에 DDC에 의한 공조시스템의 제어 항목의 대표적인 적용 예를 나타낸다.

[표 3.11] 공조에서 DDC 제어 시스템 적용 예

기본 공조시스템 제어	에너지 절약 제어	최적화 제어
PID 제어 인터록 냉·난방 절환 제로 에너지밴드 운전스케줄 시퀀스제어 아날로그 상하한 감시 센서 고장 판단 프로세스게인과 조작 단말 보정	VAV 제어 VWV 제어 인테리어·페리미터 연동제어 튜닝제어	실내조건설정 외기취입(예냉예열시 취입·정지·최소외기량) 외기냉방 열원기기 대수제어 축열시스템(수축열조·빙축열탱크) 공조순서시동정지 심야전력 이용

【주】 1. 제로 에너지밴드 : 냉·난방을 하지 않는 대역을 설정하고, 그 대역 내에서는 에너지 소비가 제로가 되도록 제어
2. 인테리어·페리미터 연동제어 : 냉·난방 동시운전인 경우, 실내에서의 혼합 손실 경감 효과를 목적으로 하는 제어

3.5.2 자동제어의 새로운 동향

(1) 제어 시스템의 개방(open)화

종래 자동제어 시스템이나 중앙관제시스템은 어떤 기기 메이커가 제어기기·관제시스템 전부를 그것을 운전·조작하기 위한 소프트웨어까지를 포함하여 독자적으로 개발하고 조립하여 한 회사에서 공급하는 경우가 많았다. 이 때문에 제어시스템 전체가 설비 설계자나 운전 관리자에게 있어 그 내용의 상세한 부분은 거의 알려지지 않은 채 블랙박스 상태로 되었고, 또 타사 제품을 시스템 내에 접속하는 것이 대단히 어려워 호환성이 매우 낮은 실정이었다.

그러나 컴퓨터의 소형화, 고성능화가 이루어짐에 따라 설비 설계자나 수요자가 비교적 간단히 독자적으로 각종 설비의 자동제어나 빌딩 전체의 종합관리시스템 구축을 목적으로 소프트웨어를 개발할 수 있게 되었고, 또 자동제어나 중앙관제시스템이 널리 보급되기 시작하여 굳이 이들 시스템 전체를 단일 회사로 한정하여 주문할 필요성이 없는 시대가 되었다. 그 결과 여러 메이커의 기기나 설계자의 소프트웨어 기술을 채용할 수 있는 시스템이 바람직스럽게 되었다. 이것이 소위 개방화의 움직임이다.

이와 같은 요구에 대응할 수 있는 기술을 확립할 움직임이 미국을 시발점으로 하여 일본과 유럽에로 확대되었다.

이와 같은 움직임의 대표적인 것이 미국의 ASHRAE가 만든 BACnet이다.

(2) BACnet

미국에서는 이와 같은 빌딩 관리용 자동제어 시스템의 개방화 움직임에 대응하여 비교적 재빨리 다른 메이커의 제어용 기기와의 호환성과 컴퓨터 간의 통신과 상호 접속이 가능하도록 통신상의 약속 사항인 프로토콜(protocol)의 공통화를 도모해 왔다. 그 대표적인 것이 ASHRAE의 규격이다. 이 규격은 1987년에 검토되기 시작하여 1991년 8월에는 BACnet(Building Automation Control network)로 명명된 제1회 초안이 발표되어 1995년에 ASHRAE Standard 135-1995로서 규격화 되었다.

BACnet의 내용을 크게 나누면 다음과 같다.

① LAN에 관한 사양 : 예를 들면 건물 내에 다수 설치되어 있는 컴퓨터, 퍼스널 컴퓨터, 웍스테이션 등의 기기 간에 정보 교환을 할 수 있도록 통신 회선을 로컬 에어리어 네트웍(Local Area Network : LAN) 사양으로 통일할 것.
또 LAN의 얘기에 자주 등장하는 이더넷(Ethernet)이라고 하는 것은 미국의 제록스(Xerox)사가 개발한 LAN 제품과 그것에 사용되어 있는 규격의 명칭이다.

② 광역 네트웍에 관한 사양 : 다수의 LAN 사이에 연결되어 정보 교환을 할 수 있도록 할 것.

③ 통신 방식의 표준화 : 여러 가지 메이커가 제작하는 빌딩제어시스템이 단독이든 공동이든 모두 사용될 수 있도록 통신 포맷(기호 체계)을 표준화 할 것.

BACnet의 상세한 내용은 매우 전문적인 내용이므로 직접 ASHRAE Standard 135를 참조해 주기 바란다.

그 후, 이 규격은 미국정부규격(ANSI)으로서도 채택되었고, 나아가 미국은 국제표준으로서 ISO에서 이를 채용하도록 운동하고 있다.

일본에서도 BACnet의 제1회 초안이 제출되어 전기설비학회가 이것을 검토하고 일본의 실정에 적합하게 추가·변경 등을 거쳐 최근에는 ASHRAE의 규격과 협조한 규격 BAS 표준 프로토콜(IEIEJ/p)을 발표하였다.

유럽에서도 독자의 프로토콜의 표준화와 ISO화의 움직임이 있었지만, 점차로 BACnet을 지지하는 경향으로 나아가고 있다.

(3) LonWorks

자동제어 네트웍 상호의 협조성(interoperability) 필요에 공감한 미국 기업 등이 모여 1994년 5월 협회를 설립하고, 그 제품과 시스템에 LonMark라고 하는 로고를 사용하여 BA의 오픈화에 대응하려고 하였다.

이것은 LonWorks라고 하는 미국의 에쉬론사가 개발한 뉴로칩이라고 하는 마이크로컴퓨터를 사용하여 직접 디지털제어를 하고 또 독자의 통신 프로토콜 LonTalk에 의해서 제어기기, 제어시스템이나 네트웍을 구성하고 있다.

LonWorks를 이용하면 공조, 냉동기, 조명, 방화, 방범 등의 관제시스템에 여러 메이커의 제품을 용이하게 접속시킬 수 있도록 되어 있었다.

BACnet와 LonWorks는 메시지에 대해서 각각 독자의 기준을 갖고 있었기 때문에 상호 호환성은 없고, BACnet는 LonWorks를 단지 물리적인 매체로서만 취급하게 되어 있다. 그러나 BACnet의 메시지는 LonWorks를 경유하여 이용될 수 있으므로 BA에서는 상부 시스템을 BACnet로, 하부 시스템을 LonWorks로 구성하여 각각의 특징을 살릴 수 있는 방향으로 나아가고 있다.

Windows용의 소프트웨어로서 LonMarker for Windows가 있다.

(4) 전문가시스템(expert system)

공조시스템의 제어계는 열원기기·공조기·덕트·배관·건물 구조·실내 부하 등이 복잡하게 얽혀 있기 때문에 제어 기초 이론에서 설명한 것과 같은 수학적인 해석에 의해서 그 동작 특성을 구하는 것이 곤란하다.

이 때문에 실제로는 현장 조정에 의해 최종적인 운전 조건을 구하는 경우가 많다. 현장 조정이라고 하는 것은 공조시스템 전체를 구성하는 요소의 물리적 특성과 운전 관리자의 경험 등의 요소를 조합하여 행하는 수법이다.

운전자의 과거의 경험과 판단에 의해서 자동제어계의 운전의 일부를 보조(보상)하는 수법으로서 전문가시스템(expert system)이나 퍼지제어 등이 있다.

전문가시스템은 특정 분야의 전문가가 갖고 있는 경험적인 지식·기능·노하우 등을 정리 체계화한 뒤, 컴퓨터 속에 데이터베이스로서 접목시켜 문제가 발생한 때, 이 데이터 베이스화 되어 있는 지식으로부터 컴퓨터가 추론하고 해답을 이끌어내는 수법이다.

전문가시스템은 경험 등에 의해 얻어진 지식을 「만일 A라면 그 결과는 B이다」와 같이 원인과 결과의 관계로 나타내고 그 인과관계의 계열을 나무(tree) 가지가 분기하듯이 관련 수목(tree) 상에 직렬로 늘어놓아 네트웍을 만든다. 예를 들면,

① A라는 문제가 발생하면(IF)

② B라는 대책을 취하면(THEN)

③ 문제가 해결된다.

라고 하는 방식으로 지식을 컴퓨터에 넣어 두면, 실제로 A라고 하는 문제가 발생한 때, 이것을 컴퓨터에 입력하면 B라고 하는 대책을 강구하도록 해답을 출력한다.

따라서 전문가시스템은 『경험에 의한 지식이 증가하거나 개선되거나 한 경우는 이들의 지식을 변경·추가해서 내용을 보다 풍부하게 하여 제어계의 출력이 적절한 것으로 할 수 있다』라고 하는 장점이 있다.

공조 관계 전문가시스템은 1987년 Dunn에 의해 처음으로 그 가능성이 시사되었지만 공조시스템 자체의 제어보다도 에너지 관리·고장진단·커미셔닝 등의 분야에서 이용할 수 있도록 연구되고 있다.

또한 다음에 설명하는 퍼지추론의 수법이 전문가시스템에 이용되고 있다.

(5) 퍼지제어(fuzzy control)

퍼지제어는 1965년 캘리포니아대학의 L.A Zadeh 교수에 의해 제창된 것이 시초이다. 퍼지(fuzzy)라고 하는 말은 「애매함」 또는 「대충 적당히」라고 번역되는 경우가 많지만, 자동제어에서 사용하는 경우에는 「경계가 불명확」이라고 하는 의미로 이해하는 것이 적절하다.

인간의 생활에는 수학의 해와 같이 명확한 답에 의해서 의사 결정을 할 수는 없으며 어느 정도의 애매한 조건 하에서 행동하고 있는 경우가 적지 않다. 퍼지제어는

이와 같은 애매한 조건 하에서 자동제어의 동작을 하는 경우이다.

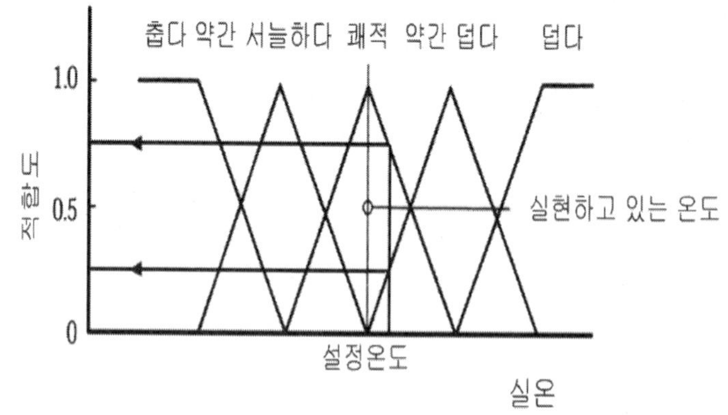

[그림 3.76] 멤버십 함수

공조를 하고 있는 방에 있는 재실자는 통상 방의 온도를 26℃ 라는 식의 명확한 수치가 아닌「덥다」,「쾌적하다」,「춥다」라는 식의 애매한 형태로 판단하고 있다. 이와 같이 과거의 경험에 바탕을 둔 언어나 개념 등에 의한 판단으로부터 추론(퍼지추론)하고, 다음 행동을 결정하는 것이 퍼지제어이다.

[그림 3.76]에서와 같이 냉방 중인 방의 온도가 설정 온도로부터 멀어지면 재실자의 약 75%는 쾌적이라든가, 약 25%는 조금 덥다 등과 같이 여러 가지 반응을 나타낸다. 하나의 반응에 대해서도 그 내용을 보면 결코 설정 온도 등과 같은 고정된 값이 아닌 주변의 어떤 온도 범위에 대해서는 동일한 반응을 보이고 있다. 이와 같은 실온과 재실자의 감각과의 관계를 나타내는 것을 멤버십 함수(membership function)라 한다.

그림에서 설정 온도로부터 벗어나 있는 실온은 2개의 멤버십 함수에 걸쳐있지만, 이 결과로부터 사전에 주어진 추론식을 사용하여 출력을 구하고, 예컨대 공기냉각 코일의 조절밸브 개도를 결정하는 것이 퍼지제어이다.

멤버십 함수의 표현 방식은 그림에서와 같은 삼각형 외에 사다리꼴, 가우스 곡선이 있고, 또 추론식의 대표적인 것으로 min-max 중심법이 있지만, 상세한 것은 전문 서적을 참조해 주기 바란다.

(6) 로브스트제어(robust control)

전 항에서도 설명한 바와 같이 공조시스템의 특성을 엄밀한 전달함수 등의 수식 모델로 나타내는 것은 거의 불가능하다. 따라서 이와 같은 조건에서 설계된 자동제어

시스템의 운전 결과도 「불확실성」을 동반하는 것은 어쩔 수 없는 일이다.

이와 같은 모델의 불확실성을 잘 처리해서 안정성과 제어성이 좋은 자동제어계를 조립하기 위해 고안되어진 방법으로서 로브스트제어가 있다. 로브스트(robust)는 「강건한」 또는「완강한」이라고 하는 의미이다.

로브스트제어에서는 제어대상의 물리 정수나 수식 모델의 계수가 불확실함으로써 발생하는 구조적인 불확실성과 모델 구조의 전달 특성의 불확실성을 전체로서 표현하는 비구조적인 불확실성으로 구분하고 있다. 비구조적인 불확실성에 대해서는 실제 설비의 전달함수와 그 모델 전달함수와의 오차의 상한을 어떠한 방법으로든 평가하여 그 결과로부터 시스템의 안정 조건을 구할 수 있다.

공조설비에서는 시스템의 수식에 의한 모델화가 어렵고, 외란 등의 변동 요소도 많으므로 금후 이 로브스트제어 수법을 널리 이용하게 될 것으로 생각하고 있다.

(7) 뉴로제어(neuro control)

인간의 뇌에는 약 100억개의 뉴론(neuron : 신경세포)이 있으며, [그림 3.77]에서와 같이 이들로부터 축색이라고 불리는 신경세포가 뻗어 있고, 신경세포의 말단에 있는 시냅스(synapse)에서 다른 뉴론과 접합하여 상호 정보를 전달하도록 신경회로망(neural network)을 만들어 감각을 전달하고 사고를 행하고 있다.

이 신경세포의 기능을 인공적으로 모델화 하고 공학적으로 실현한 것이 뉴로 컴퓨터로서 그 기초는 [그림 3.78]에서와 같은 파셉토론으로 불리는 신경회로망을 모델화한 것이다. 이것은 입력 측의 뉴론에 상당하는 부분에 센서를 거쳐 들어오는 입력이 시냅스를 통해서 처리부로 보내지고, 그 출력이 시냅스에 의해 표시되는 구조로 되어 있다.

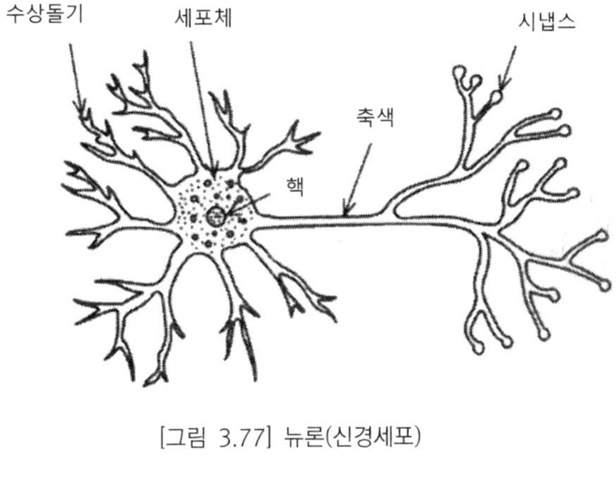

[그림 3.77] 뉴론(신경세포)

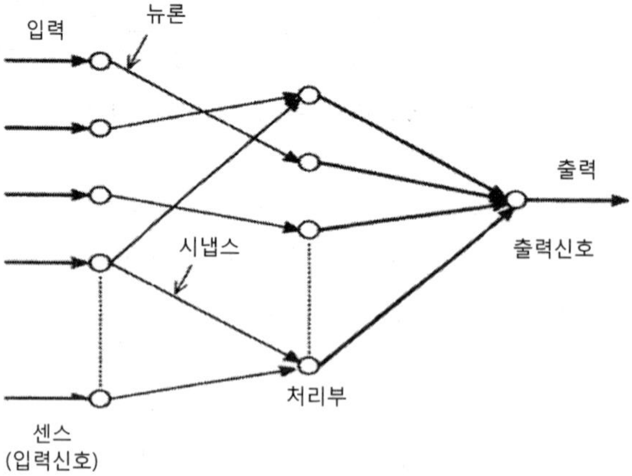

[그림 3.78] 파셉토론

뉴럴네트웍은 학습에 의해 문제를 해결하는 처리계를 자동적으로 구축하는 능력을 갖고 있다. 이와 같은 기능이 반도체 기술의 진보에 의해 대규모 구조의 하드웨어로써 실현되게 되었다.

뉴럴네트웍의 수법은 공조기의 운전 개시 시각의 예측, 에너지 관리 등의 여러 가지 공조시스템의 피드포워드제어(feedforward control)에 대한 응용 등이 연구되어지고 있다.

앞서 설명했던 LonWorks는 뉴로칩이라고 하는 뉴로 컴퓨터를 반도체 칩에 저장한 것으로 자동제어계의 여러 가지 검출값을 입력하여 이것을 제어 루프 속에서 처리하고 출력할 수 있도록 한 것으로 독자의 프로토콜을 사용하고 있다.

참고문헌

[1] 千葉孝男, 空調システムの自動制御, 2004, Ohmsha.

[2] 高橋隆勇, 空調設備の自動制御, 2003, Ohmsha.

[3] 정석권 외 3인 공역, 냉동·공조시스템의 자동제어, 2006, 인터비젼.

[4] 정석권 외 2인 공저, 최신 시퀀스제어공학, 2009, 교보문고.

[5] 정석권 외 4인 공저, 자동제어, 2009, 두양사.

[6] Ned Mohan et al., Power Electronics, 1995, John Wiley.

[7] 정석권, 김상호, 상태공간 모델링에 의한 공작기계용 수냉각기의 최적제어기 설계, 2011, Vol. 23, No. 12, pp.782-790.

찾아보기

(ㅊ)

산업용 공조시스템 실무

2011년 12월 20일 초판 인쇄
2011년 12월 25일 인쇄 발행

저 자 금종수, 김종수, 정석권
발 행 인 송기수
발 행 처 도서출판 GS인터비전
편 집 처 도서출판 GS인터비전
인 쇄 처 선우문화사
등록번호 제 313-2011-120호
I S B N 978-89-97231-21-8 (92550)

주 소 서울 마포 신수동 448-6 한국출판협동조합 B동 2층
전 화 **02-976-7898, 3272-7898 , 0707-720-7898**
팩 스 02-6468-7898
홈페이지 gsintervision.co.kr
이-메일 gsinter7@chol.com

정 가 25,000원